行星

THE PLANETS

［英］**布赖恩·考克斯**
（Brian Cox）

［英］**安德鲁·科恩**
（Andrew Cohen）

著

朱达一　周元

译

人民邮电出版社
北 京

图书在版编目（C I P）数据

行星 ／（英）布赖恩·考克斯（Brian Cox），（英）
安德鲁·科恩（Andrew Cohen）著；朱达一，周元译
. -- 北京：人民邮电出版社，2022.7
ISBN 978-7-115-58812-8

Ⅰ. ①行… Ⅱ. ①布… ②安… ③朱… ④周… Ⅲ.
①行星－普及读物 Ⅳ. ①P185-49

中国版本图书馆CIP数据核字(2022)第039430号

版 权 声 明

◆ 著　　[英]布赖恩·考克斯（Brian Cox）
　　　　[英]安德鲁·科恩（Andrew Cohen）
　 译　　朱达一　周 元
　 责任编辑　刘 朋
　 责任印制　陈 犇
◆ 人民邮电出版社出版发行　北京市丰台区成寿寺路 11 号
邮编　100164　电子邮件　315@ptpress.com.cn
网址　https://www.ptpress.com.cn
天津图文方嘉印刷有限公司印刷
◆ 开本：787×1092　1/16
印张：18　　　　　　2022 年 7 月第 1 版
字数：516 千字　　　2022 年 7 月天津第 1 次印刷
著作权合同登记号　图字：01-2019-6167 号
定价：119.90 元
读者服务热线：(010)81055410　印装质量热线：(010)81055316
反盗版热线：(010)81055315
广告经营许可证：京东市监广登字 20170147 号

内容提要

　　大约 46 亿年前，太阳诞生于一团气体尘埃云，自此在这颗我们熟悉的恒星周围逐渐形成了一套完整的系统，其中包括行星、矮行星、小行星、彗星等各种类型的天体。数十年来，人们借助各种先进的理论、技术和探测器，已经跨越了距离的鸿沟，造访了太阳系内的所有行星和部分其他天体，并迈出了飞出太阳系的第一步。

　　在本书中，布赖恩·考克斯教授和安德鲁·科恩一起用优美的文字、华丽的图片、可靠的证据和最新的信息，向我们介绍了太阳系中各大行星的诞生和演化历程，将一个个充满惊奇的异星世界展现在我们的眼前，使我们进一步加深了对太阳系的认识并得以窥见太阳系内最深层次的奥秘。

　　让我们开启这趟奇妙的旅程吧！

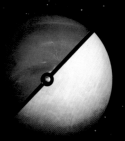

前 言

太阳系

布赖恩·考克斯

"我们的太阳系是荒野的边境。"

——嘉莉·纽金特

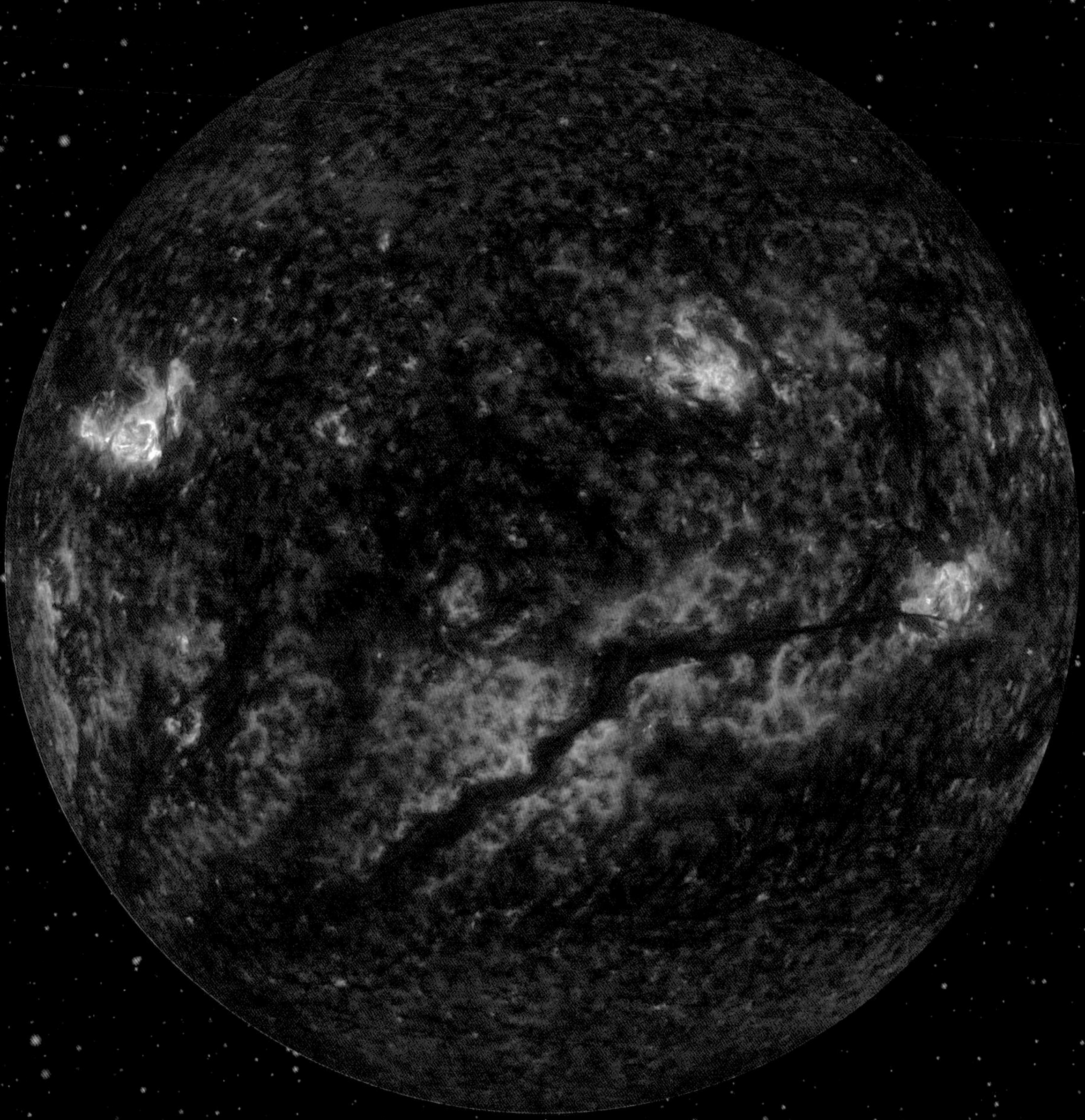

"想象经常能够把我们带入崭新的境界。
没有了它，我们将寸步难行。"

——卡尔·萨根

游弋的星光

白昼之时，宇宙看似只延伸至地平线的尽头。太阳藏匿在众人的目光之外，因为它是如此明亮，以至于人们难以抬头直视。白天，当我们偶然瞥见淡彩一般的月球时，我们对于宇宙的感知才不会受限于地表。日落之后，在远离城市之处，此前隐藏着的宇宙便显现出来。那是想象力的领域，尽管看似被不可逾越的鸿沟所阻隔。或许对遥远的恒星来说确实如此，但对于行星来说则未必。火星、金星、木星和土星主宰着天空，它们与那些位置固定的恒星不同。这些闪耀的光点会在夜空中变换位置，它们牵动着我们的注意力，即便我们并不笃信自己所观察到的现象。相对于地球上的距离尺度，行星离我们极其遥远。然而，距离的鸿沟已被跨越，因为人类已经造访了太阳系内所有的行星，并开始迈出了飞出太阳系的第一步。尽管如此，在黑暗中游弋的星光似乎与我们人类的关联甚少，以致花费时间和精力去专门探索遥远的行星似乎是在盲目挥霍宝贵的资源。然而，这种看法是完全错误的。

对行星的探索并不是人类的一种特别喜好。如果想知道我们是怎么来到这里的，我们就需要了解地球的历史以及孕育地球的太阳系。我们是地球的孩子，也是太阳系的孩子。

下图：澳大利亚新南威尔士州赛丁泉天文台夜空中的银河景象。

太阳系是一套完整的体系。太阳、八大行星、数十亿颗小行星、卫星、彗星以及那些未被归类的冰块和岩块，它们形成于时间的迷雾之中，并将以一个整体继续演化。尽管小行星撞击地球的事件并不像通常人们想象的那样罕见，但我们仍然很少会留意到太阳系其实是一个动态关联的整体。2013 年 2 月，一颗 1.2 万吨重的小行星以 60 倍音速进入地球大气层并发生爆炸。这起发生在车里雅宾斯克的撞击事件造成了大约 1500人受伤，而 1908 年发生在西伯利亚通古斯的空爆则摧毁了将近 2000 平方千米的森林，其威力堪比有史以来当量最大的氢弹炸。月球表面的状况也从侧面印证了地球曾经历过类似的猛烈轰击和毁灭，然而持续的风化作用又将这些历史撞击的痕迹渐渐抹平，加之人类的运气足够好，在我们的历史上并没有发生过大型天体撞击事件。或许这也是我们倍感与太空隔绝的原因之一。

右图： 1908 年的通古斯大爆炸是人类历史有记录以来发生在地球上的最大规模的撞击事件，这次爆炸夷平了 2000 平方千米的森林。

下图： 流星并不罕见，但由于大多数流星比沙粒还小，它们在撞击地球表面之前就会分解并燃烧殆尽。

一旦我们开始了解太阳系过去的历史，就会发现这一系统内相互依存的特性变得尤为明显。人们很容易这样构想：云气尘埃塌缩之后留下的遗迹环绕着46亿年前刚刚点燃的太阳，随后便形成了现有行星的实际分布。但是通过对行星世界的长期探索，结合用功能日益强大的计算机模拟太阳系的演变过程，我们知道真实情况或许并非如此。行星的轨道并不稳定，尤其是在太阳系最初的混沌时期。目前，关于行星轨道如何改变的具体细节仍不确定，我们猜测最内层的水星诞生于比现在的位置更远的地方，然后它向内转移到了当前炙热的轨道上。木星和土星可能在它们形成后不久就开始向太阳系内部进行短暂的漂移，这发生在它们改变路线和后退之前，但不会早于后来火星和地球的形成。大约在生命开始在地球上出现的时候，海王星和天王星可能被抛向太阳系外围，从而扰乱了数十亿颗遥远的小天体的轨道。这段史无前例的太阳系动荡时期被称为晚期重轰炸时期，被写在伤痕累累的月面上。月球的形成可能源于45亿年前地球和一颗火星大小的行星之间所发生的行星际碰撞。行星就像雪花一般，我们从结构的细节中就可以了解它们的组成、大小、自转情况和气候环境，而这些都留存在它们过往的历史之中。

因此，了解地球以外的行星是了解我们自己家园的先决条件，而这反过来也是了解我们自己的前提。地球在太阳系中是独一无二的，因为它是一颗有着复杂生态系统的行星。地球上生命的起源及其随后40亿年的演化所需要的行星特征必然与整个太阳系的演化相互联系。地球表面存在液态水，而这些水大部分是在地球形成后由富含水冰的小行星和彗星所提供的。这些小行星和彗星可能是在木星的影响下从太阳系外部转入内部的。这些最初源自冰冷异星的河流、海洋和湖泊必须持续流淌40亿年的时间，而这需要稳定的大气层将地表温度和压力维持在有限的范围内。40亿年是一段极其漫长的时间，大约相当于宇宙年龄的1/3。自地球形成以来，太阳的亮度提高了25%，而这使得我们更加难以理解为何地球环境还能如此稳定。在围绕着一颗正在演化的恒星的混沌行星系统中存在一颗栖息着生命并能在数十亿年里保持稳定环境的行星，这种现象是极其不寻常的。对火星和金星这两颗姐妹星球的研究，可以帮助我们理解地球为何如此幸运，以及启示我们认识到今日所处环境的特殊之处。

上图：两张拍摄于2013年的车里雅宾斯克陨石火球照片。

上图：以太平洋为中心的地球卫星图像。在这颗蓝色星球的这个半球上，水占据了主要区域。

对页图：晚期重轰炸时期在月球背面留下的痕迹，1972年拍摄于"阿波罗16号"。

当 40 亿年前生命在地球上出现时，火星的状况也如地球一般。

40 亿年前，当地球上开始出现生命时，火星上的状况与地球类似。它也存在海洋与河流，有着活跃的地质活动以及复杂的表面化学成分，其中就包括那些能够形成生命的原材料。目前各种运行在轨道上以及火星表面的探测器的主要任务之一就是搜寻过去甚至现在火星上存在生命的证据，并帮助我们理解这颗红色行星如何从太阳系黎明时期的一座候选的生命伊甸园演变成了今天所见的寒冷荒漠。这个故事非常复杂，但两个行星之间最重要的差别之一是体量。火星的质量只有地球的 1/10。它是如此之小，以致形成 10 亿年后已经无法维系其内部的热量、保护性磁场以及大气层。火星是在太阳系中与地球和金星相似的空间区域中形成的，为什么它会这么小呢？答案可能就藏在太阳系早期快速变化的木星和土星轨道中。这些令人惊叹的发现将在本书后面的章节中进行介绍。

对页图：这张密西西比河三角洲的色彩增强卫星照片显示了一片水陆交织的葱郁景象。

上图：美国国家航空航天局火星勘测轨道飞行器拍摄的阿伦混沌区的照片，这个古老的撞击坑曾是一个湖泊。

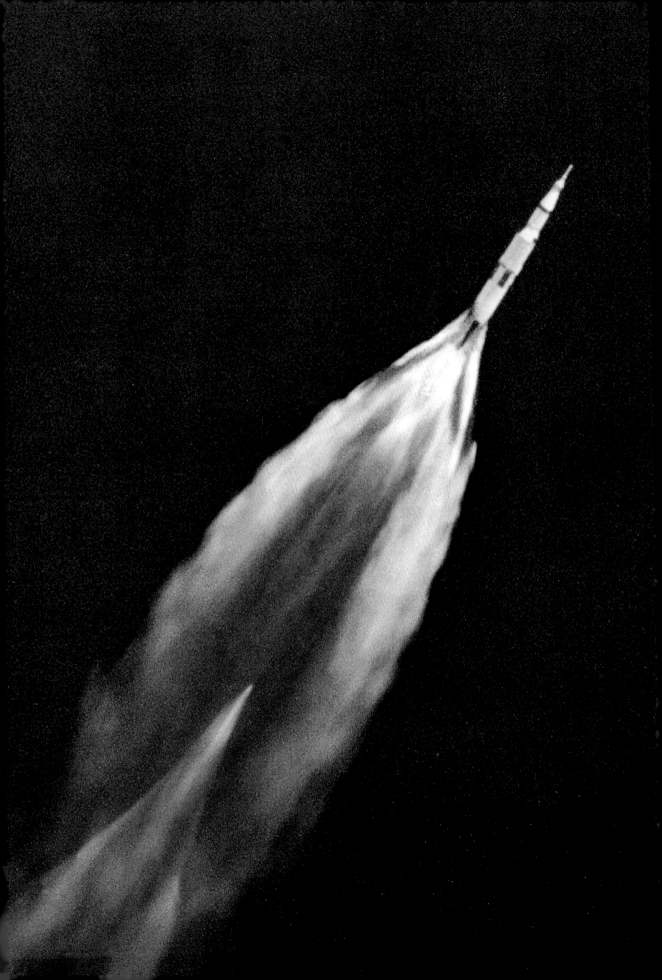

"生命周而复始，朝气蓬勃，它们扎根于大地，将王国引向繁星。"

——赫伯特·乔治·威尔斯

金星的历史可能更加难以捉摸，部分原因在于探索这颗行星时所面对的巨大困难。它的表面通常被描述为地狱般的场景，表面温度足以熔化铅，大气压是地球的 90 倍，还有不停地从云层中落下的硫酸雨。然而很久以前，金星可能也是一颗环境与地球类似的行星。或许在 25 亿年前，在失控的温室效应开始破坏金星温和的气候之前，甚至可能曾经存在过金星人，尽管我们对于这个具体的时间点非常不确定。

综上所述，了解火星、地球和金星的过去对我们来说具有重要的意义。如果某位外星天文学家从远方观察太阳系，他会将这三颗大型类地行星都归为可能存在生命的星球，因为行星的轨道处于绕太阳运行的宜居带中，在这个区域中如果大气条件合适，水就能以液态的形式留存在行星表面。这三颗行星可能曾经一度都非常宜居，也可能都孕育过生命，然而现在只有地球维持着复杂的生态系统以及一个孤独的人类文明。

通过了解为何火星和金星在过去 40 亿年的演化中与地球有着如此巨大的差异，将有助于我们深入了解自己所处地球环境的脆弱性，或许还能证明人类自身的好运气近乎不可思议。行星自身也会变化，地球随时都可能发生改变。某颗来自海王星轨道之外的寒冷的柯伊伯带的彗星可能就会为人类的故事画上句号。人类也可能自我毁灭。金星就向我们展示了温室气体对一颗行星的影响，对此进行的研究或许能帮助我们避免选择一种可能会导致人类文明毁灭的错误发展路径。我认为，人类活动造成的气候变化对某些人来说难以被接受的原因之一就是大气看似缥缈轻薄，无法吸纳足够的热量来显著改变地球的温度。对于这些人，我建议他们去造访一次金星，在这颗地球的孪生星球表面，他们将会被压扁、煮沸并溶解。

因此，探测行星并不是挥霍资源。如果想知道我们是如何来到这里的，我们就需要了解地球的历史以及孕育地球的太阳系。我们是地球的孩子，也是太阳系的孩子。了解历史非常重要，因为它将我们的存在置于宇宙变迁的大背景之中。我们对导致几十万年前人类在地球上崭露头角的事件了解得越多，就会愈发惊叹于这一切的不可思议。我们需要依靠木星、彗星以及小行星之间发生无数次碰撞合并，最终可以追溯到 46 亿年前的那次几近毁灭的大灾难。确实有一些反对这种思维方式的意见存在，我们确实生存在这颗星球之上，这是客观事实，关乎于我们的未来，所以它才是我们关注的首要对象。也许确实是这样，但我并不这么想，因为对行星的演化具有更深层的认识会严重影响人类物种的持续繁衍。灾难性的气候变化就是一个明显的例子，但还有许多其他因素，使得对这方面的研究十分必要。我们对此应有所反馈，集体心理状态会影响人们所做出的决定。如果只将想象力局限在地表，就忽视了宇宙空间中的巨大宝藏以及我们身处环境的脆弱性。我相信，更广泛地了解这些知识，将有助于为我们的后代提供一个更繁荣、安全的未来。

第 1 章

水星和金星

阳光之下

安德鲁·科恩

"人生不过是一个行走着的影子。"

——威廉·莎士比亚,《麦克白》

"在金星上所发生的失控性温室效应是
一个完美的案例,说明如果放任下去,
未来地球就可能会是怎样的场景。"

——林恩·罗斯柴尔德

将来之日

"已有之事后必再有，已行之事后必再行，日光之下并无新事。"

——《传道书》第一章
第九节

上图和对页图：这些用计算机创作的艺术作品展示了地球 50 亿～70 亿年后的样子。随着太阳膨胀为红巨星，地球表面的温度将飙升，以致无法维持生命存在。

地球距离太阳只有 1.5 亿千米，既不太热也不太冷，其表面温度在零下 88 摄氏度到零上 58 摄氏度之间。这个恰到好处的精准位置提供了一种稳定的气候环境，尽管也曾经历了冰河时期和大型天体撞击事件，但是它仍让生命维持了近 40 亿年的不间断演化。现在，我们确定这一状态不可能永久持续。

太阳像宇宙中的任何一颗恒星一样，绝非静态停滞。恒星有着自己的生命周期。当最终为恒星内部的核反应提供动力的氢燃料耗尽时，恒星将进入生命的最后阶段。它会膨胀、变冷、变色，最后变成一颗红巨星。那些像太阳一类的较小的恒星将经历一个相对平静和美丽的消失过程。在这个过程中，太阳将经历行星状星云阶段，转变成为白矮星。随着时间推移，它最终将冷却下来，成为一颗褐矮星。当太阳处于生命力旺盛的中年时期时，地球上的生命也正繁荣兴盛，但这些最佳条件正在逐渐削弱。这些变化起初难以察觉，但在 10 亿年之后，对于地球上剩下的任何生命形式来说，太阳的变化带来的结果将是显而易见的。巨大的太阳将填满天空，它将改变自己，也将同时改变它所照耀的地球。太阳既是地球生命的赐予者，也将会是毁灭者。

当像太阳这样的恒星开始衰竭时，它的体积和亮度将会增大，这是宇宙中最大的悖论之一。只要亮度增大 10%，地球表面的平均温度就会从 15 摄氏度上升到 47 摄氏度。这种温度上升的影响表现为大量的水从海洋中蒸发变为水蒸气进入大气层，这将引发一种强烈的温室效应。这种效应可能会迅速失控，进一步导致海水蒸发，使地表温度飙升。天体生物学家戴维·格林斯潘如此解释：

"温室效应是指行星通过大气和太阳辐射的相互作用而升温的物理过程。太阳辐射来自我们所谓的可见辐射，主要源于可见光。大气层里的大多数气体对可见辐射来说是非常通透的，所以太阳光几乎不受大气阻碍，会顺利到达行星的表面。行星表面再通过红外波段进行辐射，因为行星的温度比太阳低得多。这意味着它们辐射的波长要长得多，我们称之为红外线。红外辐射不易穿过大气层。大气中的一些气体（即我们所谓的温室气体）会阻挡红外辐射向外发射，因此地球大气中存在的温室气体越多，将这些地表辐射通过反射送回太空的难度就越大，地球也将因此而升温。"

对海洋消失的时间尺度的估算还有很大的不确定性，并且受多种因素的严重影响，但接下来的这一点几乎没人会怀疑，那就是当地球 80 亿岁时（距离现在还有 35 亿年时间），最终的毁灭将会出现。随着地表温度上升到 1000 摄氏度以上，生命将从在炽热的太阳的照耀下开始熔化的星球表面彻底消失。

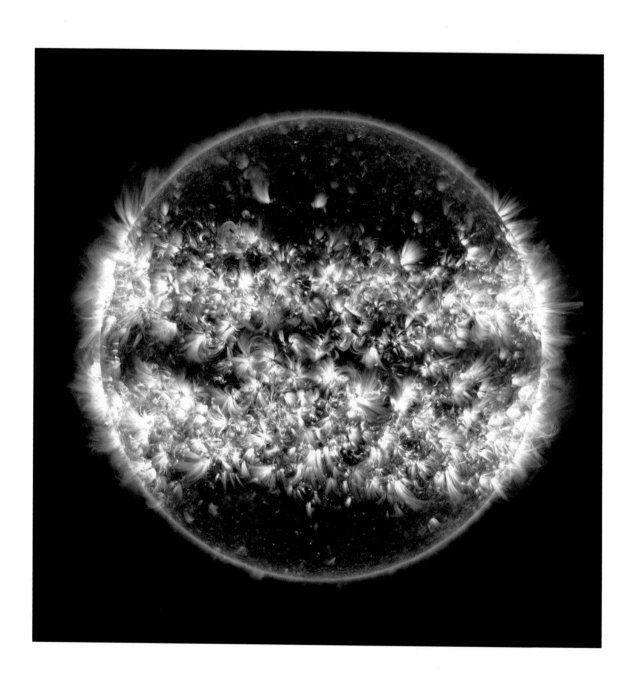

上图： 我们的太阳并非静止不变，美国国家航空航天局
的太阳动力学天文台定期跟踪太阳活动的高峰期。这幅
图像是由 2012 年 4 月 16 日至 2013 年 4 月 15 日拍摄的
25 张照片合成的，显示了太阳开始变得愈发活跃。

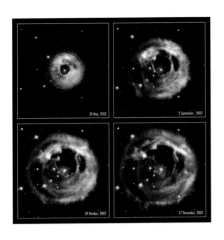

天体生物学家戴维·格林斯潘如此解释温室效应：

"温室效应受到了人们的广泛批评，其实这也容易理解，因为我们正在以自己并不完全了解的方式对地球进行调节，而这正在改变我们赖以生存的地球上的气候平衡。

"然而，我们需要了解温室效应是使地球成为宜居星球的重要因素，这一点非常重要。如果没有某种程度的温室效应，地球将会完全处于冰冻状态，生命也不可能在这个星球上存在。

"在像地球这样的行星上，适度的温室效应是非常理想的状态，也是至关重要的。是什么维系了我们的存在，是什么让地球成为适宜生命生存的星球？原因之一就是这种程度的温室效应能让水以液态形式存在。

"虽然温室效应能带来很多正面的好处，但看看金星上那些可能反映地球未来的场景，如果我们不小心谨慎的话，地球就会变成那个样子。"

进一步展望未来，地球的前景将变得更加令人绝望。随着太阳进入老年，它将成为一颗红巨星，并将地球吞噬在其膨胀的大气层中。那时的地球没有卫星，没有生命，也许只剩下内核。地球和它曾承载的文明将只是一段遥远的回忆，蚀刻在曾经造就了我们所有人的原子上，散布到宇宙空间中。

对于地球来说，时钟在嘀嗒作响，时光在慢慢流逝，但我们的世界远非唯一享受阳光的星球。纵观太阳系的历史，从远古的过去到遥远的未来，我们看到了行星与不断变化的太阳之间不断抗争的故事。在太阳系内层，像水星这样的古老星球在很久以前就放弃了与太阳的抗争，被地球和其他可能存在的行星所抛弃。在更远的地方，云层笼罩下的金星在孤独地运转着；而在距离地球更远的地方，火星则是一片寒冷贫瘠的荒漠。此外，还有一些冰冻的星球正在等待着，它们已经进入了长久的冬眠，期待着太阳的温暖能到达足够远的地方，带去足够的热量，触发第一个春天到来的时刻。在那一天，高山上的冰雪将融化，河流将开始流动。在遥远的未来，在那些曾经遍布荒凉之地、毫无生机的星球上，我们可能会找到一个适合作为家园的地方。

太阳系的故事并不像我们曾经认为的那样亘古不变。其实，它是一个不断发生着变化的地方。这是一个能用可预测的重复节奏叙述的故事，当一个行星世界凋零时，另一个行星世界就会繁盛。在太阳系的整个生命周期中，只有一颗行星长久保持了稳定。在地球周围的其他行星环境发生变化的同时，它却保持了至少 40 亿年的宜居状态。是什么让地球比它所有的行星兄弟姐妹都更加幸运？要回答这个问题，我们不仅要了解我们的星球，还需要审视整个太阳系。让我们从头开始。

上图：这一系列照片是由哈勃空间望远镜于 2002 年拍摄的，它展示了光在宇宙中的混响。星座中一颗不寻常的恒星发出的光在太空中扩散，被周围的尘埃反射。在这一动态过程中，中心区域的红色恒星的亮度开始升高，其亮度超过太阳亮度的 60 万倍。在最终消失前，它还将继续向外扩张。

右图：恒星最后的躁动。来自垂死恒星的紫外线在其中心的白矮星周围产生辉光，而行星状星云则讲述了太阳最终消亡的故事。

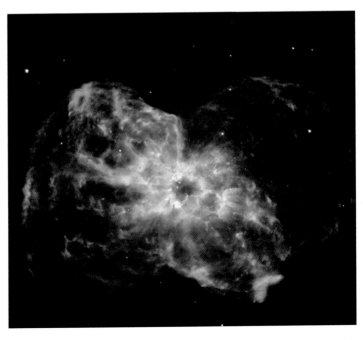

最初的时刻

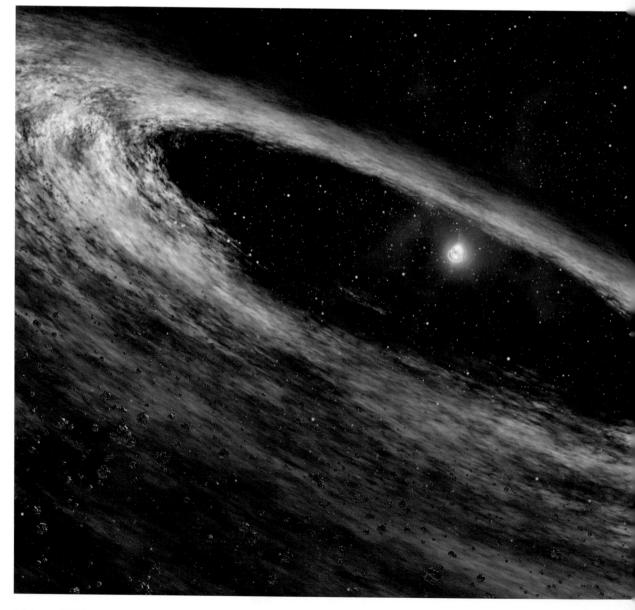

下图: 艺术家的这幅画作呈现了一颗被称为脉冲星的死亡恒星。围绕它的环绕盘类似于在年轻恒星周围发现的由气体和尘埃构成的原行星盘,它们在引力的作用下不断碰撞和合并,从而形成了行星。

在太阳诞生后的最初几百万年里,没有可以看到日出的类地行星,同样也没有白昼和黑夜,没有环绕恒星的行星轨道。围绕着这颗新生恒星的是一团巨大的尘埃和气体云,它们由太阳形成时遗留下来的一小部分物质构成。这个旋转着的盘面有朝一日将形成太阳系内的各大行星和其他较小的天体。但在47亿年前,太阳系内空无一物,只有微尘映射着那颗正在缓慢生长的太阳。

只有时间——大量的时间才能让足够多的气体和尘埃聚集在一起,随机形成最小的物质种子。这些种子中的大多数几乎没有机会继续生长,它们被撞得粉碎,再次回到产生它们的巨大尘埃旋涡中。只有少数种子会变得足够大,存在的时间足够长。它们通过捕获和汇聚更多的尘埃云,慢慢增加其质量和密度。

我们仍然没有完全理解比人的头发还细小的尘埃颗粒如何聚集成汽车大小的岩块,目前也没有理论模型来解释行星演化过程中的这一阶段。我们知道的是,一旦这个由气体和尘埃构成的盘面上布满了岩块,使它通过了"米级屏障",一股强大的力量就会发挥作用,推动这个过程继续向前发展。这些新形成的星子非常大,足以让巨大的引力将它们聚集在一起,变成直径超过1000米的天体。在围绕太阳旋转的过程中,成千上万个这样的天体在不断增大的引力作用下经历生死轮回,它们相互碰撞、合并。最终只有其中的极少数能够形成行星胚胎,即月球大小的天体,也被称为原行星。在行星诞生过程的最后阶段,这些原行星在拥挤的轨道上旋转,很多都被摧毁并回到了起初的尘埃中。当两个或更多的大天体碰撞时,某个岩块的体积偶尔会变得足够大,足以让引力从四面八方维持住它的外形,从而形成巨大的球形,构成一个新世界。在那一刻,一颗新行星诞生了。

太阳系中的每一个类地行星都是如此诞生的,它们也是上述过程中的少数幸存者。在这个过程中,被摧毁的天体远比被创造的行星要多,最后只留下四颗岩质行星,包括靠近太阳的水星、其后的金星和地球,以及寒冷死寂的火星。今天,这四颗行星看起来似乎截然不同,但它们曾以相同的方式形成,也由同样的成分所构成,并且围绕着相同的恒星运行。为什么这些行星的特征各异,环境截然不同呢?是什么让地球如此特殊,成为唯一充满生机的岩质行星?想要理解这些,就必须对太阳系的过往进行深入的研究,通过人类工程的惊人壮举去探索每一颗行星的独特历史,跨越数十亿千米,进入未知和超乎想象的极端环境。

岩质行星的形成过程

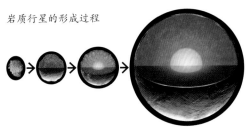

探索水星

要到达太阳系中这颗最小的行星绝非易事。水星轨道的近日点距离太阳只有 4600 万千米。水星不仅完全被太阳的巨大引力所控制，而且它正以平均 48 千米 / 秒的速度在公转轨道上高速运行。迄今为止，它也是太阳系中运行速度最快的行星，远远超过了地球相对"悠闲"的 30 千米 / 秒的速度。水星需要绕太阳飞快地运转，否则它在很早以前就已经落入了太阳中。因此，高速和所处位置使它成为一个难以接近的天体，而想要进入环绕水星的卫星轨道更是难上加难。为了做到这一点，探测器必须以足够快的速度赶上水星，但又不能过快，以至于无法完成避免落入太阳中的减速过程。而这一系列复杂的挑战意味着直到最近，水星仍然是被探索次数最少的类地行星。

几十年来，我们第一次也是唯一一次近距离观察绕太阳运行的最内层岩质行星就是通过"水手 10 号"探测器进行的。1974—1975 年，"水手 10 号"先后三次飞越水星。它也是第一台利用其他行星的引力弹弓效应，将自身转移到不同的飞行路径上的航天器。它首先通过飞越金星来改变其飞行路径，以便进入一个能够让其足够接近水星并在近距离上对其进行拍摄的轨道。包裹"水手 10 号"的防护层确保它能够经受住强烈的太阳辐射和极端温度。"水手 10 号"在距离水星表面 300 多千米的高空飞过，发回了水星的第一批清晰图像。因为它每次都经过水星被阳光照亮的那一面，所以它所绘制的图像只包括水星表面的 40%~45%。

来自"水手 10 号"的 2800 多张照片为我们提供了前所未见的水星图像，这些图像中的水星表面好似月球，而照片蕴含的信息大大超过了此前在地球上对水星的观测发现。尽管这些图像十分精美，但真正让我们惊讶的并不是这些图像，而是"水手 10 号"收集的水星地质数据，这些数据揭示了这个星球具有超乎所有人想象的历史。水星似乎绝非一颗只有焦灼外壳的星球。

"水手 10 号"的探测发现了主要由氦组成的残余大气、水星磁场以及富含铁的巨大内核，这也带来了一个 30 年后仍未能被解答的谜题。1975 年 3 月 16 日，"水手 10 号"最后一次飞越水星后，它的信号传送设备彻底关闭，与地球的联络就此终止。"水手 10 号"开始了它环绕太阳的孤独飞行。据我们所知，目前它应该仍在宇宙空间中穿行。

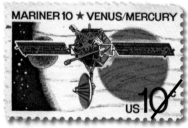

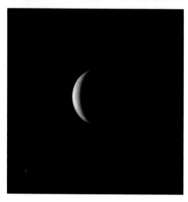

上图：在"水手 10 号"探测器完成其历史性任务后将近 40 年，"信使号"探测器开始了新一轮的水星探测。

对页图：1973 年 11 月 4 日，"水手 10 号"探测器从卡纳维拉尔角发射升空。这是第一台飞越水星的无人探测器，它在整个飞越过程中共拍摄了 2800 多张照片，并绘制了水星表面一半区域的地图，让我们对这颗行星的历史和组成有了新的认识。

"水星已经进入视野。"

——水星双重成像系统设备团队，美国东部时间
2008 年 1 月 9 日上午 10 时 30 分

下图和右图： 无论是物体的本色光还是伪彩色，这些图像都清晰地呈现了水星表面的成千上万个撞击坑。

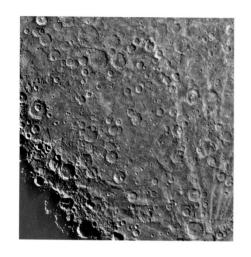

下图： "水手 10 号"模型呈现了这台仍在宇宙中飞行的探测器的外观。在这项高度复杂的任务中，它利用行星引力效应进行导航。每当需要修正探测器的航向时，大型太阳能电池板就起到了类似于船帆的作用。

下图：水星绕太阳运行的椭圆形公转轨道。随着每一次公转，轨道都会发生轻微的改变，即水星距离太阳最近的地方会随着每次公转向前移动。这一现象无法用牛顿物理学解释，最终爱因斯坦的相对论完美地诠释了这一现象背后的物理规律。

水星独特的椭圆形公转轨道

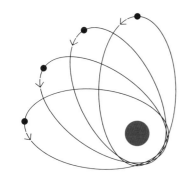

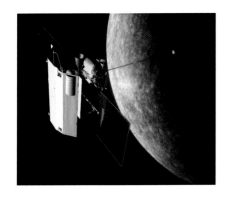

上图：经过长时间的复杂迂回飞行，"信使号"终于在2011年3月18日进入环绕水星的轨道，成为第一个环绕水星运转的探测器。

"从今天开始，任务将进入主要的科学探测阶段，我们将进行几乎不间断的观测活动，这将使我们首次获取关于水星的完整全球信息。"

乍看之下，水星的许多现象并不遵循常理。在围绕太阳公转一圈的88天中，它一直沿着离心率较大的椭圆轨道运行，这意味着它离太阳最远可达7000万千米，但最近会接近4600万千米。这是目前太阳系所有行星中最独特的轨道，但这还并不是水星最怪异的地方。正午时分，水星表面的温度会上升至430摄氏度，但到了晚上，因为它是一颗没有大气层保护的小型行星，其表面温度会下降至零下170摄氏度。在太阳系中，这是已知天体中最悬殊的昼夜温差。它的自转方式也很特别，以3∶2的自转轨道共振锁定公转。这意味着这颗行星每公转两圈，就精准地自转三圈，因此水星日的长度是水星年的两倍。实际上，你可以步行的速度在水星表面前进，而太阳会始终位于天空中的同一点，你好像正在永恒的暮色中漫步。

行星科学家南希·夏博特如此解释道："水星上的一天和地球上的一天完全不同。水星的轨道非常特殊……它必须绕太阳公转两圈才能经历一个完整的太阳日，太阳从正上方开始运转到回到此处需要176个地球日。"由于水星轨道的特性，在水星表面的某些地方，一位假想中的观察者可以看到太阳（在水星上看到的太阳的大小是在地球上看到的2.5倍）在一个水星日中升起和落下了两次。太阳升起并在天空中划出一段弧线，中途停止并回到日出时的地平线，随后再次折返，最后重新开始它的旅程，奔往落日的地平线。

水星的大部分异常现象都可以用它绕太阳运行的轨道力学来解释。它沿着一条高离心率的椭圆轨道运行。这种不规则性已困扰了天文学家几个世纪，并且暗示水星的过去与今日所见的水星可能完全不同。

5……4……3…… 主发动机启动……2……1……0……"信使号"探测器升空……飞往水星，以揭开这颗内太阳系行星之谜。

为了真正了解水星的历史，我们等待了40年才重返水星。2011年3月18日，美国国家航空航天局的"信使号"成为第一个环绕水星飞行的探测器。在接下来的四年里，它不仅成功地拍摄了水星表面所有区域的图像，而且收集了水星的大量地质数据。

但在这一切发生之前，"信使号"必须经历一段可能是太阳系探索史上最复杂的航程。"水手10号"飞越水星拍摄照片已是相当困难的任务，但进入环绕水星的轨道会被认为无法实现，或者被认为成本过高。"信使号"任务的天体化学家拉里·尼特勒解释道："将航天器送入环绕水星的轨道有两大挑战：引力和预算。当从地球飞向水星时，你会落入太阳的引力陷阱，越靠近太阳时速度就会越快。如果选择直接从地球飞向水星，就意味着你基本上只能直接飞到水星的附近，或者你需要携带大量燃料以便减速，而这远远超出了工程和预算的承受能力。"

"信使号"的轨道

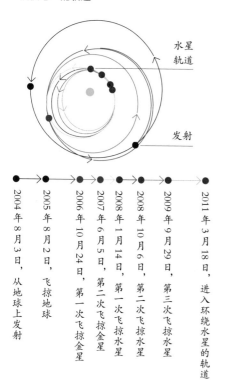

水星轨道

发射

2004年8月3日，从地球上发射

2005年8月2日，飞掠地球

2006年10月24日，第一次飞掠金星

2007年6月5日，第二次飞掠金星

2008年1月14日，第一次飞掠水星

2008年10月6日，第二次飞掠水星

2009年9月29日，第三次飞掠水星

2011年3月18日，进入环绕水星的轨道

一些任务仅仅依靠铅笔和纸就可以完成，而另一些任务在提案阶段就陷入了困境并宣告失败。最终来自喷气推进实验室的工程师陈万延规划出了一条特殊的航路，这条路线不仅可以使探测器进入轨道，而且可以将预算控制在 2.8 亿美元之内，这才让"信使号"任务得以真正开始付诸实施。"信使号"于 2004 年 8 月 3 日从卡纳维拉尔角发射升空，开始了为期 6 年 7 个月零 16 天的水星之旅。在进入环绕这颗行星的轨道之前，它将沿着一条总长约为 79 亿千米的轨道航行。

要想以正确的速度和航程到达水星，需要选择一条经过设计和计算的复杂路线，途中经过地球、金星和水星，并多次利用引力弹弓效应，以降低探测器相对于水星的速度。最终，结合探测器上的火箭发动机的短暂点火，就能将探测器送入环绕水星的轨道。这次任务的独特设计使"信使号"不需要携带大量备用燃料（用于火箭点火减速）。这种设计让探测器更轻，成本更低，但要付出的代价是周期很长，需要将近 7 年的漫长时间。执行该任务的团队必须耐心等待，在群星之间绘制穿梭其中的飞行路径。拉里·尼特勒将这一过程描述为"通过 7 年飞行，多次绕行太阳，多次飞掠水星和金星，最后静悄悄地靠近水星"。每一次飞掠行星都会将探测器的部分速度和能量转移到

"信使号"进入环绕水星的轨道

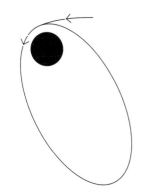

顶图："信使号"在进入环绕水星的轨道之前经历了 6 年 7 个月零 16 天的飞行，它的飞行轨道相当复杂，其间它还几次利用引力弹弓效应进行变轨。

上图："信使号"最终沿着高离心率的椭圆路径，在协调世界时 2011 年 3 月 18 日 0 时 45 分进入环绕水星的轨道。

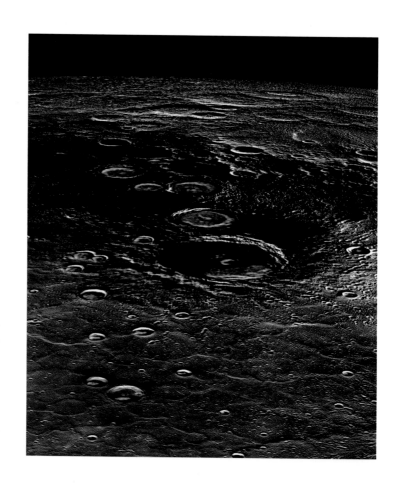

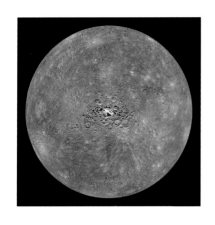

天体化学家拉里·尼特勒这样解释
"信使号"的椭圆轨道背后的故事：

"我们处理行星热量的方式就是规划了一条
离心率极大的椭圆轨道。当探测器位于水星
北极上空时，它会以极低的高度飞行，对水
星进行近距离探测。当在水星南极上空飞行
时，探测器离水星较远，距离在 1 万千米左
右。这种变换在一天中会发生好几次。当我
们飞临水星北极时，就会展开探测，获取近
距离的探测数据。随着仪器温度的升高，探
测器就会飞到稍微远离水星地面的高度，测
绘那些距离较远时才能获取的数据。我们利
用这种方式让探测器反复升温和冷却，确保
所有设备处在危险温度以下。"

顶图："信使号"在几条不同的轨道上拍摄
的水星南极图像，这使科学家能够在不同的
亮度下监测该区域。

对页图："信使号"任务是对水星的环形山
地貌和地质状况进行深入的探索。研究人员
在其传回的图像中取得了重大发现，有证据
显示水星极地的环形山中存在水冰。

行星上，如此就可以完成减速。当 7 年后探测器到达水星时，
只需要短暂启动一下火箭发动机进行减速，就可以让探测器被
水星微弱的引力场捕获。

当"信使号"于 2011 年 3 月 18 日 0 时 45 分进入环绕水
星的轨道时，它的轨道被完美地设定为大离心率的椭圆。"信使
号"以 12 小时为周期绕水星运转，它距离水星的高度在 200
千米和 1 万千米之间变化。对于一个以尽可能接近水星为目标
的探测器来说，这似乎是一种相当奇怪的轨道设计，但这也是
此次任务的重要组成部分，这种轨道对于保护"信使号"免受
水星的灼热表面的热辐射的影响来说至关重要。如果飞船在接
近水星时没有充足的时间冷却，那么水星表面反射的强烈阳光
就会将探测器上的焊料熔化。

在巨大的陶瓷防护罩和大离心率轨道的共同保护下，"信使
号"开始执行其探测任务。在两年的时间里，这个探测器绘制
了水星表面几乎每一块区域的地图，发回的图像揭示了这颗在
太阳系最内层存在了数十亿年的行星的奥秘。水星太小了，它
甚至无法留住可以保护它不受陨石撞击的大气层，同时也缺乏
任何能够改变地貌的地质运动，因此水星表面是太阳系中陨石
坑最多的地方。

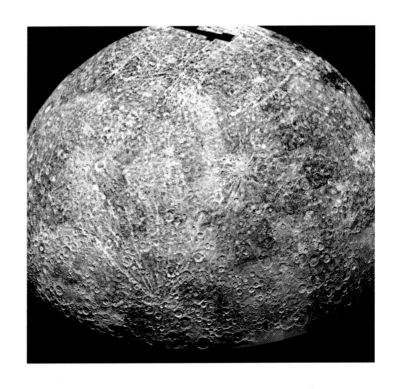

上图：这张基于"水手 10 号"拍摄的图像、由计算机生成的水星南半球蒙
太奇拼图向我们展示了这颗难以捉摸的行星的诱人之处。

绘制水星地图

"水手 10 号"任务只能使科学家看清水星地表区域的一半，所以第一份完整的水星地形数据来自"信使号"。行星科学家南希·查博特解释道："在'信使号'之前，我们只看到水星地表的 45%。在'信使号'进入环绕水星的轨道之前，我们有了一些新发现，但当它真正环绕这颗行星运转之后，我们绘制出了水星的完整地图，覆盖几乎所有区域。有一些永久阴影区域仍然是神秘的……但在绘制完整个水星的地图后，我们对水星地表有了更加深入的了解，陨石坑是最主要的地貌。这颗行星已经存在了数十亿年，一直被外来天体反复撞击，而且水星并没有可以抹平陨石坑的地质活动。"

在水星上的成千上万个陨石坑中，最大的一个是卡洛里斯平原。这是一处直径为 1525 千米的低洼盆地，目前认为它大约形成于距今 39 亿年的太阳系早期。"水手 10 号"于 1974 年首先发现了这一地形，但由于它的轨道范围和飞越时间的限制，拍摄时这里只有一半区域被太阳照亮，所以这个陨石坑的全貌在 30 年内一直是个谜，直到"信使号"完成了全部区域的拍摄。"信使号"拍摄的第一张照片显示，卡洛里斯平原比人们以前预计的还要大，它的周围环绕着 2 千米高的山脉。这些

"伤痕只是另一种记忆。"

——M.L. 斯特德曼

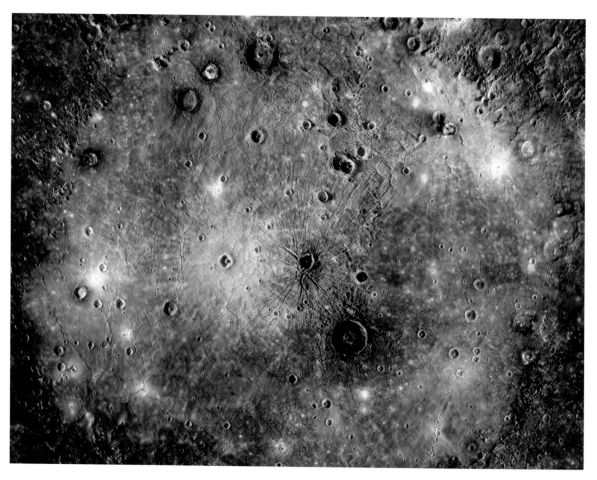

山脉在熔岩平原周围形成了宽达 1000 千米的边界区。

在山脉的另一边，撞击时从水星表面隆起的大量物质围绕着盆地形成了一系列同心环，从其边缘延伸到 1000 千米之外。形成卡洛里斯平原的这种大型碰撞事件也产生了更多全星球范围的影响。"信使号"拍摄记录了一处被称为"奇异之地"（用通俗的话来说）的详细照片，这一区域位于与卡洛里斯盆地的位置完全相对的水星背面。这处与周围的地形有着明显不同的奇特地质构造很可能是由卡洛里斯撞击产生的冲击波在整个星球上回荡所形成的。

对页图：水星上的卡洛里斯平原的彩色马赛克拼图，基于"信使号"在 2014 年拍摄的图像。

上图："信使号"详尽地拍摄了水星的地质状况，记录了巨大的卡洛里斯平原上的陨石坑。

下图：在这张水星北极地区的 3D 图像中，用黄色标记的区域显示了水冰存在的证据。

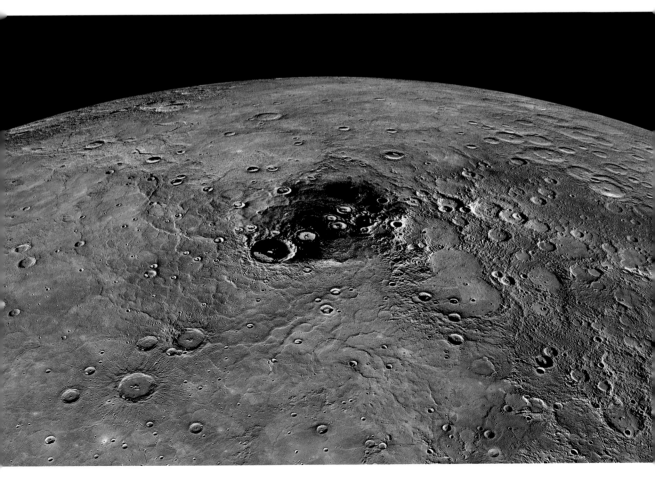

上图："信使号"发送的雷达勘测数据使得科学家能够构建水星的重力场地图。在这张图片中，水星的重力异常区域被用不同的颜色进行标识，红色表示卡洛里斯平原（中心）和索布库平原（右侧）周围的质量密集区。

对页图：科学家利用"信使号"上的水星大气和表面成分光谱仪、水星双重成像系统发回的数据生成了这些图像，图中标记出了水星的矿物构成、化学成分和物理组成。

直到 2015 年任务结束，"信使号"一直在探寻水星的秘密，其间取得了一些极为特别的发现。通过综合利用摄影、光谱学和激光勘测技术，"信使号"向我们提供了一些有趣的证据，表明即使在距离太阳这么近的行星上也可能有水冰存在。尽管太阳已经彻底烘干了水星的大部分地表，但水星的自转倾角几乎为零，所以它的两极的陨石坑和一些地形特殊的区域永远不会被阳光直射。此外，因为缺乏行星大气的保护，这些区域永远曝露在太空的低温环境下。"信使号"发现并记录下了这些水冰存在的清晰特征。在一个极地陨石坑的永恒极夜里，寒冷足以让水冰存在数百万年之久，即使这些水冰离强烈的太阳辐射只有数米之遥。

然而，"信使号"最惊人的发现还在后面。此次任务的目标是探索水星的古老历史，并提供数据验证关于水星形成和早期生命的理论。"信使号"配备了一系列光谱仪，用于分析水星地表以下不同深度的成分。研究团队曾对水星的化学成分进行过预测，但当"信使号"开始探测时，他们很快就发现先前的假设并不完全正确。

通过利用伽马射线和 X 射线光谱仪分析水星地表的元素组成，研究团队发现了一些意想不到的现象，例如磷、钾和硫的含量远高于先前的预测。到目前为止，关于水星（和所有岩质行星）形成的理论假说认为，岩石通过压缩和合并形成行星，其中较重的元素（例如铁）会沉入中心而形成巨大的核心，那些较轻的元素（如磷和硫）则会停留在地表附近。这些易挥发的元素易于从地表剥离，尤其是在像水星这样离太阳如此近的行星上。然而"信使号"发回的数据证实，水星地表中钾和硫的含量是地球和月球的 10 倍。这两种元素都是易挥发的元素，特别是它们离太阳如此近时极易挥发。它们应该不会从水星诞生之日起就一直留存在水星表面。

最重要的是，"信使号"发回的数据证实了关于水星内部结构的猜测。它是太阳系内密度最大的行星，内部铁核的直径超过了水星直径的 75%，而地球刚刚超过 50%。水星的核心产生了不平衡的怪异磁场，表明这颗行星内部的动力学特性与我们以前所了解的任何天体都不同。

所有这些问题使水星成为一个谜团，它与其他类地行星如此不同。离心轨道、表面易挥发元素的丰度以及内部巨大的铁核都暗示这颗行星的历史远比我们最初设想的要复杂得多。而我们对于"信使号"发回的数据最好的解释是，水星并非最初就诞生在目前所处的位置。长久以来，人们一直认为行星轨道是永恒不变的，它们以无尽往复的运转维持着太阳系的结构。我们现在认识到，这种简单想法绝非事实的真相。

丈量水星

"信使号"配备了 7 台用于收集数据的科学仪器，包括水星双重成像系统 (MDIS)、伽马射线和中子星光谱仪 (GRNS)、X 射线光谱仪 (XRS)、磁力计 (MAG)、水星激光高度计 (MLA)、水星大气和表面成分光谱仪 (MASCS)，以及能量粒子和等离子体光谱仪 (EPPS)。所有这些仪器都通过数据处理单元与探测器进行通信，并且必须安装在探测器上可以观测到水星的位置，但又不能受到太阳的干扰。这些设备的设计和制造可以保证其在可能遇到的极端温度下依然能正常工作。

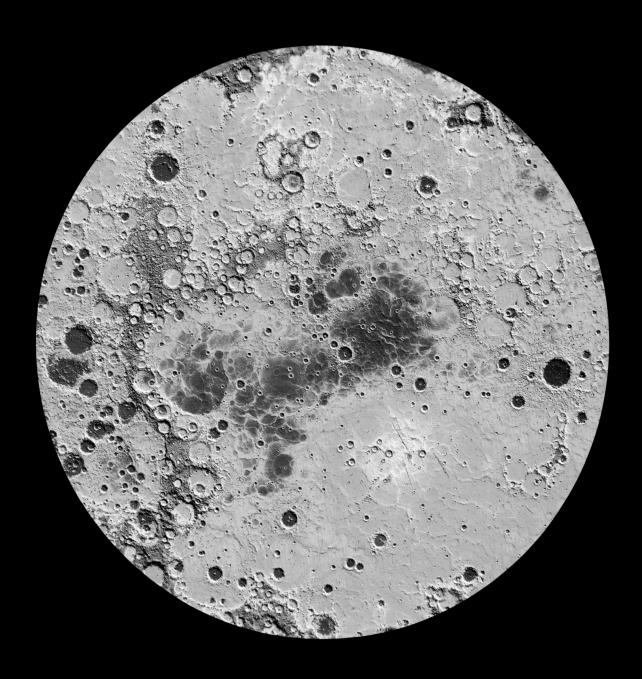

地形

"信使号"搭载的水星激光高度计能够测量水星北半球的海拔差异，发现其最高点和最低点的海拔相差 10 千米。

低海拔　　　　　　高海拔

温度

"信使号"记录了这颗行星的温度分布状况，阳光照射下的陨石坑达到了很高的温度，在这张图片中标记为红色。

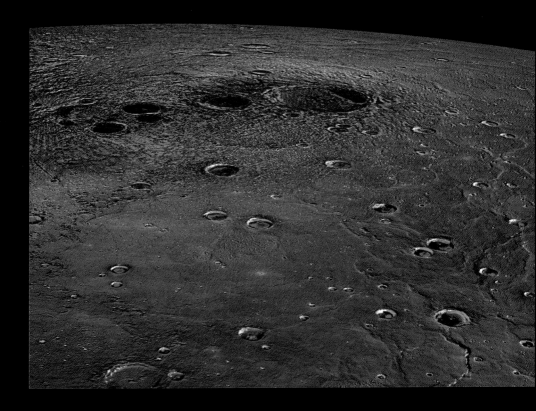

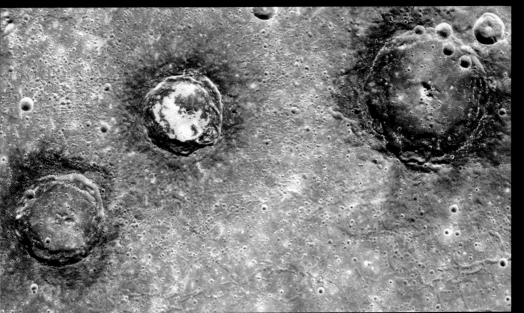

隐秘的
过去

"一种可能的解释是，水星并不是在今天的位置形成的，而是更接近其他行星，甚至可能形成于金星或地球之外，或介于两者之间的某个地方。此后，由于它与木星、地球、金星等行星的相互作用，它进入了一条混乱的轨道，最终它被推向了靠近太阳的位置。"

——拉里·尼特勒，"信使号"任务的天体化学家

像所有其他类地行星一样，水星最初也是由熔融的岩石形成的。几百万年后，这颗年轻的行星开始冷却，地壳逐渐凝固。它绕太阳运转的路径从旋转尘埃云的一部分变成了一条清晰的轨道。然而，婴儿期的水星所处的位置很可能与它现在所处的轨道相距甚远。刚刚诞生的水星并非离太阳最近的行星，它最初在更远的地方诞生，其位置远远超出了金星和地球的轨道，也许甚至超出了火星的轨道。这颗行星诞生于太阳系内最温和的区域。这里距离太阳足够远，允许挥发性元素（如硫、钾和磷）被并入行星，而不被太阳的热量所蒸发。这个距离也足以让行星表面足够温暖，甚至维持液态水的存在。它在当时可能是一颗足够大的行星，足以拥有自己的大气层，从而构成一个所有生命成分都可能存在的水世界。水星看起来沐浴在日光之下，但这些最初的希望没有持续太久。

今天在地球的夜空之下，我们很难想象行星会出现在其他轨道上。它们似乎应该永恒长久地保持稳定运转，所以我们很自然地会认为太阳系好似一个巨大的天体时钟、一个永恒运转的精密机械机构，它标志着时间的流逝。在我们可以理解的时间框架（日、周、月、年）内，这些行星的运动和轨道就是钟表的组件。我们用这些标记来表示一天 24 小时和一年 365 天，而月球的运转周期则与月份相关。除此之外，1687 年首次被提出的牛顿万有引力定律使我们能绘制出所有天体在遥远的过去和未来的运行轨迹。这种可预见性使我们能够预测未来的重大天文事件，如日食和凌日。这就是为何我们可以预测在未来的 2099 年 9 月 14 日，太阳、月球和地球将精准地对齐排成一线，在北美洲形成 21 世纪的最后一次日全食。

但就太阳系的生命而言，一百年前或一百年后只不过是一瞬而已。在更大的时间尺度上，这个天体时钟就变得不那么可靠了。如果只有一颗行星围绕一颗恒星运行，如果水星是太阳系内唯一的行星，我们就能精确地计算出水星和太阳之间的引力，并以无限高的精度绘制出它围绕太阳运行的轨道。但是只要添加一颗行星（如木星）在太阳系中，就需要计算三个对象之间的引力。在某种程度上，我们已经难以通过计算描述它们在过去和未来的运动轨迹。

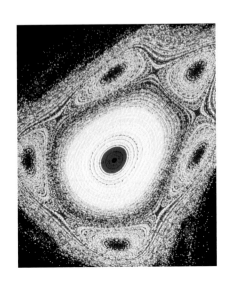

左图： 混沌理论用于从给定的起点预测大规模复杂事件的发展，图中所示为混沌系统的厄农映射。

对页图： 就像日出可以预测一样，水星在太阳系中保持着它的位置。在夏威夷的哈雷阿卡拉国家公园的晨光中，可以看到明亮的水星。

当同时有两个以上的物体相互作用时，物理学家所谓的混沌系统就形成了。这意味着行星之间会彼此推拉，并且整个系统以我们无法预测的方式运转。所以，预测的时间越靠后，任何一颗行星的位置就越难以确定。数学方法在这里失败了，所以只能依靠间接的证据来拼凑出行星的过去。"信使号"发回的关于挥发性元素钾和硫的详细数据使我们开始了解这颗行星的早期历史，并进一步推断水星诞生的区域可能与它今天所处的位置完全不同。那么接下来水星上发生了什么？一颗在太阳系内最完美的区域诞生的行星为何会被高温终结于太阳系内层呢？

答案就在"信使号"为我们所提供的另一条线索中，也就是水星巨大的内部铁核。水星拥有所有岩质行星中质量最大的铁核，铁核的直径超过了这颗行星直径的75%，其质量接近水星质量的一半，而地球内部铁核的质量只有地球总质量的1/5。早在150年以前，我们就开始猜测水星包含某种奇特的成分。这一猜想源于德国天文学家约翰·弗朗茨·恩克，他通过测量水星作用于一颗彗星的引力效应计算出了水星的质量，而这颗彗星也以他的名字命名。通过对行星质量的估算，我们就能计算出行星的密度以及大致的成分组成。

很久之前，水星就被认为是一颗古怪的行星，但直到"信使号"任务开展以后，我们才了解到太阳系中这颗最小的行星到底有多么奇特。通过精确测量水星的磁场，我们已经能够确认水星并非一颗死寂的行星，它有由内部驱动的动态磁场，这表明部分内核是液态的。这就与行星动力学的传统理论产生了矛盾，因为我们预计像水星这样的小型行星在很早之前就已经失去了内部的热量来源。火星也是因为它的质量不足而最终失去内部热源的（这一故事将在后面的章节中介绍），而此前对于水星的预测是它的内核早已冷却并完全凝固。

一颗令人难以置信的、正在收缩的行星

水星表面由覆盖整个星球的大陆板块构成。在自太阳系诞生以来的数十亿年里，这颗行星一直在缓慢地冷却。如果缺乏内部提供的热量，所有行星都会经历这个冷却过程。当液态铁核变冷凝固时，水星的体积就会缩小。

20世纪70年代，"水手10号"探测器环绕水星飞行时记录下了由于星球收缩而产生的地表特征。收缩推动地壳上升并重叠覆盖，形成了延伸至地表以下数千米的悬崖。与此同时，收缩的表面还导致地壳起皱，形成所谓的"皱脊"。

科学家通过对"水手10号"发现的陡坡和皱脊进行估算，发现水星的半径在这一收缩过程中减小了1~2千米。这一发现与他们对行星逐渐丧失热量的理解形成了对比。

水星解剖图

2440 千米

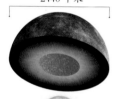

固态铁核内芯

液态铁-硫-硅外核

硫化亚铁

贫铁硅酸盐地幔

贫铁硅酸盐地壳

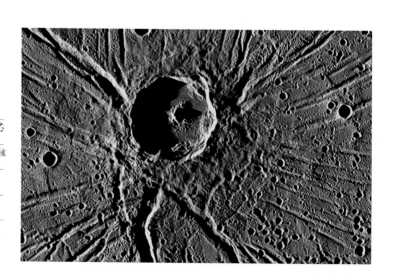

上图：2015 年 4 月 30 日，美国国家航空航天局在水星地表的这一区域增加了一处人造的陨石坑。美国东部时间下午 3 点 26 分，"信使号"坠落在水星表面，探测任务就此结束。它最终在水星上留下了一处直径超过 15 米的永久印记。

撞击前 24 小时的估算

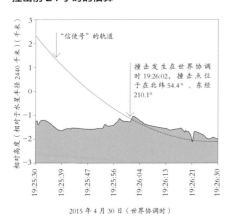

下图：1990 年，远方的"旅行者 1 号"拍摄了一系列太阳系行星图像，最终合成为一张太阳系全家福，图中给出了水星的明确位置。

对页图："信使号"拍摄的阿波罗多罗斯陨石坑，其位置靠近卡洛里斯平原。科学家根据这些辐射网纹为其起了"蜘蛛"的绰号。

"信使号"的探测数据表明实际情况并非如此。它通过精确绘制水星的引力场，同时对其表面进行全面勘测，最终证明这颗行星拥有太阳系内独一无二的特殊结构。它似乎有一个固体硅酸盐外壳和地幔，下面是一层固态的硫铁化合物，包裹着内部的液态核心。水星的中心可能还有一个固态的内核。这一发现挑战了以前有关水星形成的所有理论。

45 亿年前，太阳系内部仍处于混乱和动荡之中。我们认为，新生水星诞生的位置远离今天的轨道，并被岩石碎片和大量的行星胚胎所包围。这些早期的天体彼此争夺着位置。在年轻的太阳系中，行星频繁地诞生和毁灭。然而并非只有类地行星受到了影响，木星是所有行星中最古老、最大的一颗，它的轨道也在变化。当这种巨大的行星改变位置时，几乎总会引发各种意外事件。我们将在第 3 章中讲述木星的宏大故事，以及它最初对太阳系造成的破坏。这里我们需要知道的是，有证据表明早期的水星被木星引向了靠近太阳的危险路径。在太阳系早期拥挤的天体轨道上，这一变化充满了风险。各种证据表明，这一移动过程是水星历史上最剧烈、最关键的改变。当这颗行星转向太阳系内部时，它与另一颗行星胚胎相撞并破碎。

今天，我们在水星的奇特结构中发现了它曾遭受猛烈碰撞的证据。在碰撞后，巨大的核心依旧留存，而大部分外层（包括地壳和地幔）瓦解破碎，消失在了太空中。这次碰撞不仅改变了水星本身的物理结构，而且改变了水星原来的轨道。水星轨道是所有行星中离心率最大的椭圆轨道就印证了这一撞击过程。虽然我们还不能确定这些具体事件，但这也是优秀的科学理论假说，它通过利用现有的证据构建预测模型，描述那些难以想象的远古事件。正是这样的事件使得水星从太阳系内充满潜力的完美位置移动到了距离太阳过近而无法维持任何生命存在的区域。经过四年的观测以及对水星远古历史的探索，2015 年 4 月 30 日"信使号"终于耗尽了燃料，它将为这颗曾经充满希望的悲壮行星增加一处陨石坑。

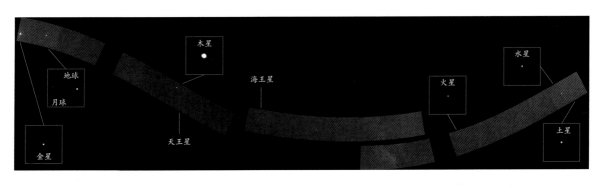

20世纪70年代，"水手10号"拍摄了水星（下图）和金星（对页图）的第一批近距离图像，科学家以此对比了两颗行星的大气。

神秘的
行星

—— 颗被厚重的浓密大气完全包裹的行星将要讲述一个完全不同的故事。在水星之外 5000 万千米的地方存在着另一个世界。初看之下，它要比水星更接近地球。

长久以来，金星一直是最神秘的行星，它位于太阳系宜居带的内缘。这是一个隐藏着谜团的星球。数千年来，在清晨和傍晚的天空中，金星以明亮的光辉引起了人们的关注。它之所以如此明亮是因为它与地球的大小差不多，而且离地球并不遥远，同时表面覆盖的云层具有极强的反射能力，可以反射 75% 的阳光。这就是金星引人关注却又令研究者无功而返的特点，因为即使用大型地基望远镜去观察金星，也不会发现它们的任何表面特征。你无法穿透云层看到金星地表，这意味着直到 20 世纪 50 年代，科学家们还只能臆测云层之下金星世界的真实状态。

19 世纪末至 20 世纪初，许多人认为云层之下的金星其实是地球的镜像世界。他们认为金星上即使没有复杂、有感知能力的高等生命，那么至少会有一些简单的生命。面对远方无法穿透的云雾面罩，人类的群体想象力被激发，人们猜测云层之下存在着一个生机盎然的星球。这一想法持续影响至 20 世纪上半叶，我们那时依然认为在太阳系中，地球生命可能并不完全孤独。

诺贝尔奖获得者、化学家斯万特·阿伦尼乌斯是当时最著名的科学家之一。与同时期的许多科学家一样，他涉猎了许多不同的知识领域，其中包括天文学。他详细地推测了金星的环境。假设金星云层是由水汽组成的，他在著作《星星的命运》中推测"金星表面相当大的一片区域被沼泽所覆盖"，从而构建了一种类似于热带雨林的金星环境。

他进一步阐述了这幅图的内容，认为金星上完整的云层形

上图：由"先驱者号"金星轨道探测器拍摄的云雾笼罩中的金星。

诺贝尔化学奖得主斯万特·阿伦尼乌斯说道：

"金星上的一切都是潮湿的……地表的很大一部分……毫无疑问，上面覆盖着类似于地球上形成煤炭沉积物的沼泽……金星各处的气候条件都趋于一致，甚至没有太大的变化。因此，金星上很可能只有些低等生命形式存在，其中大部分应当是植物。整个星球上生物种类的区别应该不大。"

下图："金星9号"在金星表面成功着陆，并在53分钟的探测过程中传回了第一张金星表面图片。

成了一种均匀的环境，这与地球上不同地区之间差异极大的天气系统完全不同。在阿伦尼乌斯的想象中，这种稳定的环境以及金星上始终如一的统一气候意味着金星上的任何生命都可以在没有外界演化压力的情况下生存，而正是这种演化压力导致了地球上生物的自然选择，因此金星可能处于类似于地球石炭纪的演化边缘时期。阿伦尼乌斯描绘出了一个充满史前沼泽和潮湿森林的世界，为当时的科幻作家创造了完美的外星场景，让他们可以自由想象云层下的各种奇特的生命形式。

阿伦尼乌斯关于金星生物的丰富想象现在远不及他关于地球气候的研究出名。他于1896年首次应用化学原理来分析大气，特别是二氧化碳的浓度对地表温度的影响。这一影响也被称为阿伦尼乌斯效应，但更通俗的名字是温室效应。这一效应不仅对我们认识人类对地球环境的影响有着重要的意义，同时也对解释云层之下的金星的真实状态至关重要。

20世纪20年代，随着地面观测技术的进步，我们已经不再完全依靠想象来描绘金星表面，而是开始利用观测数据填补认知空白。对金星大气层的首次光谱分析表明，云层的主要组成成分并不是水或氧气。一些人认为这意味着金星表面是贫瘠的沙漠。另一些人猜测大气中充满了甲醛，这使人们相信金星不仅是一颗死寂的星球，而且已经被防腐剂所浸透。但是到了20世纪50年代，金星的真实性质开始展现在人们的面前，因为更准确的观测表明金星大气中存在着一种含量占据压倒性地位的气体。它既非地球云层中的水和氧气，也不是甲醛。金星是一个被二氧化碳完全包裹的星球。与阿伦尼乌斯关于二氧化碳对地球环境的影响的理论一致，这意味着金星的云层之下是超越生物生存极限的高温环境，即使那些最顽强的地球生命形式也无法生存。随着第一个金星探测器的制造，一个事实越来越明显地摆在我们的眼前，那就是造访金星绝非易事，这颗行星并不欢迎外来的陌生访客。

20世纪60年代初，苏联开始了一系列以"金星"为名的探测任务，试图第一次直接探测金星的大气层和表面。金星项目最初发射的探测器甚至还没有离开地球轨道就失败了，但在此后的几年内，该计划开始逐渐取得一些进展和突破。

1961年2月12日，"金星1号"成功发射，研究人员计划利用这个探测器完成对金星的近距离飞掠任务。我们认为它曾飞经距离金星不到10万千米的地方，但它与地球的联络失败意味着没有任何数据传回地球。据我们所知，目前"金星1号"仍在围绕太阳运行。

"金星3号"试图完成一次跨越，它被设计为进入金星大气层直接进行探测。然而在穿越大气层时，它的系统失灵，在坠落到金星表面前没能传回数据。"金星3号"只能作为第一个撞击另一颗行星的人造物体被载入史册。

尽管在探测过程中经历了多次失败，但苏联人并没有放弃。1967年10月，"金星4号"探测器进入了金星大气层并发回了数据，这些数据证实了此前地面观测的结果，发现金星表面厚重的云层主要由90%～95%的二氧化碳、3%的氮气以及少量的氧气和水蒸气组成，从而证实了金星不是第二个地球。在探测器穿过云层下降的过程中，温度上升至262摄氏度，大气压则上升到22个标准大气压（约2200千帕），而这只是距离金星地表26千米的高空。在"金星4号"降落的过程中，它向地球传回了数据，同时确认自己的命运即将终结。它无法承受所测量环境的巨大压力和高温，更别提它的着陆方式根本无法匹配金星的真实情况。探测器在下降过程中就已经彻底损坏了，信号在预定的着陆时间之前很久就完全消失了。

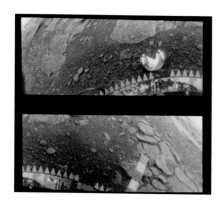

上图：1982年3月，"金星13号"传回了这些拍摄于金星表面的图片，我们在前景中可见探测器的局部。

通过多次尝试，苏联科学家逐渐克服了金星环境的各种挑战。"金星7号"的设计方案就是为了应对最严苛的着陆条件，尽管降落伞失灵，但它还是于1970年在金星表面成功着陆，并在设备失效前用已损坏的天线传回了23分钟的温度监控数据。

1975年10月，"金星9号"不仅成功地到达金星表面，正常运行了53分钟，而且它是第一台在行星地面部署摄像机并将图像传回地球的探测器。这也是第一张在另一颗行星表面拍摄的照片，黑白照片呈现了一片布满嶙峋岩石的荒凉之地。测量结果表明，地表温度高达485摄氏度，而大气压则高达90个标准大气压。

1981年10月30日"金星13号"发射时，它自身已经相当可靠，同时团队对于从金星上发回数据也充满信心。这台探测器在457摄氏度的高温和89个地球大气压下运行了127分钟。这台探测器上安装有摄像头，它在金星表面拍摄了第一张彩色图像。弹簧臂测量了金星土壤的弹性系数，而机械钻臂则采集了金星表面的样本，并用搭载的光谱仪进行了分析。此外，探测器上的麦克风还记录下了金星大风，这也是人类第一次记录另一颗行星的声音。

1983年，金星任务接近尾声，此时我们对金星的严苛环境已经没有丝毫的怀疑。金星与人们曾经想象的温暖湿润的星球相去甚远，真实情况是它并不是我们想象中的姐妹行星。我们在寻找世外桃源时却发现了高温炼狱。

金星是一颗充满谜题的星球，它在体量、位置和发展潜力方面几乎与地球一样，但最终成为了生命不可及的禁区。如果说水星的故事是一次灾难性的轨道变化，地球的故事可以算得上平衡稳定，那么金星的故事就是一场彻底的悲剧，它的命运无情地坠向深渊。为什么金星的结局会变成这样？为什么一个生来与地球如此相似的星球会走上如此不同的演化之路？要回答这些问题，我们需要将目光穿过今天所见的这颗饱受磨难的行星，回到它年轻繁盛的早年。

对页图：在俄罗斯莫斯科的全俄罗斯展览中心宇宙展厅中展出的"金星1号"探测器模型。

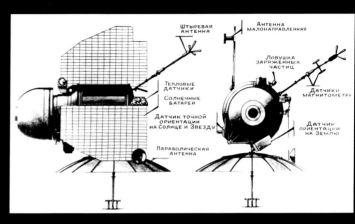

通过一次次尝试,苏联科学家逐渐克服了金星恶劣环境带来的各种挑战。

下图:苏联科学家努力完成金星项目,每一次更新型号时都对探测器进行调整,以便探测器能够获得更多的窗口生存时间,探测金星上的险恶环境。

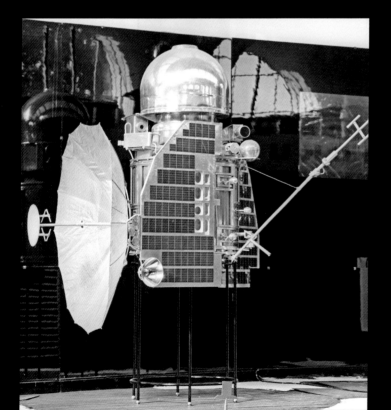

上图:这张由"金星15号"和"金星16号"拍摄的雷达图像展现了金星地貌,显示了中央的麦克斯韦蒙特山脉和直径达100千米的克利奥帕特拉撞击坑。

金星的诞生

"目前的金星环境极端恶劣……如此炎热，如此干燥，但金星最初是什么样子？它更像地球吗？我们不确定，所以我们希望未来的探测器能够探索金星的早期历史。"

——戴维·格林斯潘，天体生物学家

下图： 在这幅计算机生成的图像中，马特蒙斯火山的中央正在上升，它被瀑布般的熔岩包围着。这幅三维图像是由"金星13号"和"金星14号"传送的数据生成的。

40 亿年前，金星仍是我们所熟悉的星球。这是一颗和地球一样由星际尘埃所形成的行星，诞生时的大小与地球差不多，处于离太阳足够远的轨道上。这提供了一个宝贵的机会。金星的早期历史几乎呈现了早期地球的状态。当新形成的地壳从诞生时的高温下沉降并冷却时，大气层开始在这颗年轻的行星周围形成，其中包括从地表下方的熔岩中冒出的气体，以及它在围绕太阳的轨道上运行时从气体云和尘埃云中捕获的气体。新形成的大气紧贴着年轻的金星，这层薄薄的大气肯定含有氮、氧和二氧化碳。最有趣的是，我们确信其中也含有大量水蒸气。

在金星的上层大气中，水蒸气最终冷却成水。随着这一转变的进行，一个熟悉的过程开始了，金星上第一次具备适宜的条件，使得液态水形成并开始从天空中落下。这形成了太阳系中的第一场雨，水滴落在金星干燥的平原上。这些降落下来的雨水渐渐变成了流动的河流，淹没地面形成大片的浅海。也许在地球出现之前，金星已经是一个水世界，天空中水汽形成的云朵和地表广阔的海洋共同构成了这个年轻星球上水循环的基础。

我们如何确定这个蓝色版本的金星曾经存在？在火星上，我们可以看到它的表面曾有水存在的证据。但与火星不同的是，我们目前没有金星表面存在液态水的直接证据。我们拥有的证明这颗行星上曾有液态水的唯一证据来自1978年美国国家航空航天局发射的"先锋号"探测器，它最惊人的发现之一是金星大气中氘的含量出人意料。金星上氘、氢的比例要比地球上的大得多，这一现象非常有趣，因为这两颗行星形成时，氘、氢的比例几乎肯定是一样的。大气中的氢比氘更容易散逸到太空中，这种比例表明金星在其一生中失去的水远比地球多，这是原始海洋逐渐消失的标志性证据。天体化学家拉里·尼特勒如此解释道：

"科学家们认为，金星海洋中曾经存在大量的水，但随着时间的推移，这些水消失了，甚至可能在10亿年前金星已经和今天的状况相似。我们可以根据探测器在其大气中测得的氢同位素的组成比例得到这一结论。氢有另外两种不同的同位素。大多数氢原子的原子核中只有一个质子，氘原子有一个质子和一个中子，所以它的质量是氢原子的两倍。当水从行星表面或大气中蒸发时，含氢的水分子比含氘的水分子轻，所以前者更容易蒸发丧失。因此，随着时间推移，当水分蒸发时，含氘的分子相对于含氢的分子来说更容易留存，因此就形成了新的氘、氢比例。根据目前所测量的比例进行反推，可以计算出在数十亿年中金星表面的液态水流失的情况，从而证明金星在历史上丧失了极大量的水。"

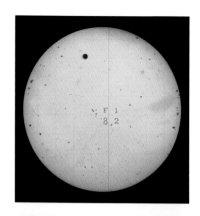

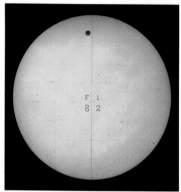

这些都不是十分确凿的证据，但它们确实给我们指明了一个方向。由于没有对金星表面进行更深入的探索，我们不得不依靠大量的间接证据来描绘金星历史上存在液态水时的具体情况。

就像我们对任何行星的理解一样，建立这幅图景的证据是通过几十年的探索积累起来的。在苏联发射金星系列探测器第一次接触金星表面之后，人们又发射了"先锋号"金星轨道飞行器，最近发射了"麦哲伦号"轨道探测器。"麦哲伦号"通过雷达探测了金星表面的地形，并且用四年的时间绘制了金星的第一张完整地形图。

结合数十年探索积累的所有数据，我们能够深入了解这颗行星的历史；使用与模拟地球未来气候变化的工具相同的工具，可以创建金星过去、现在和未来的气候模型。最近，来自美国国家航空航天局戈达德太空研究所的一个团队取得的分析结果也指向了相同的结论。在遥远的过去，金星曾是一颗被浅层原始海洋所覆盖的行星。

一些人认为，金星的水世界并非转瞬即逝，它曾是一个和地球一样的蓝色星球，而且这一状况可能持续了大约 20 亿年，在大约 7 亿年前水才完全消失。这是一个有趣的想法，一个类似于我们星球的世界存在了如此之久，它的表面上还曾有液态水。在地球形成后的 5 亿年内，生命就在地球上迅速诞生了，所以我们似乎有充分的理由认为，如果金星真的曾像模型所预

上图： 金星凌日——人们早在 1882 年就捕捉到了金星凌日的画面。

右图： 几个世纪以来，金星一直吸引着科学家的注意力。这幅图由尼古拉斯·耶佩于 1761 年绘制，画面上呈现了当时发生的金星凌日。

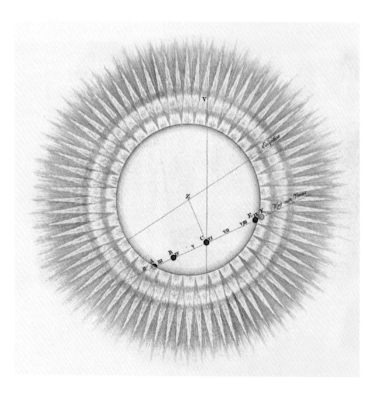

测的那样潮湿，它就有可能孕育出生命。消失已久的金星河流和海洋中究竟发生了什么？这有待我们去研究。我们还没有尝试去寻找任何生命曾在金星上存在的痕迹，探索的重点已经转向火星，因为这颗行星不仅有繁盛的过去，而且可能是人类未来移民的目标。我们可以肯定的是，今天的金星上不可能存在任何生命（至少是我们目前理解的生命形式），甚至含水时期可能存在生命的相关证据也早已在剧烈的火山活动和极端的压力下彻底消失了。那么消失的水都去了哪里？要理解这一点，就需要探索地球和金星之间的异同。

金星是太阳系中自转速度最慢的行星，绕轴自转一圈需要243 个地球日。这一周期也被称为恒星日，它与定义太阳回到天空中的同一点所需的时间（太阳日）有所不同。在地球上，恒星日为 23 小时 56 分 4.1 秒，非常接近 24 小时的太阳日。但在金星上，这两个周期之间的差异要大得多。虽然这颗行星的自转周期为 243 天，但金星的一个太阳日相当于 116.75 个地球日。这意味着金星上每一天的时长接近地球上的 4 个月。不仅如此，金星的自转还是从东向西进行（太阳系中仅有两颗行星是这样，另一颗是天王星）。所以，在这个毒气漫天的星球上，日出过程会持续数日，因为太阳只能以极慢的速度升起。

由于金星缓慢的自转，太阳会在金星的天空背景中极缓慢地移动，这也引发了许多问题。金星在过去是如何变热的？金星与地球自转的巨大差异是如何影响气候环境的？今天的金星

"哦，这是最令人感激的美妙景象，我们热切的愿望终于实现了。"

——1639 年耶利米·霍罗克斯目睹金星凌日

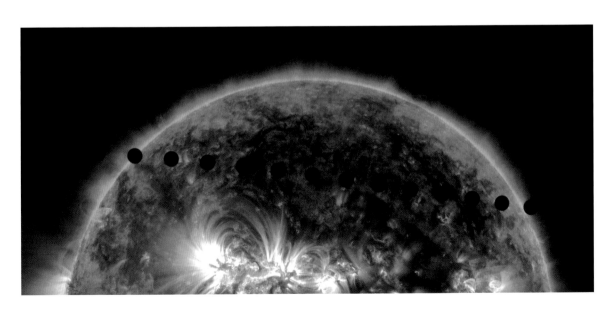

左上图： 金星凌日是极为罕见的天象，也是几个世纪以来的重要事件。未来的两次金星凌日预计将在 2117 年和 2125 年发生。记录金星凌日是一项非常重要的研究，这有助于科学家计算出太阳系的尺度。

上图： 2012 年 6 月的金星凌日（黑点为金星）。

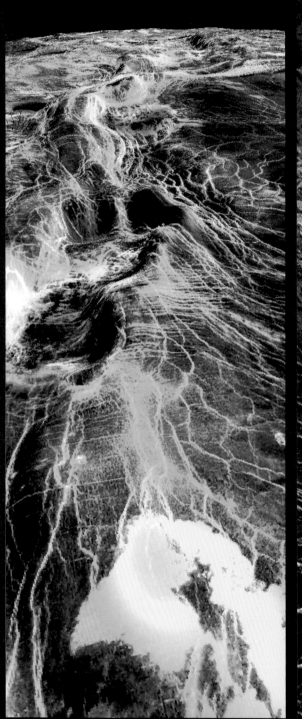
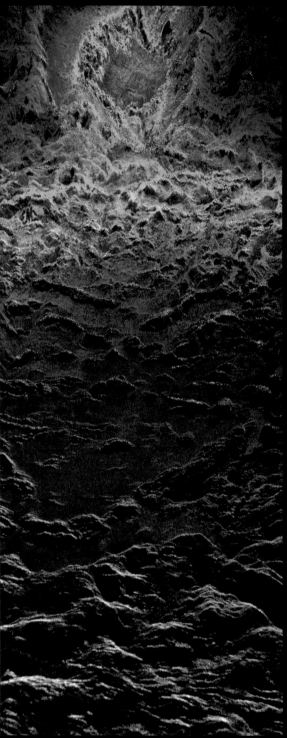

气候是所谓的等温气候，在昼面和夜面以及赤道和两极的温度基本恒定。这是因为金星厚重的大气层就像一张毯子在各处均匀散布太阳的热量，因此金星表面唯一的温度差异缘于各处的海拔不同。然而远古的金星可能完全不同，那时的金星具有类似于地球的大气，所以阳光会连续数天持续照射它的表面。

让事情变得更复杂的是，行星的自转与其气候环境密切相关，并且有强有力的证据表明行星的自转速度与其环境是否适宜生物生存有着直接的关系。直到不久之前，人们还认为金星缓慢的自转一定缘于早期厚重的大气层的影响，因为这层大气实际上会对自转起到减速作用。然而最近的研究表明，金星可能曾有过像地球大气层一样稀薄的大气，但最终它还是演化为极为缓慢的自转。

当开始描绘古代金星的图景时，我们猜测现在的云层覆盖下的远古行星曾经的样子，它有过类似于地球的大气层，一天的时长相当于 200 个地球日，而太阳也曾照亮被海洋所覆盖的金星表面。

为了弄清金星气候的真相，戈达德的团队需要再次对模型进行调整。由于阳光照射地表一侧的时间要比地球上长得多，海水的蒸发率将远高于地球。这可能会和我们猜想的金星湿润的早期环境相互矛盾，但只需简单地调整金星表面的陆地面积，尤其是赤道附近的区域，效果就会非常明显。模型演算表明，由于陆地面积所占的比例更高，即使在缓慢自转的情况下，金星上的水也不会彻底消失，可以维持生命生存。

通过综合以上这些数据，戈达德的团队描绘出了最新的早期金星图景，一幅生动迷人的星球图景。在初生的太阳系中，它是一颗地球大小的行星，也曾拥有类似于地球的大气层。金星上的一天相当于地球上的数月，太阳会缓缓地自西向东划过天际，在一片广阔的浅海上升起和落下。

最后，美国国家航空航天局的"麦哲伦号"探测器在 20 世纪 90 年代采集的雷达测量数据为失落已久的金星历史图景完成了最后一笔。这个古老世界的地形逐渐浮现出来，低地被水填满，露出水面的高地形成了大陆。这些表明金星可能才是太阳系中的第一个宜居星球。那么后来到底发生了什么并改变了这一切？要找到答案，我们不能仅仅关注金星自身，还需要观察它所围绕的恒星——太阳。

"在戈达德团队的模型演算中，金星的缓慢自转使其朝向太阳的一面每次都要在太阳下曝露近两个月。这将使地表变暖形成降雨，从而形成像雨伞一样的厚重云层保护金星表面不受太阳热量的影响。这导致的结果是远古金星的平均气温要比现在地球的平均温度低几度。"

——安东尼·德尔·杰尼奥，
行星科学家

对页图和上图：20 世纪 90 年代，"麦哲伦号"探测器发回了金星图像，使科学家们能够描绘出这个失落已久的星球更详细的图景。他们发现了一个由低地和高地组成、其间分布着活火山的世界。这一结果与一些艺术作品所描绘的海洋化古代金星相去甚远。

告别生命

没有任何一个星球是完全孤立隔绝的。像所有其他行星一样，金星也是太阳系的一部分，这个系统由位于中心的太阳所驱动。太阳在天空中持续燃烧发光发热，我们的地球则沐浴在充足的阳光下。太阳带来的热量不会让海洋全部冻结，但也不会多到让海水完全蒸发。地球位于宜居带的最佳位置，但正如我们在本章中已经讲述的内容，太阳系中没有永恒不变的事物，今日所见的景象不代表未来，更不代表过去。

随着太阳的年龄逐渐增长，它的温度越来越高。这是因为大部分氢聚变为氦，从而导致太阳核心的氦的含量逐渐增加。氦含量的增加将导致太阳核心收缩，这反过来又会使太阳自身收缩，从而造成内部压力增大，使得核聚变的速度进一步加快，因此太阳的能量输出也会增加。如果未来的太阳比今天燃烧得更剧烈，那么就说明在早期的太阳系中，太阳燃烧的剧烈程度远不如今天。这是所有主序星都遵循的生命周期，主序星是包

天体生物学家戴维·格林斯潘谈论金星生命：

"我们经常说，金星是一个完全不适合生物生存的星球，其实在这句话的旁边应该加上一个小小的星号，因为我们所指的是金星表面。如果从金星表面上升50千米，就会到达金星上可能适合生物生存的区域。在那个高度，云层中的压力和温度大致相当于地球表面，同时也有辐射能和化学能的来源，有营养物质，甚至还有可以充当液态水的介质。尽管这些介质是云中的浓硫酸，但我们现在已经知道地球上有喜欢浓硫酸的生物。因此，没有什么证据可以排除金星云层中存在生命的可能。我甚至认为还有一些间接证据暗示云层中可能存在生命。我虽然不能向你打赌金星云层里有生命，但在我们更仔细地探索之前，我不能排除这一可能。"

括太阳在内的一类恒星，这也是宇宙中最常见的恒星类型。我们已经深入研究了这些恒星的生命周期，这使我们能够对太阳的过去和未来做出具体的预测。

天文学家们目前达成的共识是，40亿年前年轻的太阳的亮度至少要比现在低30%。这个更冷的太阳无疑会对所有类地行星产生巨大的影响。地球当时的温度要比现在低得多，同时由于接收的太阳辐射较少，所以为什么地球没有完全冻结仍然是个谜。我们已经相当确定，最初的生命出现在地球表面的液态水中。

与此同时，35亿到40亿年前，年轻的太阳让金星沐浴在温暖的光芒中。这个海洋化的世界位于太阳系中的最佳位置，这是一个处于微妙平衡状态的世界。金星云层对阳光具有减弱和抑制作用，我们可以将其看成一条温暖的毯子，它维持着丰富的液态水留存在金星表面。但即使有了这些额外的太阳能，我们也认为金星的温度比现在地球的温度要低一些。事实上，我们相信当时金星表面的气温就像地球上的春日一样宜人。

这种状况并没有持续太久。年轻的太阳持续变亮，不断增加的能量输出导致金星表面的温度上升，将越来越多的水蒸气带入大气中，使得大气层逐渐变厚，从而决定了这颗行星的最终命运。虽然金星上的海洋可能存在了数十亿年，但随着其表面变暖以及大气层变厚，这个星球的命运已经被确定，而这一切的背后是在地球环境中正在发生的一种不可逆转的过程。我们对这一过程相当熟悉。

温室效应具有保护和毁灭行星环境的能力。尽管具有这种强大的能力，但温室效应实际上可以总结为非常简单的物理学原理。它诠释了阳光（太阳辐射）如何与大气的各个组成部分相互作用。就地球而言，当阳光接触大气层时，其中一部分阳光被直接反射回太空，一部分阳光被大气和云层吸收，但大约48%的阳光会直接穿过大气层被地球表面吸收并加热地球。如此大量的阳光到达地表的原因是地球大气中的气体（如水蒸气和二氧化碳）对可见光谱来说是透明的。证据很明显，天空中就有一个可见光源——太阳，我们都可以看到它！但是当阳光加热地球表面时情况就完全不同了。被辐射回来的不再是可见光，而是波长更长的红外线——热辐射。

对页图： 捕捉太阳的热量对于行星上的生命来说至关重要，但当吸收过多的热量后，就会产生毁灭性的后果。

"金星并没有停止升温。我们相信随着太阳继续变老，数十亿年后，金星会变得更热。最终，地球也将步入金星的后尘。"

——戴维·格林斯潘，
天体生物学家

我们看不到这种红外线，但是当它从地表向外辐射时，二氧化碳和水蒸气会吸收红外线，捕获这些能量，因此地球会保持较高的温度，这与地表的组成密切相关。大气层中水蒸气、二氧化碳、甲烷、臭氧等气体的含量越高，随之而来的温室效应和升温就越明显。尽管这对地球的未来已经构成了非常真实的威胁，但温室效应本身并不一定是坏事。如果没有温室效应，地球的平均温度将会是零下 18 摄氏度。但正如我们在地球上看到的情景，破坏大气成分的平衡，星球环境将会很快发生改变。

在金星过去的某个时刻，温暖的太阳将水蒸发到大气中，促使温室效应更加剧烈。随着太阳能量的流失越来越少，金星的环境温度开始按指数规律上升。最后一滴雨到达地面之前就已经被完全蒸发了。金星已经达到了临界点：随着温度升高，越来越多的水蒸气进入大气层，失控的温室效应就此开启，逐渐蒸干了海洋。这导致地表温度骤升，以致被困在岩石中的碳被释放到了大气中，与氧气混合形成了越来越多的温室气体二

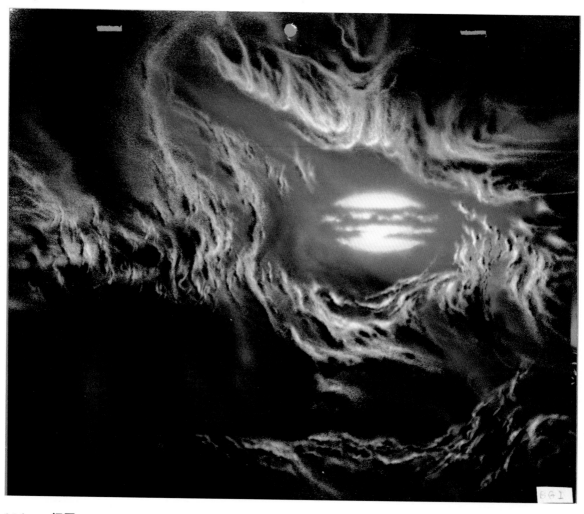

氧化碳。由于地表已经没有水存在,也没有其他方法吸收过量的二氧化碳,因此二氧化碳开始在大气中积累,使金星走上了一条通向炼狱的不归路。

金星在阳光之下的时刻就此结束。人们需要注意:当涉及温室效应时,在保持温暖和高温烘烤之间存在一条不稳定的细线。

温室效应

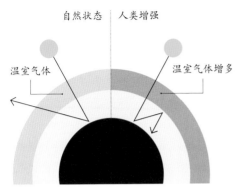

自然状态 | 人类增强

温室气体

温室气体增多

对页图和下图: 1977 年在计算机合成图像出现之前,美国国家航空航天局委托艺术家里克·吉迪斯根据"先锋号"探测器发送的图像绘制了这幅金星表面图画。

地球的结局

在一个混乱的太阳系中存在产生各式各样的行星的可能，而地球是其中最稳定的模范生。

上图和对页图：俄罗斯堪察加半岛是地球上最荒凉的地区之一，这里的火山地貌表明当地球变得太热而不适合生命存在时，它的表面可能会是何种景象。

在四颗岩质行星中，只有一颗行星成功地穿越了40亿年间太阳系的动荡和变化，并保持了生命所需的环境条件。水星在被甩向太阳的过程中最早放弃了斗争，金星在温度最终接近沸点之前也曾经繁荣过，而火星在很久以前就已经变成了一片冰冻的荒漠。在所有行星中，只有地球在过去的40亿年内保持了足够的稳定性，使得液态水能在其表面留存，而大气层的厚度也刚好能让气候保持既不太热也不太冷的均衡状态。各类历史事件影响着地球的演化，极端气温也曾有起有落，但从未超出生命可承受的范围。太阳系中存在产生各式各样的行星的可能，而地球是其中最稳定的模范生，这方面的证据就位于地球的每一个角落。

今日的地球生机勃勃，陆地和海洋中生活着数以百万计的物种，每年还有数以干计的新物种被发现。不知何故，即使在灾难的威胁下，地球仍然是一个维系着生命的星球。无数的物种在演化、灭绝，但生命一直在延续，它已经植根于地球的结构中，是每个大陆和海洋不可分割的一部分。生命在维持大气平衡和地球的温度方面起着至关重要的作用，但我们可以肯定地球上的生命无法永久生存下去。

西伯利亚东部的堪察加半岛是地球上最不宜居的地方之一。这片火山荒漠中遍布着成千上万个温泉，我们在这里找到了一些最顽强的生命形态。在这里生存的微生物能够承受的温度和pH比任何其他陆地生物都要高和大。堪察加半岛是环太平洋火山带的一部分，尽管位置偏远，但长期以来生物学家不断到此研究这些冒着气泡的有毒温泉，从中寻找生命的迹象。复杂的生命形式（例如动物和植物）在50摄氏度以上的温度下很难生存，所以在这里寻找生命就是在寻找单细胞生命形式（例如细菌和古微生物），它们能在这种恶劣环境中生存下来。像乙酸嗜酸菌这样的生命形式就是一种在温泉中发现的古细菌，它们的生存环境的酸性极强，pH达到2，而温度为92摄氏度。在其他的热液区，人们已经发现了像醋酸脱硫菌这样的细菌，它们可以在接近60摄氏度的水池中茁壮生长，但这些才只是刚刚开始。科学家在所调查的一个最大最热的水池中发现了大量生活在97摄氏度温度下的微生物。这即使不是迄今为止所发现的有生命生存的最热环境，它的排名也会相当靠前。

但要找到地球上最大的天然热源，你需要去的地方不是陆地，而是深海。在大西洋最深处，人们在称为"海底黑烟囱"的热液喷口周围发现了古细菌菌株，它们可以在122摄氏度甚至更高的温度下生存。

这些稀有的生命形式生活在极端环境中，其细胞化学的独特适应机制能使由蛋白质和核酸构建的微生物结构发挥作用，

而保护细胞的细胞膜利用不同的脂肪酸和脂类保持细胞在高温环境中的稳定性。

也许还有更顽强的生命形态等待着我们去探索和发现，但迄今为止我们在堪察加半岛等地发现和研究的嗜热微生物都表明生命仍然有其生存的局限和适应范围，自然选择下的演化只能适应一定的环境。尽管我们无法想象几亿年甚至几十亿年后地球上的生命会是什么样子，但我们知道生物学仍受到热力学的约束，所以我们可以肯定地说，总有一天，地球会变得过热，直到任何生物都无法生存。物理法则的力量最终将战胜自然选择，所有的地球生命终将消亡。

没有人能确定这种情况何时会发生，但随着太阳年龄的增长和温度的升高，地球的温度将迅速上升。现在地球表面的平均温度为 14.9 摄氏度，但只要太阳的亮度升高 10%，平均温度就会飙升至 47 摄氏度，并且会不断升高。温度升高会在整

下图：钻石形的牧夫座，千百年来它一直学者所熟知，公元 2 世纪时托勒密曾描述过这个星座。

天体生物学家戴维·格林斯潘将金星视为了解未来地球的窗口。他说道：

"如果让地球完全自我演化，它最终将走上金星的老路。现在不必担心，因为我们谈论的时间至少是 10 亿年以后，更有可能是几十亿年以后。我们还有棘手的问题需要面对，当我们进行比较行星学研究时，需要探索其他恒星周围的行星，并考虑宇宙中存在的各种行星。我们研究的已经不只是过去，而是包含未来的太阳系行星的气候环境。这是个值得思考的主题。金星目前的状态可能是我们在温暖的阳光下了解遥远未来的地球的一扇窗。"

对页上图：大角星，北半球最明亮的恒星之一，它的早期历史与太阳有相似之处。

对页下图：蓝色的白矮星天狼星 B（在天狼星 A 的右侧）已经燃烧至只有地球大小的核心，这让我们对太阳的未来有了某种程度的了解。

个地球上引发巨大的风暴，雨水会从大气中抢夺二氧化碳，而这些二氧化碳会被新形成的沉积岩锁定。植物将痛苦地挣扎，因为它们赖以生存的二氧化碳会逐渐消失，直到光合作用彻底停止。地球绿肺将完全衰竭，绿色植物和藻类所产生的宝贵氧气也将逐渐减少。随着主要食物来源的消失，生物圈的食物链将会崩溃，而地球上复杂生命的时代也会走向终点。

那些嗜热生物可能还会繁衍数百万年，但太阳上的核反应将终结一切。随着平均温度超过 100 摄氏度，地球上的最后一批生命也将会灭绝。

我们可以自信地说，这是未来确定会发生的事情，因为相对于地球，我们可以更精确地预测太阳的未来。我们对核物理的理解使我们能够预测恒星核心发生的事情，因此我们可以预测像太阳这样的恒星的命运。它们的过去、现在和未来已经写在了夜空的繁星之中。

天空中充满了闪亮的恒星，让我们得以一窥太阳的未来。例如，牧夫座中的大角星是北半球最亮的恒星之一，它的质量和太阳差不多，也许更大一些，所以在遥远的过去，它和太阳有着非常相似的特征。现在大角星的年龄已经有 60 亿到 80 亿年，可能比太阳老 30 亿年。它已经不再是一颗主序星，现在正处于红巨星阶段。这颗恒星的燃料即将耗尽，直径已经膨胀到最初直径的 25 倍，亮度大约是原来的 170 倍。尽管核心仍在缓慢燃烧，但它其实正在逐渐冷却。

为了看到更远的未来，我们还需要望向北天中最明亮的星星——天狼星。众所周知，天狼星的质量是太阳的两倍，它仍然是一颗主序星。天狼星 A 周围还有一个暗伴星天狼星 B，它曾是一颗亮星，但已经耗尽燃料，膨胀为一颗红巨星。它的外层在宇宙空间中被逐渐剥离，只留下了日益黯淡的地球大小的核心。我们将其归为白矮星。

这些恒星只是众多预示太阳最终命运的例子中的两个，我们相信 50 亿年后太阳将迎来它的最终结局。

类似于大角星，当太阳耗尽氢燃料时，它的外层会膨胀并进入红巨星阶段。太阳将扩张数百万千米，吞没水星。随着太阳的进一步膨胀，金星也难逃被太阳吞噬的命运。一些计算模型预测，地球可能只是刚刚没有重蹈它之前的那两位邻居的悲惨命运，但地球也会被加热到 1000 摄氏度，位于垂死的恒星的边缘。由于太阳质量减小，因此地球的公转轨道还会向外扩展。这时地球和火星虽已是一片死寂，但仍未被毁灭，它们会像被焚毁的遗迹一样绕太阳运行。四颗类地行星的时代就此结束，生活在其中一颗行星表面的数十亿条生命不过是遥远的记忆，但在我们的太阳系中还有另外一些岩质星球，那时它们沐浴在阳光中的时刻即将到来。

新希望

在小行星带之外，距离太阳系内部被阳光照射的行星世界极其遥远的地方，像木星和土星这样的气态巨行星是另一类岩质星球的家园。仅木星就有 79 颗已知的卫星，这些卫星的形状和大小不一。400 多年前，伽利略·伽利雷发现了其中的四颗卫星（木卫一、木卫二、木卫三和木卫四，共同称为伽利略卫星），并用他的望远镜改变了人类关于自身在太阳系中的位置的认识。从那时起，我们就一直在观察这些卫星。

今天，我们不仅从远方观察伽利略卫星，而且派出探测器近距离对它们进行探索，发现它们也是动态的星球。木卫一上的火山活动频繁，而木卫二的表面显示了有趣的证据，证明其冰壳之下存在地下海洋。木卫三和木卫四这两颗伽利略卫星类似于木卫二，也是岩质星球，表面有丰富的水冰，也许它们的海洋也隐藏在表面之下。这三颗冰冻的岩质星球都位于太阳系的冰冻地带，虽然也被遥远的太阳照射，但几乎感受不到热度，处于休眠之中。直到未来的某一天，衰老的太阳会伸出手来融化这些星球上的坚冰，将这些冰冻之地变成海洋星球。

接下来的土星也有其成员不断增加的卫星家族。在目前已确认的60多颗卫星中，土卫六是唯一一颗拥有稠密大气层和液态湖泊的卫星（尽管这些湖泊中的物质主要是甲烷，而不是水），土卫二则是一颗冰冻卫星，类似于木卫二，冰层下面的深处存在液态海洋。我们将在第4章中详细介绍土卫二，但现在需要指出的是，这颗冰冻卫星可能是我们目前在太阳系中发现的能够维持生命的第二个星球。在进一步探索之前，我们还不能确定它的表面之下有什么，但"卡西尼号"探测器发回的数据暗示了这种可能性，这使它成为下一轮星际探索中最令人兴奋的目的地之一。

所有这些冰冻星球蛰伏于太阳系的冰冷区域，它们向我们提供了完全不同的证据。当太阳系内部的岩质行星化为炙热的焦土时，远方新一代的星球正等待着被太阳唤醒。冰冻的世界将被膨胀的太阳所加热，变成充满生机的水世界，直到垂死的太阳最终坍缩为白矮星。

"世界是我的祖国，科学是我的宗教。"

——克里斯蒂安·惠更斯

对页图： 这张彩色图片是由"伽利略号"探测器于20世纪90年代后期拍摄的，显示了土星冰冷的卫星土卫二。据我们所知，它可能是已知最适合生命生存的卫星。

上图： 从左到右，依次是木卫三、木卫四和木卫一。它们是动态的星球，前两颗正在蛰伏，等待来自太阳的温暖唤醒它们。

顶图： 从土星上看到的土卫六，这是一颗被自身的大气层所包裹的冰冻卫星。

第 2 章

地球和火星

孪生行星

布赖恩·考克斯

"对于这个世界来说，她燃烧得太亮了。"

——艾米莉·勃朗特，《呼啸山庄》

"地球是人类的摇篮，但我们不能永远
生活在摇篮中。"

——康斯坦丁·齐奥尔科夫斯基

世界大战

火星是一面明镜，它同时映射出人类的梦想与梦魇。通过肉眼观察这颗遥远的行星时，它呈现出黯淡的橙红色，过去的人们将此解读为鲜血的颜色，因此火星也被认为象征着战神和审判。如果使用一台小型望远镜观察这颗行星，你能发现它与地球十分相似，表面覆盖着红色的沙漠和白色的极冠。在人类的想象中，这是一颗未来可以登陆的星球，甚至还可能适合人类定居。19世纪，一些天文学家还相信，他们在望远镜中看见了火星上的平原和山脉，甚至还有运河——也许是火星文明为了从高纬地区向赤道附近的城市提供水源而建造的。有些人认为火星上存在发展程度远远领先人类且爱好和平的友好文明，而其他人则将火星视作一种潜在的威胁。在1897年面世的经典科幻小说《世界大战》中，乔治·威尔斯如此写道："在茫茫宇宙的另一边，有更加聪明先进的生命体存在，他们的文明的智慧等级相对于我们，正好比人类相对于地球上那些已经灭绝的动物。这些先进发达而又冷酷无情的外星文明正虎视眈眈地觊觎着地球。"

直到20世纪，火星的真实状态还是个谜，因为它是一颗体量不大且距离较远的行星，难以通过地基望远镜进行细致的观察。即使通过在太空轨道运转、屏蔽了地球大气干扰的哈勃空间望远镜直接观察它，所能获得的表面图像也无法完全否定威尔斯的那些关于火星文明的假想。观察火星时，稍微想象一下那些白色的极冠、高空中的冰晶云以及环绕着沙漠的暗色区域，它们都可能会被误认为是火星表面季节性的水循环所导致的周期性植被区生长进退的证据。

> "'水手4号'的远航将永远是人类不断扩展其认知边界的伟大进步之一。"
>
> ——林登·约翰逊

上图：美国国家航空航天局哈勃空间望远镜所拍摄的火星图像。白色的冰晶云和橙红色的沙暴揭示了这颗行星上恶劣的天气和环境系统。

对页图：1964年11月28日，"水手4号"开始了历史性的火星之旅。它于1965年7月15日将第一幅图像发回了美国国家航空航天局喷气推进实验室。

1965年7月15日，美国国家航空航天局的"水手4号"探测器首次飞越火星时所拍摄的照片直接排除了火星和宜居的地球是双子行星的想象。探测器提供的图像确认它是一颗极度干燥的行星，与蓝色地球没有多少相似之处，容易让人联想起死寂的月球。一夜之间，"水手4号"的发现产生了巨大的影响，人类突然认识到所在的地球是太阳系中唯一能够维持复杂生命生存的行星。1965年11月，《原子科学家公报》发表了《来自"水手4号"的信息》一文，文章的内容令人沮丧。文中如此写道："'水手4号'拍摄的影像和辐射监测结果之所以令人震惊，不仅缘于这些发现直接否认了以前那些假想中的火星文明场景，还因为它向我们揭露出一个冰冷的现实，宇宙中不存在第二颗为人类预备的宜居行星，至少目前在太阳系中没有。"林登·约翰逊总统在演讲中如此说道："也许我们所探索的生命以及其中包含的人类自身比绝大多数人所能够想象的还要更加独特。"总统犹豫的话语揭示了火星正是我们在宇宙中孤立隔绝的象征。也许这位从政治掮客一路平步青云的政治家在潜意识中突然间意识到，地球远比那些冷战边缘主义分析家的冰冷结论要脆弱，而且完全没有任何备份或替补。新的探索发现总是令人印象深刻，在美国陷入冷战困境的1968年，"阿波罗8号"在月面上所拍摄的照片（灰色月面上缓缓升起的蓝色地球）在年末给麻烦不断的这一年带来些许积极的消息。其实在此三年前，对火星的近距离探测已经给出了关于未来的预兆。

> "……假设火星上存在智慧生命，那么我们还需要远比'水手4号'更先进的成像设备，才能探测到这些隐藏的文明。"
>
> ——卡尔·萨根

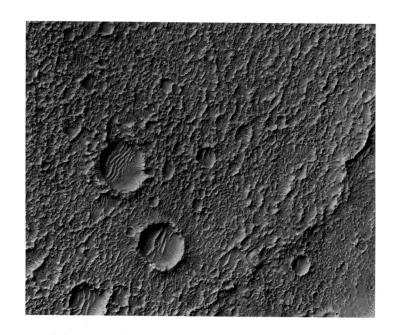

作为回应，卡尔·萨根等人发表了一篇论文，他在文中以略带戏谑的语气指出，其实火星上生命存在的概率并没有被完全清零。在"水手4号"提供的那些成像图片中，只有22张分辨率超过1千米的照片对准了洛厄尔在亚利桑那旗杆镇洛厄尔天文台绘制的所谓火星运河区域。身处亚利桑那州的炎热沙漠中，洛厄尔写道："虽然火星寒冷，但我们预计其表面的温度和英格兰南部差不多，这种温度条件一定能够维系文明存在。"萨根与合作者分析了地球气象卫星所拍摄的数千张地球图片，这些图片的分辨率与"水手4号"拍摄的图片相似，其中只发现了一处有文明存在的明显痕迹，即田纳西州40号州际公路。

1965 年 7 月 29 日，林登·约翰逊总统观看"水手 4 号"从火星上发回的图片。

韦伯博士、皮克林博士、莱顿博士，诸位议员，各位尊敬的来宾：

虽然我还没有准备好迎接来自火星的访客，但我很高兴今天上午能在这里见到你们。我属于深受威尔斯的小说影响的那一代人。我必须承认，你们所带来的照片没有证明火星上有明显的生命迹象，这让我松了口气……

"水手 4 号"的远航将永远是人类不断扩展其认知边界的伟大进步之一。未来的历史书的记录可能会与今天的头条新闻有所不同，"水手 4 号"的项目名称可能会被人们遗忘，但是那些富有远见的规划的设计者以及那些充满创造力和信念坚定的执行者使这次探测取得了历史性的成功，他们的名字将被世人铭记，并世代相传。人类的这一进步令人敬畏，尤其是当我们意识到这种能力是在短短数年内形成的时候……我们必须牢记这一点。也许我们所探索的生命以及其中包含的人类自身比绝大多数人所能够想象的还要更加独特。

上图：约翰逊总统在题为《扩展人类的认知边界》的演讲中，展示了喷气推进实验室主任皮克林博士（左）提供的"水手 4 号"拍摄的首张火星照片。

对页图：火星上特定区域的三次不同成像结果，分别是 1965 年"水手 4 号"（左）首次拍摄的图像、2017 年火星勘测轨道飞行器（MRO）所搭载的高解析度成像仪（右上）拍摄的图像以及美国国家航空航天局根据"水手 4 号"所传回的数据进行后期手工着色的图像（下）。

他们得出这样的结论：假设情况正相反，"水手 4 号"是火星文明发向地球的探测器，那么它在地球附近的轨道上也无法探测到人类文明的存在。"我们并不期望火星上有智慧生命，但假设火星上确有与人类相当的智慧生命，我们就需要比'水手 4 号'更先进的成像设备才能探测到对方的存在。"

1971 年 11 月，"水手 9 号"探测器证实了不存在所谓的火星文明。它是第一个环绕其他行星运转的探测器，它搭载的成像装置的分辨率达到了 100 米，但也没有发现任何智慧生命存在的迹象。1976 年，两台"海盗号"着陆器甚至都没有在火星上探测到以微生物形式存在的简单生命，尽管探测器所进行的一系列微生物学的综合分析结果的正确性并不能百分之百确定，因为在当时美国国家航空航天局的官方研究报告中火星土壤的化学性质仍有大量未知问题等待解决，这些未知因素有可能掩盖了火星土壤中的生物活性痕迹。

事后看来，目前的火星上没有布满生命其实并不令人惊讶。火星的公转轨道比地球的公转轨道离太阳还要远 8000 万千米，在这个距离上，火星只能接收不及地球一半的太阳辐射。这是一个极其脆弱的星球，大气层几乎不能提供隔热保护或产生温室效应。在盖尔撞击坑中，"好奇号"探测器测得正午时刻的温度超过了 20 摄氏度，但在凌晨测得的温度可达零下 120 摄氏度。正如阿尔弗雷德·罗素·华莱士在 1907 年的描述，任何试图在火星表面输送液态水的尝试都是"疯狂的举动，绝非理智的行为"。火星上没有运河，也没有城市，更没有充满嫉妒的眼睛。这个寒冷而又极度干燥的沙漠星球距离太阳太遥远，无法维持复杂的生命存在。

然而，火星并非一直如此。轨道探测器和表面登陆器的发现揭示了这颗行星有着复杂多变的过去。这颗红色行星也曾闪耀着蓝光，潺潺的溪流顺着山坡流淌下来，蜿蜒的河流穿过山谷，水通过循环作用从陆地进入大气，经山脉和高地回归大海。这些对行星科学家提出了巨大的挑战。简而言之，作为一颗远离恒星的行星，假如火星一直是一个死寂的岩石星球，其实没有人会感到特别惊讶。但是我们发现了大量明显的地质证据，这些证据讲述了一段完全不同的行星历史。

火星仍旧是个谜，这是一个曾激起了古人丰富联想的红色星球。而在望远镜中，它的个头太小且不停地移动，难以让人捕捉其表面的精确图像并进行分析。火星也被认为是地球的孪生星球，但当探测器掠过火星时，我们才惊讶地发现原来地球在宇宙中其实一直是孤独的。在大众的眼中，火星曾被降级为一个在夜晚发着红光的太空岩块。然而随着更多的探测器陆续在火星上着陆，我们发现火星曾经是一颗适宜居住的行星，并且也许可以再次成为一个宜居星球。

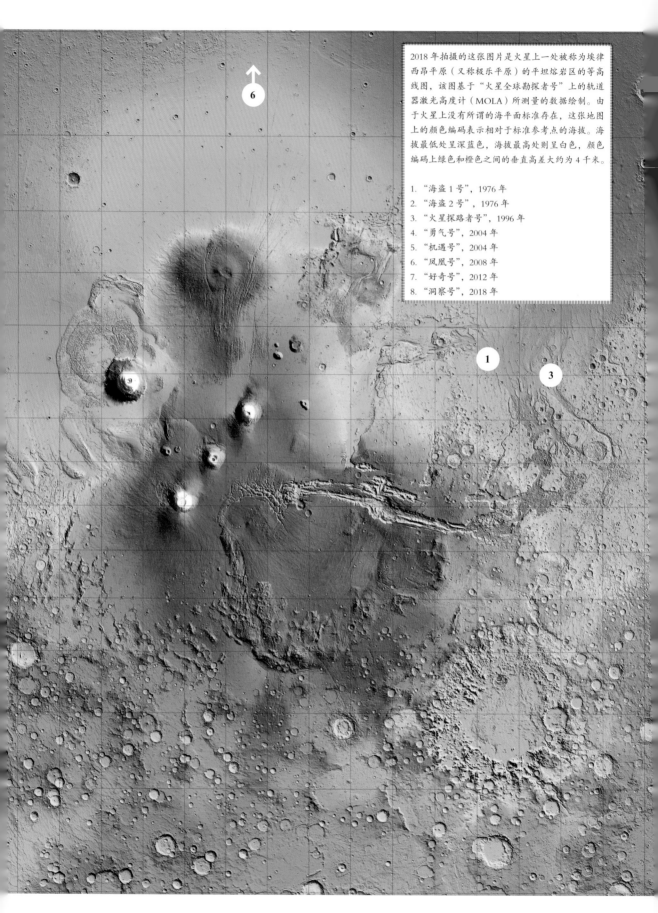

2018 年拍摄的这张图片是火星上一处被称为埃律西昂平原（又称极乐平原）的平坦熔岩区的等高线图，该图基于"火星全球勘探者号"上的轨道器激光高度计（MOLA）所测量的数据绘制。由于火星上没有所谓的海平面标准存在，这张地图上的颜色编码表示相对于标准参考点的海拔。海拔最低处呈深蓝色，海拔最高处则呈白色，颜色编码上绿色和橙色之间的垂直高差大约为 4 千米。

1. "海盗 1 号"，1976 年
2. "海盗 2 号"，1976 年
3. "火星探路者号"，1996 年
4. "勇气号"，2004 年
5. "机遇号"，2004 年
6. "凤凰号"，2008 年
7. "好奇号"，2012 年
8. "洞察号"，2018 年

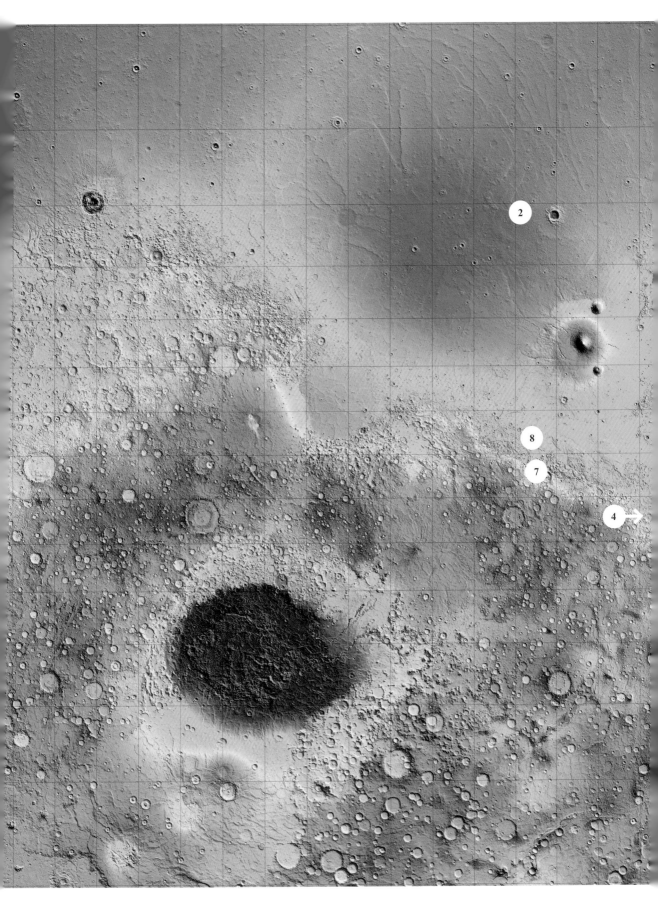

解读火星地图

观察火星地图就像是在阅读一本历史书。在地球上，持续的风化、地质构造活动以及火山活动抹去了地质变化的历史痕迹。与地球不同，火星在历史上的大部分时期都相对沉寂。现在，我们仍然可以从轨道上看到在太阳系形成初期的 10 亿年间火星表面遭受外来天体撞击所产生的巨大疤痕，在表面的尘埃之下记录了这个星球所遭受的历史浩劫。

20 世纪 90 年代后期，美国国家航空航天局的"火星全球勘探者号"耗时 4 年半时间，绘制完成了火星的全部地形图，提供了各处详细

"我们发现了 35 亿年前的湖泊沉积物，其中含有多种有机物。这告诉我们目前火星上存在有机物。在这些岩石中发现的物质正是我们一直找寻的自然有机物，这些物质在地球上也能找到。"

——詹妮弗·艾格布罗德，
天体生物学家

的地图。正如上一页所展示的火星区域海拔图一样，火星地形图也通过颜色显示地表的海拔高低。火星和地球一样，具有各种地质地貌，但在比地球更小的火星上，地质特征更加宏伟壮观。

火星上的海拔最高处位于塔尔西斯高地，这是一处巨大的火山高原，也是太阳系中最大的火山奥林匹斯山所在地。这座火山的高度是地球上最高的山峰珠穆朗玛峰的两倍多，它位于亚马孙平原低地西边 25 千米处，覆盖的范围几乎可以容纳整个法国。从塔尔西斯山到奥林匹斯山东南部的巨大裂谷是以"水手 9 号"的名称命名的水手谷，这是一处让地球上的任何地形都相形见绌的巨大峡谷群。著名的美国亚利桑那大峡谷的体量只相当于水手谷众多附属的旁系沟谷之一。

火星上的海拔最低处位于海拉斯撞击坑，这是太阳系中最大的清晰可见的撞击坑。从撞击坑边缘的最高点到坑底的最低点，垂直高差超过 9 千米，这个高差可以将珠穆朗玛峰完全放进去。撞击坑底部的大气压是高处的两倍，可以在有限的温度范围内维持液态水存在。

从奥林匹斯山的山顶到海拉斯撞击坑底部的高差有 30 多千米，对于一颗不大的行星来说，这是非常极端的海拔高差。相比之下，地球上最高的珠穆朗玛峰顶部到最低的马里亚纳海沟的挑战者深渊的底部的垂直高差只有 20 千米。

火星上形成最早也是最显著的海拔高差就是南北半球之间的高差，它也被称为"火星分界"。火星的南北半球是两个不对称的半球，北半球的平均海拔比南半球要低 5.5 千米。目前关于这一明显的南北分界的形成原因还没有达成科学共识，这一变化应该发生在火星早期的地质年代，要早于 40 亿年前形成乌托邦平原和克里斯平原的地质变化。在后来的一段时间内，北部低地区域被火山熔岩以类似于月球上月海的形成方式重新覆盖，这也解释了为何相对于南部的古老地形，火星北部低地的火山口数量如此稀少。

火星上最古老的地形是位于南部高地的诺亚台地，它的地质特征类似于月球背面的那些巨大的撞击坑。诺亚台地的小型撞击坑也保留了遭受侵蚀的痕迹，这表明火星上液态水的形成和存在具有一定的规律，虽然这种液态水可能不是长期持续存在的。这里也曾出现干旱的河谷和三角洲，有证据表明撞击坑中的积水曾漫溢出撞击坑的外壁，从而形成了相互连接的湖泊网。这就是我们认为火星曾经（至少在某段时间内）是一个温暖湿润的星球的原因，这些关键证据保存在诺亚台地。

相比之下，较年轻的赫斯珀利亚高原所显示的规律性水蚀的证据要少得多，但科学家发现了短暂的灾难性洪水遗留的痕迹。这些洪水在极短的时间内切断了深谷，并可能形成了临时性的大型湖泊甚至海洋。

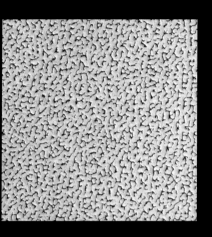

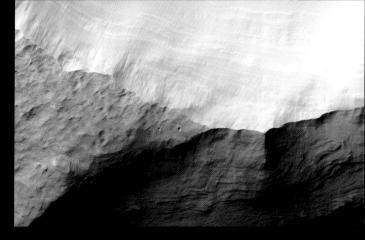

左上图：火星北极的冬季，霜冻消失，露出冰盖的表面特征。

底图：地质断裂破坏了分层的沉积物，在北部的子午线高原地区形成了奇异的地形。

右上图：冲积扇是由流动的水所带来的沉积物缓慢堆积而成的。火星上保存最完好的冲积扇地形位于萨赫基撞击坑。在地球上的沙漠中也发现了类似的地形，例如加利福尼亚

上图： 美国亚利桑那大峡谷大约在 12 亿年前的元古宙晚期开始形成，当时火星上的地质变化已经基本停止。

对页图： 火星从开始形成到现在的历史时间线，包括主要的历史地质事件，通过与地球历史时间线的对比来呈现。两颗行星最近的地质期分别从显生宙和亚马孙纪开始，并延续至今。

火星上的亚马孙平原上几乎没有液态水流动的痕迹，撞击坑和火山活动的证据也很少，这表明这一区域是在地质活动明显减少的时期形成的。

数十亿年以来，诺亚台地、赫斯珀利亚高原和亚马孙平原的地表特征基本上保持不变。火星的地质历史时期正是以这些独特的地形来命名的，这些地形仍然保留了它们形成时的气候和地质特征的标记。

大约 35 亿年前的诺亚纪是火星上最早、最潮湿的时期。这段时期正好对应着地球上生命起源的时期，可能当时这两颗行星的情况非常相似。火星的大气层可能比地球的大气层还要稠密，其主要组成成分是二氧化碳。但是，关于火星的大气层如何形成温暖潮湿的气候，以及此后大气层是如何消失的，仍然存在很多尚未解决的关键问题，这也是目前在轨的火星大气与挥发物演化任务探测器（MAVEN）的任务。我们将在本书后面专门讨论这些问题。诺亚纪之后，火星开始逐渐变化为一个寒冷干燥的星球，而此时地球上的生命已经站稳了脚跟。

从诺亚纪晚期，一直到距今大约 30 亿年前，是曾发生过灾难性洪水的赫斯珀利亚纪，那时的火星已经进入了寒冷干燥的时期，不时伴有火山活动和冰层的大规模移动，但很少有液态水流动的痕迹。从赫斯珀利亚纪末期到今天这段长达 30 亿年的冰冻期被称为亚马孙纪。

这就是我们目前已经掌握的火星信息，同时也是对行星科学家的重大挑战。在这颗曾经温暖潮湿且看似稳定的行星的早期历史中，什么因素导致了大气的消失和目前的极端干旱气候？火星上的水去哪里了？它们是散逸到太空中消失了，还是形成了地表冰，或者一直存在于地下岩层中？如果火星上的水确实存在，那么还有多少水可以使用？我们能开发这个星球上古老的水资源来支持未来在火星上的移民定居活动吗？或许最重要的问题是，在诺亚纪这段与地球上的生命起源大致相当的时期，这颗行星上是否有生命出现，这些生命现在还存在吗？

那些围绕火星运转和在火星表面漫游的探测器正是为了回答这些问题而发射的。

地球与火星的地质年代对比

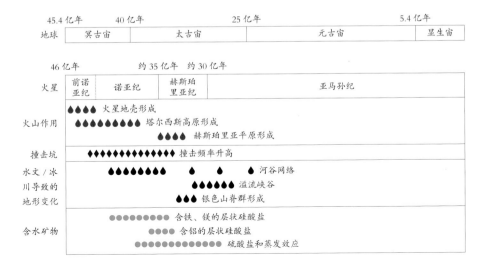

火星舰队

"我们必须牢记这一点。也许我们所探索的生命以及其中包含的人类自身比绝大多数人所能够想象的还要更加独特。"

——林登·约翰逊总统

今天的火星并不是一颗完全沉寂的行星。地球与火星之间的通信依靠火星勘测轨道飞行器（MRO），它是两颗行星之间的通信桥梁。它同时还携带了高解析度成像仪（HiRISE），这是一台分辨率足够高的成像设备，可以捕捉到火星表面上篮球大小的物体。火星彩色成像仪（MARCI）用于监测火星上的天气，而火星小型侦察成像光谱仪（CRISM）用于勘测火星上的矿藏，特别是地表水形成时储存在地下的矿藏。

与MRO一起环绕火星运转的探测器是MAVEN。这台探测器没有安装成像装置，它在火星表面上方150~6000千米的高度运行，用以测量不同高度的大气成分，并观测太阳风如何剥离火星大气层中的气体。

"奥德赛号"是火星轨道探测器队伍中的一位老兵，它于2001年抵达火星，目前仍在火星极地轨道上运行，主要任务是搜索地表的水冰。火星快车是欧洲航天局发射的探测器，它能够提供高分辨率照片、矿物分布数据、近地表雷达调查信息和大气成分测量数据，包括有关甲烷的信息。在地球上，甲烷是一种与生物活动密切相关的气体。来自印度的"曼加里安号"火星探测器实质上是一个用于技术验证的实验探测器，但它也携带了能够探测火星大气成分的科学仪器。

最新抵达火星的探测器是由欧洲航天局与俄罗斯合作发射的火星微量气体任务卫星，它抵达后将观测并分析火星大气的季节性变化，寻找地下水沉积物。这颗卫星还将为欧洲航天局2022年发射的火星生命探测器搭建通信通道。

2004年1月25日，"机遇号"降落在靠近火星赤道的子午线平原上，当时它的预期工作寿命是90个地球日。在喷气推进实验室卓越的工程保障下，"机遇号"一直运行到2018年6月，直到一次覆盖整个火星地表的沙尘暴掀起的尘土完全遮盖住了它的太阳能电池板。2019年2月13日，控制中心最终宣布"机遇号"任务"终止"。此时，它已经在火星表面行驶了45千米，探索了"坚忍""维多利亚"和"奋进"等多个撞击坑。

比"机遇号"更先进、体量更大的新一代探测器的代表是"好奇号"。作为在地球以外的行星上着陆的最大和最先进的探测器，它的着陆过程本身就是充满智慧与勇气的工程杰作。2012年8月5日10时31分，"好奇号"任务的负责人陈友伦与团队成员一起在喷气推进实验室中观看了"好奇号"的着陆过程，他描述了这项任务的艰巨性（见下页）。

工程师们形容这一着陆过程为"恐怖7分钟"。这台耗时8年设计制造、费用超过25亿美元的探测器以2.1万千米/小时的速度进入火星大气层顶部，最后在火星表面软着陆，整个过程只需7分钟。紧张的氛围体现了这一着陆任务的风险。火星科学实验室的一个任务就是为各种探测器的任务级别分类，而这是一个高风险的旗舰型科学任务。"好奇号"与"旅行者号""海盗号""卡西尼号"以及哈勃空间望远镜属于同一级别，也会受到诸如成本超支和发射时间延期的困扰。这其实并不奇怪，新技术的运用和雄心勃勃的科学目标往往难以实现，但这类任务也将带来巨大的科学发现回报。

左图："机遇号"火星车拍摄的地表照片，来自火星车前部的避障摄像头。

对页图：一位艺术家绘制的想象图，描述了MRO从火星上的尼罗瑟提斯桌山群上方经过。

"恐怖7分钟",引自"好奇号"任务负责人陈友伦。

目前一切进展顺利。探测器即将进入着陆阶段。

探测器进入着陆阶段。

探测器已经进入大气层,我们很快就会收到相应的反馈。目前探测器正在以11~12倍的地球重力加速度快速减速。

倾侧翻转第二阶段开始。

现在开始从"奥德赛号"探测器那里获取遥测数据。

探测器将在速度为1.7马赫时释放降落伞。现在降落伞已经打开。

探测器正在减速。

隔热罩分离,着陆点已经锁定,目前距离地面6500米,下降速度降至90米/秒。

继续下降,准备进行保护罩分离。

动力飞行阶段开始。

高度为1千米,继续下降,准备启动天空起重机助降系统。

天空起重机助降系统正在启动。

收到来自"奥德赛号"的信号,探测器的信号仍然很强,已经确认着陆!"好奇号"安全着陆!(欢呼声、掌声)

我们现在看到了模糊的影像……轮子!我们现在看到了"好奇号"的轮子!

上图:"好奇号"火星车和它在下降着陆阶段所使用的降落伞,来自MRO上的高分辨率成像仪拍摄的图像。

右图:"好奇号"火星车成功着陆后,喷气推进实验室举行庆祝活动。

对页图:2014年8月15日,"机遇号"将它在"奋进"撞击坑西部边缘探索时拍摄的这幅轮胎轨迹全景图发回地球。如果仔细观察,你就可以看到从2014年初之后轮胎轨迹一直延伸到默里山岭。

事后看来,不应有人还会质疑这些任务的价值,因为它们提供了太空探索史上最伟大的发现和最激动人心的影像。然而,这也并未打断那些喋喋不休而又斤斤计较的好事者和来自竞争行业的科学家的抱怨。我们也许可以试着从他们的角度考虑这一现象,也许这些家伙自己的项目预算出现了一些问题,因此他们被外界指责,甚至项目被责令取缔。但这类对于重大科学项目的阻碍实际上是相当幼稚的行为,对科学的资助来自政府高层,他们看待科学研究的角度完全基于现实功利。美国的政界中很少有人能够清晰地认识到科学探索能获得的巨大的潜在价值及其重大作用,而科学能够让我们直面诸如"人类从何而来"这些关键问题。约翰逊(那位美国总统,可不是现在的英国首相鲍里斯·约翰逊)意识到了这一点,他说:"也许我们所探索的生命以及其中包含的人类自身比绝大多数人所能够想象的还要更加独特。"这种现实情况也意味着某一个科学项目的经费被取消并不表明另一个项目的预算会因此而增加,现实往往是整个科学界失去了这笔预算。

在撰写本书的时候,同样的问题也困扰着美国国家航空航天局的另一个旗舰级科学任务——詹姆斯·韦伯空间望远镜。在有关火星科学实验室的争议最激烈的时候,2008年12月罗伯特·D.鲍姆在《太空新闻》的专栏文章中写道:"在执行旗舰级科学任务时,项目成本超支和进度缓慢等现象十分常见,但事后看来,这些旗舰级任务的回报往往会使所有的投入都是物有所值。哈勃空间望远镜的最终研制费用超出了最初预算的好几倍,发射时间也比最初规划的时间要晚得多,但是现在哪一位理智的科学家会说当时不该拨款研制哈勃空间望远镜呢?"

然而考虑到穿过火星大气层的热障阻碍,理性思考和信念

行星探测器的行驶距离记录

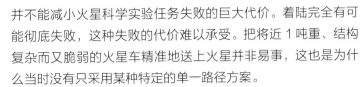

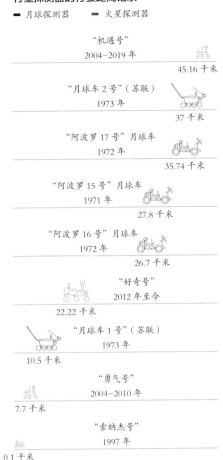

"机遇号"
2004-2019 年
45.16 千米

"月球车 2 号"（苏联）
1973 年
37 千米

"阿波罗 17 号"月球车
1972 年
35.74 千米

"阿波罗 15 号"月球车
1971 年
27.8 千米

"阿波罗 16 号"月球车
1972 年
26.7 千米

"好奇号"
2012 年至今
22.22 千米

"月球车 1 号"（苏联）
1973 年
10.5 千米

"勇气号"
2004-2010 年
7.7 千米

"索纳杰号"
1997 年
0.1 千米

上图: 此图比较了月球和火星上的各种轮式车辆行驶的距离。在这些车辆中，现在只有"好奇号"仍处于工作状态。该图显示了截至 2019 年 2 月 26 日的行驶距离。

并不能减小火星科学实验任务失败的巨大代价。着陆完全有可能彻底失败，这种失败的代价难以承受。把将近 1 吨重、结构复杂而又脆弱的火星车精准地送上火星并非易事，这也是为什么当时没有只采用某种特定的单一路径方案。

火星的大气层较为稀薄，所以当探测器以比子弹快 10 倍的速度下降时，在这种特殊环境下减速是相当困难的。另外，如果没有足够的保护措施，探测器高速穿过火星大气层时，摩擦作用所产生的高温足以摧毁探测器，大气湍流也会让没有转向推进能力的探测器的着陆位置存在极大的不确定性。以上这些因素使得简单的解决方案无法发挥作用，你不能只是单单设计一个降落伞，并指望探测器可以慢慢地飘落，安全着陆。

20 世纪 70 年代的"海盗号"探测器采用了航空制动、降落伞、反推火箭以及隔热板相结合的方案，但是"好奇号"工程小组没有采用这个曾经成功的方案，因为该方案没有考虑到"好奇号"对着陆位置的高精度要求，也无法符合这台火星车复杂精密的轮毂系统所需的软着陆要求。"海盗号"的支撑部件就像坦克一样结实，它通过重型缓冲火箭着陆，但这个缓冲火箭系统对它以后的探测工作没有影响，因为它是在着陆点原地进行固定点探测的。如果"好奇号"采用相同的方案，那么它在未来数年的探测活动中将不得不带着这些笨重而又无用的着陆辅助装置。

"机遇号""勇气号"和早期的"火星探路者"采取了航空制动、降落伞、火箭反推和安全气囊相结合的方式来减缓下降速度，但相比之下，这些先前的探测器的质量较小，只有"好奇号"的 1/5 左右。对于"好奇号"这种体量巨大、结构复杂的漫游式探测车来说，使用气囊弹跳方式着陆是完全不可行的，因为它的质量对于缓冲碰撞系统的气囊方案来说过于巨大。单单从体量上来说，"机遇号"的着陆系统的质量几乎是"机遇号"自身质量的两倍。

项目任务负责人亚当·斯特茨纳将"好奇号"最终的进入、下降和着陆过程描述为"理性的工程思维成果"，这是理性工程思维和常识（至少是高尔夫俱乐部的专业人士所具有的那种）相结合的一个完美案例，而这两者并非总是相互匹配。在未经训练的外行人看来，"好奇号"的着陆方式是一个疯狂的主意，或者说过于复杂了，但事实并非如此，这套系统的运作被证明非常有效。

2012年8月5日，太平洋夏时制时间晚上10点23分，"好奇号"被包裹在保护罩内，在距火星地表125千米的高空进入大气层外层，以20000千米/小时的速度飞行。在这个阶段，被包裹起来的探测器完全在机载计算机的控制下飞行，没有任何来自地球的控制系统介入。这也是首次在行星际任务中使用"自主引导进入系统"，这个阶段会使用推进器和用于平衡质量的

"当'好奇号'成功、安全地降落在预定的目标地点时，我感到一下子彻底放松了，整个身子简直要在椅子上融化了。"

——阿斯温·瓦萨瓦达，
行星科学家

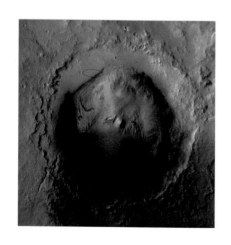

上图："好奇号"的目标着陆区域在盖尔撞击坑中标记为一个椭圆形区域。该区域的大小约为20千米乘以7千米。

气动喷射技术改变飞船的质心和轨道，并以10千米左右的精度，将其引导至选定的着陆点附近。这种"引导式"而非"弹道式"轨道使得着陆点的选择范围比以前的探测器要大得多，过去的着陆器要求在目标着陆点周围有大约100平方千米平坦、便于安全着陆的陆地，但这种引导式系统也对探测器的自主飞行能力提出了更高的要求。在"好奇号"着陆时，由于地球和火星远距离通信信号的往返时间超过13分钟，喷气推进实验室的控制中心无法对它进行实时控制。

在下降的第一阶段，由酚醛浸渍碳烧蚀剂（PICA）这种特殊材料制成的隔热罩可以保护"好奇号"免受大气摩擦所产生的2000摄氏度高温的影响。下降阶段持续四分钟后，"好奇号"的速度降至3000千米/小时以内，降落伞在距地面11千米的高度展开。超音速降落伞是一个巨大复杂的精细结构，80条50米长的伞绳通过悬索连接到一只直径为16米的主伞上。

在降落伞的帮助下，探测器的速度将降低到700千米/小时，隔热罩在距地面8千米的高度自动脱离，这时探测器的机载雷达开始扫描地面，并实时提供高度和速度的高精度测量数据。随着降落伞在相对稠密的低层大气中完全展开，"好奇号"将经历大约80秒的伞降过程，它的下降速度也会越来越慢。

在距地面1.8千米的高度，探测器以280千米/小时的速度平稳飞行。在降落流程上，这个阶段称为"深呼吸"，因为"好奇号"会与降落伞系统分离，以自由落体方式降落。按照美国国家航空航天局网站上的表述，对于航天工程师来说，这就像跳伞时刚从飞机机舱中跳出来的那段过程，以自由落体方式下降的目的是让"好奇号"能够与脱离的降落伞保持足够的距离，这样在距离地面300米的时候，它就不会重新和降落伞缠绕在一起。这时需要启动反推火箭，可控动力的下降阶段开始了。对于以前的"海盗号"来说，这已经是最后的阶段了。但对于"好奇号"来说，在反推火箭的作用下降至距地面20米的高度时，它的下降速度小于1米/秒（几乎是悬停状态）。这个大胆复杂的着陆过程的最后阶段开始了，天空起重机系统投入运行。

探测器将缓慢离开火箭托架，由三根尼龙线和一根7.5米长的电线连接。其中四枚火箭的喷口朝向设置为偏离垂直方向，以免损坏探测器、火箭将保持继续喷射，使整个精密系统以大致相当于人类步行的速度接近地面。在距离地面5米的地方，"好奇号"展开了它的轮子，准备迎接从地球上出发后为期8个月的太空旅行的终点。晚上10点32分，控制人员确认其轮子接触到火星地面，并向天空起重机系统的脐带线缆发出最后的指令"着陆成功，切断线缆"。经过5亿千米飞行，"好奇号"最终安全抵达火星，实际着陆点距预定目标位置仅2.4千米。这是工程学上的辉煌胜利。

下图和右图："好奇号"着陆时使用了有史以来最大的降落伞，降落伞在全世界最大的风洞（位于美国国家航空航天局加利福尼亚艾姆斯研究中心）中进行了全面测试。

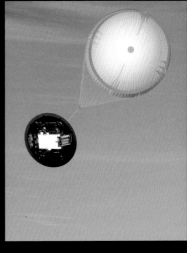

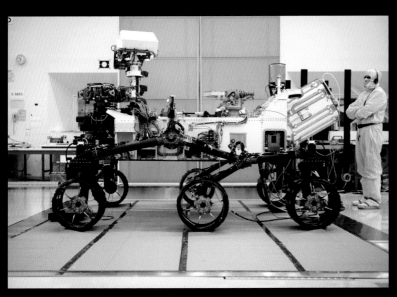

上图："好奇号"下降过程中最后的天空起重机阶段，随后探测器完成了降落。

左图："好奇号"火星车大约相当于一辆小型越野车，以六轮驱动，可以360度全方位转向，并且可以灵活翻越陡坡。

"好奇号"火星车

长度，3 米；宽度，2.7 米；高度，2.2 米；质量，899 千克。
在坚硬、平坦的地面上，最高行进速度为 4 厘米 / 秒，能够行驶 19 千米以上。

行驶视觉导航相机
用于辅助导航。

激光化学相机
使用望远镜、远程微成像仪、激光器和光谱仪分析化学成分。

轮圈
由铝制成，带有弯曲的钛制弹簧，以提供弹性支撑。轮圈直径为 50 厘米时，转动一整圈无打滑的行进距离约为 157 厘米。

尾部
提供电源。

仿人眼桅杆相机
与消费级别的数码相机相似的的数字立体相机，成像画面的分辨率为 200 万像素，可用于录制每秒 10 帧的高清视频。

腿部
由钛管制成，能够越过轮子大小的岩石。

探测水痕迹的中子动态反照率传感器（DAN）
可以探测地表 1 米以下是否有氢气存在，可以检测出低至千分之一的含水量。

昵称"大嘴"的特高频天线
天线以火星轨道为中继向地球传输数据，无线电频率为特高频（约 400 兆赫）。

日晷
附加了标准色彩校准标记。

---

1. 头部和颈部（桅杆）
- 距地面约 2 米。
- 相机模拟人的视角提供视野，并且可以进行遥感控制。

2. 气象环境流动监测站
- 流动站桅杆上的两个螺栓状动臂可以测量风力、地表温度和湿度。
- 流动站上的紫外传感器距离地面约 1.5 米。
- 可以承受零下 130 摄氏度至零上 70 摄氏度的温度。
- 所有的传感器在每个火星日每小时至少记录 5 分钟的数据。

3. 主体结构
- 保护内部的处理器、电子设备和仪器。
- 顶部容纳设备甲板。

"好奇号"的着陆：为了使"好奇号"在火星表面安全着陆，美国国家航空航天局的工程师需要发挥他们的创造力……

着陆过程
高度，125 千米；速度，5900 米／秒；时间，进入后 + 0 秒。

降落伞释放
高度，11 千米；速度，405 米／秒；时间，进入后 + 254 秒。

隔热罩分离
高度，8 千米；速度，125 米／秒；时间，进入后 + 278 秒。

背罩分离
高度，1.6 千米；速度，80 米／秒；时间，进入后 + 364 秒。

天空起重机系统
高度，20 米；下降速度，1 米／秒。

4. 火星降落成像仪（MARDI）
- 指向地面，在下降过程中通过大气层时拍摄。
- 8 GB 闪存，可以存储 4000 多帧画面。
- 高清视频：每秒四张彩色帧图（分辨率接近 1600×1200 像素）。

5. 机械臂
- 长度为 2.1 米。
- 五个旋转结构：肩部方位关节、肩部高程关节、机械手肘关节、腕关节和旋转关节。这一设计能够使机械手像地质学家那样工作，例如打磨样本表层，拍摄显微图像，分析岩石和土壤的组成元素。

6. 机械手
- 原位岩石分析收集和处理系统（CHIMRA）是一个铲形爪，可用于分析火星岩石和土壤中的化学元素。
- 粉末采集钻探系统（PADS）是一种旋转冲击钻，用于收集和处理样品以进行分析。钻孔直径为 1.6 厘米。

"好奇号"的火星探测

"这些沉积层中保存的岩石记录记述了数十亿年前的故事，比如火星是否曾经宜居、何时宜居以及这一时期持续了多久。"

——乔伊·克里斯普，
行星地质学家

"好奇号"前往盖尔撞击坑进行探测。这个150千米宽的撞击坑形成于诺亚纪晚期或赫斯珀利亚纪，那时液态水会一直或至少短期在撞击坑内存在。根据天文学的命名传统，这个撞击坑以澳大利亚业余天文学家、行星观测者、彗星猎人沃尔特·弗雷德里克·盖尔的名字命名，他的另一重身份是银行家。在20世纪初，他在自家后院使用自制望远镜发现了多颗彗星以及火星表面的许多特征地貌。

选择盖尔撞击坑的主要原因是它具有不同寻常的中央结构，夏普山（又名埃奥利蒙斯山）高出撞击坑底部5千米。目前关于夏普山的形成机制仍然存在争议，但其侧面的岩层结构表明它是沉积岩风化后的残余物，曾经填满了这一区域，在撞击后沉积下来。随后无情的火星风又侵蚀了周围大量的岩石，再次露出了古老的撞击坑底部，而高耸的中心结构完好无损。深层裸露的沉积

下图："好奇号"的钻头提取的首批岩石粉末样品。图像是在粉末样品从钻头转移到火星车后拍摄的。

底图："好奇号"向夏普山上攀爬。横跨图像中心区域的是科学家希望探索的含黏土的岩石区域。

层对地质学家来说极具吸引力，因为岩石的横截面是地质历史的截面。随着地表和大气环境的变化，不同种类的岩石沉积下来并产生了化学变化。当"好奇号"爬上夏普山的斜坡时，它其实是在追溯火星地质历史的时间线。科学家的研究也跟随着"好奇号"的脚步。

美国国家航空航天局喷气推进实验室的项目科学家乔伊·克里斯普在"好奇号"发射前几周解释了探测器着陆点的具体考量。夏普山可能是太阳系中最厚的层状沉积岩的裸露部分。这些沉积层中保存的岩石记录记述了数十亿年前的故事，比如火星是否曾经宜居、何时宜居以及这一时期持续了多久。就像地球上大峡谷中裸露的岩层揭示了地球的故事，夏普山上裸露的沉积层就是一本历史书，火星的风化作用已经打开了这本书，留给"好奇号"去阅读。

在撰写本文时，"好奇号"已经从平原上的着陆点移动了近19千米，到达了夏普山的低坡，并在科学家感兴趣的各个地点

上图: "好奇号" 在夏普山较低的山坡上的自拍照。这张图由多张图拼接而成,但不包括火星车的机械臂。

1. 火星样品分析 (SAM)

- 仪器套件。
- 识别各类有机的(含碳)化合物。
- 大多数岩石样品会被加热至大约 1000 摄氏度,以便抽取气体进行分析。

2. 化学与矿物学 X 射线衍射 / X 射线荧光仪 (CheMin)

- 分析矿物的化学成分。
- X 射线衍射和荧光仪。

3. 辐射评估探测器 (RAD)

- 测量太空和火星表面的辐射。
- 指向天空。
- 大小类似于一台小型烤面包机。

火星岩石现场分析采集处理装置：内部视角

处理后的样品　样品入口

震动机制　钻探样品入口

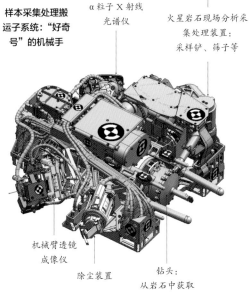

样本采集处理搬运子系统："好奇号"的机械手

α粒子 X 射线光谱仪

火星岩石现场分析采集处理装置：采样铲、筛子等

机械臂透镜成像仪

除尘装置

钻头：从岩石中获取岩石粉末样品

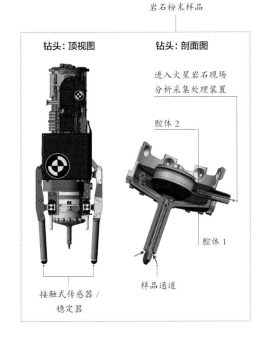

钻头：顶视图　　钻头：剖面图

进入火星岩石现场分析采集处理装置

腔体 2

腔体 1

接触式传感器 / 稳定器

样品通道

停留，以探测那里的地质环境。它配备的科学仪器是所有行星探测器中最先进的，相当于一台能够分析火星表层和地下样本的可移动地质实验室。

美国国家航空航天局特别喜欢使用字母缩写。"好奇号"通过 SSS（表面取样和科学系统）获取地质样本。该系统由三部分组成，即 SA/SPaH（样品采集处理搬运子系统）、SAM（样品分析仪）和 CheMin（化学和矿物学仪）。SA/SPaH 的主要部件安装在"好奇号"机械臂的末端，它由火星岩石现场分析采集处理装置（CHIMRA）和一个用于采集地表和地下样本的钻头组成。[CHIMRA 无疑是美国国家航空航天局最具创造性的缩略词之一，与其发音相近的奇美拉（Chimera）是希腊神话中的多头怪物。顺便说一句，这个名字的创造者应该因此获得奖励。] 样品会被转移到火星样品分析仪（SAM）中，这台仪器包括气相色谱仪、质谱仪和可调谐的激光光谱仪。说到化学和矿物学仪，这台仪器采用了目前最先进矿物样品分析技术，还曾进行了首次太空中的 X 射线衍射实验。

"好奇号"关于科学成果的回馈才刚刚开始，以前获取的数据正在不断被研究、分析和发布，而它在爬上夏普山时所获得的火星地质数据还在持续更新。目前的研究结果表明，以前关于大约 35 亿年前盖尔撞击坑形成时期火星表面更加温暖湿润的猜测与"好奇号"所获得的探测数据基本上吻合，这大大增加了我们对火星的了解。

2012 年 10 月初，"好奇号"在一处被地质学家命名为"岩巢"的地方停了下来并挖掘了一些火星土壤样品，随后将这些由沙尘和土壤组成的样品送入样品分析仪中加热至 835 摄氏度，在烘烤过程中产生了大量二氧化碳和硫的氧化物。研究结果还表明样品中存在碳酸盐，而碳酸盐这类矿物是在有液态水的环境中形成的。

也许最令人惊讶的是，从岩巢中采集的土壤样本提供了火星上曾存在液态水的间接证据。水约占样品质量的 3%，样品内还存在少量的咸液。

"好奇号"正位于一个已经干涸的湖底。在诺亚纪向赫斯珀利亚纪过渡的时期，盖尔撞击坑中曾充满水。沉积物的形态表明，在数千万年中，该湖的水位曾多次上

左图：这幅图说明了"好奇号"的机械手、火星岩石现场分析采集处理装置（顶部）和钻头（底部）的复杂性。

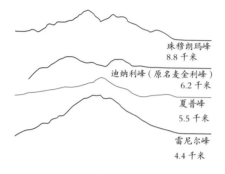

珠穆朗玛峰
8.8千米

迪纳利峰（原名麦金利峰）
6.2千米

夏普峰
5.5千米

雷尼尔峰
4.4千米

上图：这座暗色的矮丘被称为爱雷森丘，它位于夏普山的低处，比包含深红色裸露矿物的莫里层要高出大约5米。

下图："好奇号"机械臂上的透镜成像仪所拍摄的夏普山底部泥岩中形状奇特的矿物。

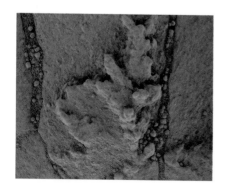

升和下降，在其周围出现了临时性的溪流、三角洲和浅池。当"好奇号"探索火山口边缘的古老河床时，发现了硫、氮、氢、氧、磷和碳。这些都是组成生命必不可少的成分。美国国家航空航天局火星探测计划的首席科学家迈克尔·迈耶在2017年8月总结了这一发现。

他说："这项任务的基本问题是火星是否曾是一个宜居的星球。根据目前我们所知的信息，答案是肯定的。"

2018年6月，两个全新的发现成为火星过去甚至目前仍然是一颗潜在的宜居行星的重要证据。"好奇号"在火星地表以下数厘米的岩石中发现了复杂的有机分子，这些岩石又称为泥岩，是由沉积在湖床上的淤泥形成的。这意味着在盖尔环形山内充满水的时候，生命所有的组成成分都同时存在，其中包括苯、甲苯、丙烷和丁烷。更有趣的是，"好奇号"探测到火星大气中甲烷的含量会出现明显的季节性变化，这再一次确认了以前卫星所观测到的甲烷含量的峰值。"好奇号"发现火星上的甲烷含量在温暖的夏季会频繁达到峰值，而在寒冷的冬季则会下降。这也许可以作为火星大气中的甲烷可能源于某种生物的潜在证据。无论如何，这依然并不能作为火星上依然存在生命的关键性证据。火星上的地质活动也许能够解释这些甲烷季节性变化的原因，而这一变化在地球上用生物来源解释是合理的。2018年6月，谨小慎微的迈克尔·迈耶如此陈述："火星上有生命存在的迹象吗？我们尚不得而知，但已有的发现告诉我们以前的研究方向是正确的。"科学是一种谦逊和谨慎的追求，从"海盗号"开始，我们就知道火星土壤的化学性质非常复杂，这很容易迷惑那些轻率、不严谨的研究者，所以我们目前应该做的是继续探究，直至彻底弄清甲烷来源的问题。

"好奇号"继续它探索整个火星地质历史的旅程，它在古老的火星湖床上前进。在30亿年前，这里的条件曾有利于生命繁衍，因为这里已经具备生命诞生的所有要素。虽然我们不应该对目前取得的发现进行过度猜测和解读，但请允许我稍微放飞一下自己的想象力，试着描绘诺亚纪晚期盖尔环形山的景象，在那个时期地球上的生命已经出现。

站在盖尔环形山形成的湖边，北部遥远山峰上的融雪汇集成坑内的湖水。夏普山现在所处的位置在当时是从湛蓝的湖水中升起的一座小岛。这是一座撞击之后形成的中央小山。风景是如此秀美，每至傍晚，太阳从小岛的西边落下，阳光在平静的湖面上隐约闪烁，山顶的阴影一直延伸到撞击坑的边缘。它像一座标志着时间流逝的巨型日晷，矗立在这个充满微生物的火星湖中。

上图：加利福尼亚州死亡谷国家
公园中的泥岩层。

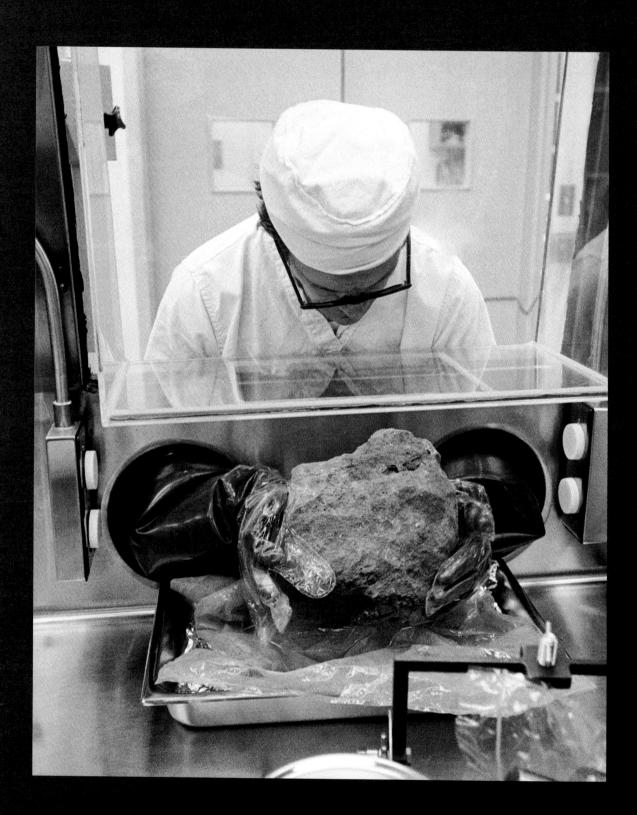

行星地表的时代

45 亿年前，生命出现之前的地球并不是新生的伊甸园。当时地球上的环境与其说是上帝的花园，不如说更接近地狱。整个星球处于熔融和焖烧的状态，同时还被有毒气体笼罩，阳光几乎无法穿透有毒的云层。地球与火星大小的天体忒伊亚剧烈碰撞的后续影响还未结束，撞击导致大量星球物质被挤压、飞溅而进入太空，而这些太空中的星球物质在一段时间之后逐渐形成了月球。40 亿年后，两位地球人（他们的存在可以归因于冥古宙时期地球上充满活力的地质环境）踏上了这片由星球撞击碎片所构成的天体表面，思考他们在宇宙中的位置。阿姆斯特朗和奥尔德林在月球上看到的地球似乎是一颗一直平静的行星，但它自从在宇宙中诞生后曾呈现过多种不同的形态。

我们如何了解这些远古的故事？我们怎样通过地球上生命本身而不是记忆来确定数十亿年前发生的事件？这条时间线如何校准？答案就在这些岩石中。

阿波罗登月任务提供了许多珍贵的信息，如无数项工程学上的突破、一代人的灵感巧思、"阿波罗 8 号"所拍摄的地球升起的画面以及探险未知所带来的乐趣。但从科学角度来看，真正的宝藏是这些带回来的矿物，宇航员从 6 个着陆点一共采集了 382 千克月球岩石样本。

在有关地月地质的研究中，通过某些原子放射性衰变所提供的天然时钟可以非常精确地测定岩石矿物的年代。例如，自然界中的化学元素铷主要以铷 -87 的形式存在，在许多富钾矿物中都能找到铷 -87。但在严格意义上，铷 -87 并非绝对稳定，它所对应的半衰期为 480 亿年。这意味着在 480 亿年中，在岩石形成时存在的铷 -87 原子中的一半会发生衰变，变成锶 -87。越古老的岩石中的铷 -87 原子越少，而锶 -87 原子更多。当然还有更重要的一点：我们怎么知道岩石在形成时含有多少铷原子和锶原子？数据分析中最神奇的部分就是我们其实不需要知道。这种方法称为等时线法，它依赖这样的一个事实：自然界中还存在另一种并非由放射性衰变产生的锶 -86。锶 -86 是稳定的，其化学性质与锶 -87 相同，唯一不同之处是它的原子核内多出一个中子。这意味着现存岩石中的任何锶 -86 原子在岩石形成时就已存在。通过计算分析岩石样本中铷 -87、锶 -87 和锶 -86 的原子数量，就可以计算出岩石的形成年代。

在格陵兰岛西南海岸的伊苏华地区，人们曾发现了一些古老的地壳岩石样本。通过使用铷 – 锶测年法，人们发现这些岩石形成于 36.6 亿年前，测量误差为 0.6 亿年。目前地球上已知最古老的岩石来自澳大利亚西部的杰克山岗。这些样本形成于 44.04 亿年前，测量误差为 0.8 亿年。而目前地壳岩石的所有已知样本的年龄都不满 40 亿年，因为冥古宙时期的表面地壳不断熔化和重塑，反复重置了岩石内部的辐射纪年机制。

对页图：载人飞船降落在月球表面，使得科学家们可以直接触摸月球岩石矿物进行分析。

科学家对坠落到地球上的陨石进行了相似的分析研究，结果发现大多数陨石（超过 1000 种）的形成时间为距今 44 亿到 46 亿年。这个结果与以其他方式所估算的太阳系年龄一致。这里所说的"其他方式"包括通过日震学测量太阳核心的氦而得出太阳系的年龄。

执行阿波罗任务的宇航员带回来的最年轻的月岩样本的年龄为 32 亿年，最古老的月岩样本的年龄为 45 亿年，其中有 12 个样本的年龄超过 42 亿年。着陆点的月岩年龄的多样性变化非常有趣且具有重大价值，它构成了精确月球定年技术的基础，可以帮助我们对没有获取样本的月面区域进行年代测定。

对页中的图展示了阿波罗任务采集的月岩和苏联的月球项目所带回来的月岩的年龄。各种任务标签周围的深色斑点代表了岩石年龄和撞击坑数量的误差范围。右侧被称为哥白尼和第谷的两个非常低和不确定的点来自阿波罗任务收集的样本，研究人员认为它们是在形成了这两个环形山的撞击事件中被溅起后落在了飞船着陆点附近。首先关注图中的两条实线，这两条实线包围了测量点。较古老的地点周围分布着更多的撞击坑，这比较容易理解，因为越古老的地区有越长的时间经历越多的撞击事件，而那些在较近时期才形成的表面（例如哥白尼环形山）所经历的撞击次数较少。

假设月球上存在一处我们没有采集过样本的区域，那么只要有从太空拍摄的该区域的照片，我们就可以统计出每平方千米范围内撞击坑的数量。如果我们得到平均每平方千米有 0.0002 个直径在 4 千米以上的撞击坑，那么就可以大致判断

> **"月球具有属于它自己的独特美感。"**
>
> ——尼尔·阿姆斯特朗

上图：宇航员操作月壤收集装置，在地面上为"阿波罗 16 号"任务进行预备训练（上）；在"阿波罗 12 号"任务中，在月面上实际开展采集活动（下）。两次任务最终都成功地采集到了月壤和月岩样本。

右图：这幅制作于 1972 年的月面图上标记了"阿波罗 11 号""阿波罗 12 号""阿波罗 14 号"和"阿波罗 15 号"的着陆点，图中对当时即将执行的"阿波罗 16 号"和"阿波罗 17 号"任务的着陆点也进行了标记。

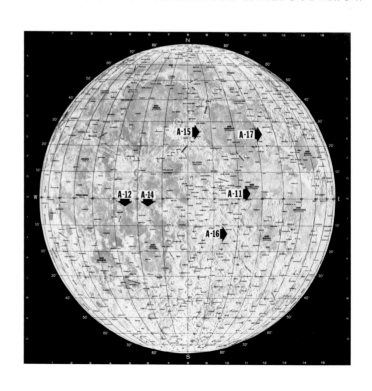

历次任务的着陆点以及带回地球的月球样品的质量

任务	抵达日期	着陆点	纬度	经度	样品质量
"阿波罗 11 号"	1969.7.20	静海	北纬 0 度 67 分	东经 23 度 49 分	21.6 千克
"阿波罗 12 号"	1969.11.19	风暴洋	南纬 3 度 12 分	西经 23 度 23 分	34.3 千克
"阿波罗 14 号"	1971.1.31	弗拉·毛罗环形山	南纬 3 度 40 分	东经 17 度 28 分	42.6 千克
"阿波罗 15 号"	1971.7.30	哈德利－亚平宁区	北纬 26 度 6 分	东经 3 度 39 分	77.3 千克
"阿波罗 16 号"	1972.4.21	笛卡儿环形山	北纬 9 度 0 分	东经 15 度 31 分	95.7 千克
"阿波罗 17 号"	1972.12.11	陶拉斯－利特罗谷	北纬 20 度 10 分	东经 30 度 46 分	11.5 千克
"月球 16 号"	1970.9.20	丰富海	南纬 0 度 41 分	东经 56 度 18 分	100 克
"月球 20 号"	1972.2.21	阿波罗高地	北纬 3 度 32 分	东经 56 度 33 分	30 克
"月球 24 号"	1976.8.18	危海	北纬 12 度 45 分	东经 60 度 12 分	170 克

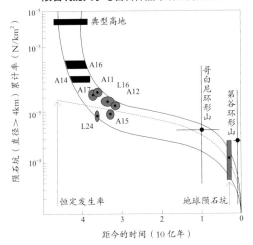

陨石坑的大小与岩石样品年龄之间的关系

这片区域形成于距今 32 亿到 40 亿年之间，其年龄与"阿波罗 17 号"的着陆点附近相似。这是该图最直接的用途。

这种图标方法更有价值的用途体现在火星研究上。我们在使用前需要对撞击次数做出一些依赖模型的估算和调整，因为火星是一颗比月球更大的行星，有更强的引力作用，并且更靠近小行星带。小行星带中的天体是大多数撞击事件的诱因。我们有把握进行这样的研究，这也是估算火星上不同区域的年龄的主要方法。诺亚纪地形最为古老，它的撞击坑的密度最高，其次是赫斯珀利亚纪和亚马孙纪。在不久以前，北部低地因火山活动而重新出现。我们知道这是因为相对来说，这里的撞击坑稀少，类似于月面上的月海。这样，

我们引用的火星事件的年代最终都与月岩的放射性测年有关，这也是不同着陆点的阿波罗月岩样本都具有重大科学价值的主要原因。

图中还有另一条关键的曲线，即标有恒定发生率的虚线。如果月球在其整个历史中遭受恒定频率的撞击，那么根据年代所估算的撞击坑数量应当也沿着这条曲线分布。后期测量结果一直沿着这条曲线分布，直到距今 38 亿到 40 亿年前，那时撞击坑的数量急剧增加，这意味着太阳系早期历史中曾经有一段天体撞击频率比现在高得多的时期。这并不奇怪，我们认为太阳系形成之初有行星形成时留下的大量碎片，因此天体和这些碎片之间会频繁发生碰撞。但还有一个复杂的问题：假设月球上最古老的区域（例如笛卡儿高地上"阿波罗 16 号"的着陆点）的撞击频率从月球形成后一直稳定不变并持续到现在，那么这种频率本身就会出现明显的逻辑问题。因为从宇宙空间中落到月球表面的物质的质量将与月球本身的质量大致相当！但我们知道这种情况并未发生，所以图上显示的撞击频率上升曲线代表 39 亿年前月面撞击频率达到了峰值，然后迅速降低。这段天体频繁撞击的时期也称为晚期重轰炸时期。

晚期重轰炸时期的具体形成原因尚不清楚，但一个主要的理论认为海王星轨道从天王星内部移动到外部，由此产生的引力扰动会使遥远的柯伊伯带中的冰冻天体形成的旋涡转向太阳系内部的行星。我们应当重新思考太阳系内天体间的相互联系，而对月球的探测提供了确定火星地质年代的重要工具。历史上发生的天体轨道偏离事件也许可以用来解释外来天体如何进入太阳系并造成太阳系内的天体碰撞。

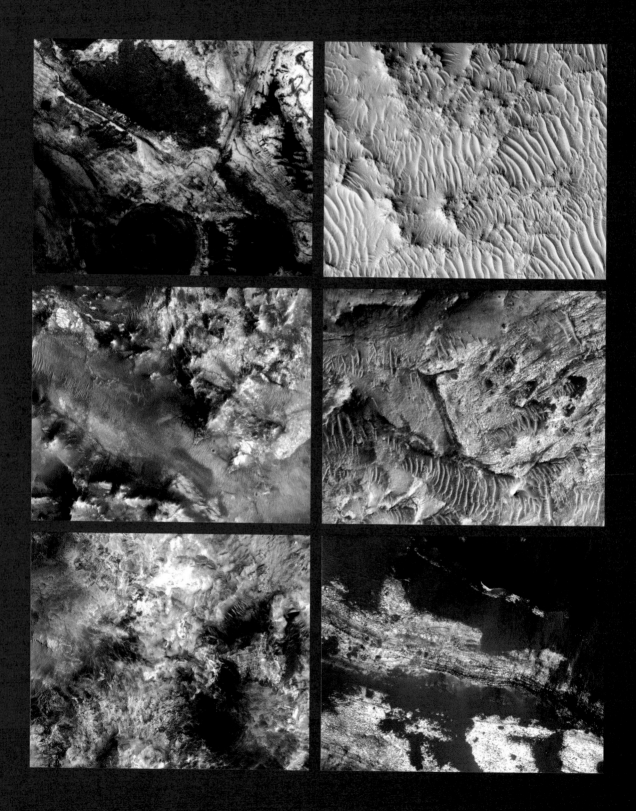

编写火星史

从我们对月球的研究探索中发展出来的撞击坑计数方法，使我们能够把今天对火星的观测放在地质历史背景下，让我们能够建立一条绝对时间标准线。如果有证据表明水在火星表面流淌或汇集在撞击坑中，我们就可以通过撞击坑计数来确定这一区域的年代，然后估算液态水何时流动，何时消失。"好奇号"正在探索盖尔环形山，并为那里发生的事情绘制生动的图景。撞击坑计数法可以独立于探测器的地面测量来估算地质年代。最近的一项利用 MRO 拍摄的轨道图像进行的分析发现，盖尔环形山内有 375 个撞击坑，直径从 88 米到 23 千米不等。这意味着盖尔环形山的年龄约为 36.1 亿年，误差为 ±6000 万年。这表明了该环形山形成于诺亚纪晚期至赫斯珀利亚纪早期，年代定位与在许多其他类似年代的地点对液态水的观测是一致的。在科学研究过程中，大量独立观测的一致性是极其重要的。单独一个地区或一组观察结果可能是诱人的，但其真实性很难令人信服。多个独立观测会大大降低结果的不确定性，让科学家对科研成果更有信心。当研究的对象是远古时期的历史事件序列时，研究者小心谨慎的科研态度以及多个独立观测结果的一致性都是至关重要的。

此时此刻火星上只有一台还在运作的火星车，着陆探测器的数量有限，而且活动范围被限制在有限的区域内，所以对这颗行星进行更大范围的研究时依靠的是近距离轨道观测。火星侦察轨道飞行器的高解析度成像仪提供了太空探索史上最美丽、最精细的高分辨率图像，覆盖了这颗行星表面 99% 以上的区域。这些图像的精度可以分辨出 1 米大小的表面特征，同时相机的红外模式能够识别出地表的不同矿物。在 MRO 采集的图像中已经有许多精美的火星图片，它还发现了这颗行星在历史上曾有长期存在湖泊与河流的证据。杰泽罗撞击坑的图像清楚地显示了蜿蜒的河道流入三角洲。左图所示的这张图片是用可见光和太空探测器的光谱仪数据合成的，显示了从撞击坑中流出的河道，以及长期存在液态水的区域形成的碳酸盐和黏土。因此，杰泽罗撞击坑也是美国国家航空航天局"火星 2020"探测器的三个主要探测目标之一。

最近的一些发现与阿拉伯台地有关。该地区位于诺亚南部高地和北部大低地之间，那里的液态水也许曾流向可能存在的北部海洋。来自伦敦大学学院和开放大学的研究人员利用火星侦察轨道飞行器的高分辨率图像分析了面积相当于巴西的阿拉伯台地。这项研究绘制了一个总长度达 17000 多千米的古老河道所组成的网络。这不是通常的干涸河谷，而是一个翻转凸起的河道网络——由堆积在河床上的沙子和砾石隆起的线条。在河流干涸后很长的一段时间内，它们周围的土地被侵蚀殆尽，原来的河床反而从地面上隆起。类似的"幽灵河"也出现在地

上图： 在杰泽罗撞击坑内发现的古代河流遗迹，那里的土壤中含有碳酸盐和黏土（绿色），表明这里曾经有液态水存在。

对页图： 火星侦察轨道飞行器的高解析度成像仪拍摄的火星图像，展现了一颗令人惊叹的星球。

> **"大量地质化学和地貌证据表明，诺亚纪晚期火星上的水循环以间歇方式发生，而非长期持续进行。"**
>
> *——罗宾·华兹华斯，行星科学家*

球上一些侵蚀速度很慢的地区，例如美国犹他州、中东的阿曼和埃及的某些沙漠。

基于对"幽灵河"的分析，我们可以认为阿拉伯台地是一块基本上保持其原貌的平原，类似于地球上恒河流域的低地——一种夹在山区河流和海洋之间的低地界面。

这是一项重要的发现，因为它引发了一项有关火星诺亚纪气候性质的长期未解决的争论。学术界相信火星上曾经有河流，许多撞击坑过去曾是湖泊，关键问题是它们持续了多长时间。火星上温暖潮湿的环境保持了很长时间，或者这个星球在大部分时间内部是一个冰冻星球，偶尔才因为零星的火山活动或运行轨道的改变而引发冰冻层融化形成液态水。之所以会出现这种局面是因

为研究人员在建立火星气候演化模型时发现，很难模拟出厚度足以在数亿年内形成稳定气候的古老火星大气层。这些大气会以过快的速度消失，从而形成我们今天看到的火星样貌。罗宾·华兹华斯在最近发表的一篇评论性文章中总结道："大量地质化学和地貌证据表明，诺亚纪晚期火星上的水循环以间歇方式发生，而非长期持续进行。"根据最新的火星气候模拟结果，早期冰冻层融化产生的液态水可能更适合用来解释诺亚纪晚期至赫斯珀利亚纪早期的气候。在对火星全球勘测者的最新数据进行分析前，人们认为阿拉伯台地上缺少河道遗迹，这被解释为火星表面长期处于冰冻状态，偶尔才处于潮湿环境。冰冻区可能集中在南部高地，因此像阿拉伯台地这样的低海拔区

上图：在埃俄利斯地区，风蚀作用使许多古老的河床曝露并凸起。

下图：在地球上也有类似的凸起的河道，例如美国犹他州的某些河床。

域应当更加干旱，缺少河道的遗迹。但事实并非如此，阿拉伯台地在历史上曾经非常潮湿。

在撰写本书时，这场争论尚无定论，这提醒了我们有关认识火星和科学的关键要点。我们正在描述并试图去理解一个发生在 35 亿年之前、与地球上生命的诞生处于同一时期的历史事件。这是一个极大的时间跨度。在此期间，火星轨道参数发生了变化，太阳能量的输出发生了变化，无数撞击事件改变了火星表面。从今天的测量结果追溯过去，根据一些着陆点与轨道影像的地貌和地质化学证据来追踪火星大气层的演变仍然是一个难度极大的挑战。火星相对较小的体量、它和太阳之间较远的距离与火星古代存在周期性水循环的明显证据之间仍然存在着某些至今还无法解释的关联。华兹华斯评论道："火星早期气候的性质是行星科学中尚未揭开的谜题之一。"

这一复杂难解的谜团成为许多科学家研究火星的出发点。科学家不仅需要习惯于面对未知事物，对未知事物充满好奇，还要有一颗能够接受纷繁复杂的自然界的内心。任何一颗行星的历史都不简单，它们如此巨大，如此古老，在演化中受到了太多可变因素的影响。无论是作为个体还是作为物种，我们应当反思这对我们自身的生存意味着什么。我们自身与地球的演化有着千丝万缕的联系，通过一个还无法理解的因果网络相互关联。这些因果关系可以追溯到宇宙中的各种大小事件，其中许多是地球之外的宇宙事件，它们最终被自然选择的多维筛网所过滤。这将我们与过去的所有生物联系在一起，进而追溯 40 亿年前的生命起源、45 亿年前的地球起源、太阳系的起源以及宇宙的运转法则。有很多未知的事情，直接寻找确定性是愚蠢的行为。我们应吸取经验教训，保持探索未知的喜悦，致力于扩展已知的领域。这种态度正是科学研究的关键所在，是获取愉悦的关键，也是面对未来挑战时唯一合理的回应。

如果你不喜欢这一点，那么一个多少能够安慰你的事实是已知的知识领域是如此广阔，甚至可能是无限的，而我们关于火星某些方面的认知可能超过了地球。由于火星在大部分时间内都处于深度的地质活动静止状态，研究它的过去甚至要比研究地球的过去更容易，而那里隐藏的古老信息可能就包含生命起源的线索。有关 40 亿年前地球上有机分子自我复制和信息传递的地质化学线索在很久以前就已经消失了，今天可以在生物结构和化学成分中找到一些潜在的线索。在火星上，可探索的行星化学痕迹被封存在阿拉伯台地等区域。因此，假设火星上曾存在生命，甚至生命目前还存在于火星地表之下，相关的发现可能会让我们深入了解生命的起源，而研究地球上遭受自然侵蚀、不断变化的生态系统极其困难。这就是未知的火星给我们准备的礼物，它比地球更容易探究。

艾瑞达尼亚海

南部高地的艾瑞达尼亚盆地可能提供了迄今为止最具说服力的证据，证明早期火星上的气候温暖湿润，其环境与生命诞生时的地球相似。下面我们所描述的一个典型案例展示了如何利用环绕火星运行的探测器上的科学仪器与月球上撞击坑的形成率去解释火星地质环境的形成过程。这也是科学的本质和探索的价值相互联系的一个绝佳例子。

火星全球探测器上装载的激光测高仪测绘了火星表面的等高线图。这些地质数据与火星勘测轨道飞行器所获得的地形可视化数据一致，表明艾瑞达尼亚盆地曾经是一个巨大的湖泊，也可能是火星上有史以来最大的湖泊，有些地方的水曾深达 1.5 千米，储水量大致是地球上里海的 3 倍。根据撞击坑的数量分析，这里的地形是在大约距今 37 亿年前的诺亚纪晚期形成的。火星勘测轨道飞行器上的小型侦察影像频谱仪揭示了艾瑞达尼亚盆地不同地区的矿物组成，这些信息可以与地貌和可视化数据结合，揭示此处地表的三维图像和化学成分。

在艾瑞达尼亚盆地的最深处，有大量富含镁与铁的黏土矿物，它们以皂石、滑石、蛇纹石和所谓的 T-O-T 型黏土层的形式存在。这些都是地球上海底环境的特征。此外，人们还发现了富含铁的层状硅酸盐，这也是海底沉积物的特征。探测器发现的黄铁矾表明了亚硫酸盐矿床经受的化学风化作用，碳酸盐的种类也很多，其中包含铁、锰、镁和钙元素。在曾经的湖岸高处，人们发现了氯化物，这表明了浅水区的蒸发作用。关于这些深部黏土、碳酸盐和亚硫酸盐矿床的成因，最有可能的解释是深湖底部的火山活动，因为在地球上的热液地点可以看到非常相似的矿床分布。在光合作用将大量氧气释放到地球大气中之前，富含铁的早期地球海洋中的矿物与该火星湖底的铁矿石非常相似。

利用这些数据，我们可以推演 37 亿年前艾瑞达尼亚盆地中发生的历史事件。低洼地区的化学痕迹显示了深海火山活动的热液环境，较高的富盐矿床证明了浅水区的缓慢蒸发。这个盆地曾是一个富含铁和其他矿物元素的海洋，在海底深处活跃的火山活动为其提供了能量。来自内行星内部的源源不断的能量搅动了这口进行着行星化学变化的大锅。这是一个惊人的结论，因为许多生物学家认为在同一时期，远在数亿千米之外的地球上，类似的深海火山环境正是生命诞生的地方。

目前认为地球生命起源于海底热液喷口的理论占据主流地位，尽管还没有被普遍接受。这个理论部分基于这样的观察结果：今天地球上所有的生物都与一种化学反应有关，而这种化学反应与跨膜质子浓度梯度的建立（称为化学渗透）有关。质子梯度也是酸性海洋中碱性热液喷口系统的地球化学特征，在早期的地球甚至早期的火星上都很常见。2017 年发表的一份分析报告称，至少在 37.7 亿年前，人们在魁北克的努夫亚吉

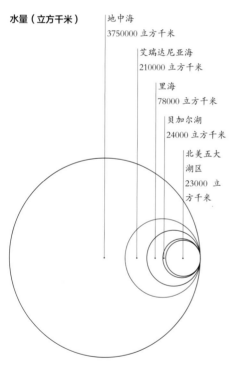

水量（立方千米）

地中海
3750000 立方千米

艾瑞达尼亚海
210000 立方千米

里海
78000 立方千米

贝加尔湖
24000 立方千米

北美五大湖区
23000 立方千米

上图：火星上的艾瑞达尼亚盆地曾经是一片海洋或一个湖泊，这里对它可能容纳的水量与地球上类似的水体进行了比较。

> "我们不应停止探索，一切探索的终点终将把我们带回到起点，这时才算第一次认识它。"
>
> ——托马斯·斯特恩斯·艾略特

估算火星上水的深度

估算深度（单位：米）

>1000 700 400 100

顶图： 火星南部的艾瑞达尼亚盆地被认为在37亿年前是一片海洋，海底沉积物可能是由水下热液活动产生的。该图显示了这片古老水域的深度。

底图： 厄瓜多尔的通古拉瓦火山附近岩石上的黄色氧化铁沉积物。在火星上的艾瑞达尼亚盆地中，人们也发现了类似的矿物。

图克地壳带（靠近格陵兰岛上的伊苏阿岩群）中发现了37.7亿年前热液活动沉积岩中有生物活动的证据。这些证据来自赤铁矿中的管状盘管，其大小和形态类似于热液环境中铁氧化细菌的沉积结构。

努夫亚吉图克的岩石可能更古老（人们利用钐–钕衰变法测得其年龄为42.8亿年），这将使它们成为迄今为止地球上最古老的岩石，也意味着生命出现的时间大大提前了。这着实让人惊讶。这些发现是有争议的，部分原因是我们很难理解地球上活跃的地质活动在如此巨大的时间尺度上如何改变样本。在这方面，火星可能比地球更有优势，可以帮助我们了解行星的地质化学活动转变为生命化学活动的过程。与努夫亚吉图克相比，火星上艾瑞达尼亚盆地的环境样本的保存状况要好得多。30多亿年来，它一直处于无菌、近乎深度冻结的环境中。如果生命真的起源于火星，那么它正是研究生命起源的终极实验室。

多年来，人们通过使用多台探测器上的仪器获取的数据（涵盖地质学、化学、光谱学、激光测距和摄影等多个领域）将艾瑞达尼亚盆地的历史事件及其可能的科学解释拼接在一起。估算地表年龄需要借助50多年前的阿波罗任务带回的月岩样品，需要了解核物理学的辐射测年技术；估计地表年龄需要建立整个太阳系的模型，以解释测得的撞击坑密度。这说明了另一个重要思想：整个太阳系是一个完整的系统，没有一个星球是孤岛，因此我们不能孤立地理解和解释任何一个星球，就像不能孤立地理解地球上任何一个生物的结构一样。生物是生态系统和更大的自然环境通过自然选择、遗传突变以及与其他生物的相互作用而形成的。行星是在混沌的旋涡中形成的，其运动就像宇宙射线对原始DNA链的冲击一样随机。任何从混沌中出现的行星的历史都会受到整个演化过程中的各种因素的影响和塑造，前面提到的晚期重轰炸时期就是一个很好的实例。

如果我们真的发现生命起源于艾瑞达尼亚盆地，那将是多领域合作的典范。经过几个世纪的努力，数千名探险家、野外地质学家、化学家、生物学家、宇航员和工程师发现了生命的第二种起源。但更重要的是，由于火星上古老环境的原始性，这样的发现将使我们对自身的起源有了更深入的了解，而这在地球上可能是无法获得的。火星是一个时间胶囊，包含着许多与生命诞生时的地球相似的冰冻化学物质。40亿年的地质变化和复杂的全球生态系统的作用已经抹去了地球过往历史的痕迹，这个复杂的生态系统彻底改变了地球和它的大气层，而火星是一块来自遥远过去的化石。这就提供了一种奇妙的可能性，即另一颗行星也是整个系统的一个组成部分，并且它还可能是解开地球生命起源之谜（也是我们从哪里来）的钥匙。这正如我们必须离开摇篮后才能真正理解它一样。

火星之死

"巨大的奥林匹斯山使得地球上的珠穆朗玛峰看起来就像一座小沙堡，它的高度甚至超出了低层稠密大气的高度。"

——彼得·考德隆，《逆行》

大约 35 亿年前，火星环境正在发生变化。在诺亚纪，数百万年来火星上温暖潮湿的时期出现得没有以前那么频繁了，气候开始向今天我们所认识的更寒冷、更干燥的状态转变，自由流动的液态水被冻结起来，湖泊消失，河流干涸。但这个星球并没有死寂，晚期重轰炸时期的烟尘已经散去，但深渊中发出的隆隆声依然如故。尽管全球气温骤降，地下的熔岩偶尔会融化巨大的冰层，导致灾难性的洪水，挑战人们对其规模和破坏力的想象。塔尔西斯火山，包括宏伟的奥林匹斯山，仍在继续生长。诺亚纪变成了赫斯珀利亚纪，这是一个洪水暴发的时代，更确切地说，是偶尔发生大洪水的时代。

赫斯珀利亚纪是以赫斯珀利亚平原命名的，这是一片巨大的熔岩区，位于南部高地上的海拉斯盆地东北部。高原中心隆起的泰瑞纳斯火山覆盖了近 200 万平方千米的区域。1972 年"水手 9 号"拍摄的图像显示这是一片相对平坦的区域，几乎没有可见的岩层结构，最突出的表面特征是撞击坑。我们可以据此确定它的年代。泰瑞纳斯火山是与奥林匹斯山和塔尔西斯火山不同的火山，它的历史更加古老，在 40 亿年前的海拉斯撞击后不久后形成。它喷发的主要是由底部熔岩融化的冰层和冻土，这个过程产生了大量的火山灰而非熔岩——地质学家称其为火山碎屑喷发。由于其年龄和成分的原因，泰瑞纳斯火山比塔尔西斯火山更容易受到侵蚀，现在泰瑞纳斯火山只比赫斯珀利亚平原高出 1.8 千米。

赫斯珀利亚纪与火山活动频发相关，特别是其中的塔尔西斯火山，但火山活动与诺亚纪到赫斯珀利亚纪的过渡不一定存在因果关系。在 35 亿年前的晚期重轰炸时期以后，随着长期水循环的减弱，火山活动成为火星上主要的地质变化因素。这在地表特征和矿物学上都可以看到。相对于富含黏土和碳酸盐的诺亚地，赫斯珀利亚平原的硫酸盐含量更高。火山喷发时所释放的二氧化硫形成的酸性大气进一步形成了硫酸盐。

虽然火山活动是塑造更加平坦的赫斯珀利亚平原地貌的主导因素，但也有一些值得注意的宏伟地貌，水的作用在那里重新占据主导地位，哪怕只是短短的瞬间。艾彻斯深谷今天看起来是一条不起眼的山谷。火星勘测轨道飞行器所拍摄的图像显示，水手谷北部有一处陡峭的凹陷地貌。它长 100 千米，宽 10 千米，深 1~4 千米。这种地貌在地球上会给人们留下深刻的印象，但它难以与其周围的宏伟峡谷群相提并论。然而 35 亿年前，在赫斯珀利亚纪冰冻的火星上，情况有所不同。

上图： 空间探测器所拍摄的太阳系中最高的火山——奥林匹斯山。

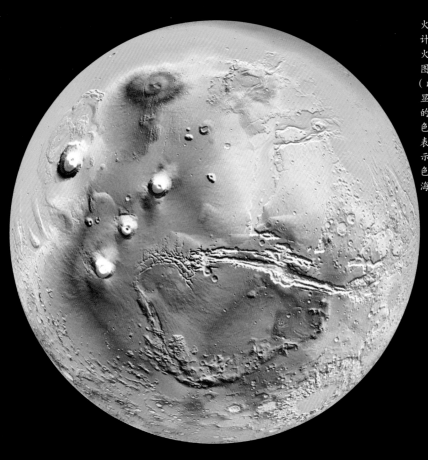

火星轨道激光高度
计（MOLA）测绘的
火星全球地形图。底
图为海拉斯冲击盆地
（以紫色表示），顶图
显示了塔尔西斯高地
的抬升（红色和白
色）。白色和红色代
表最大高度，黄色表
示海平面，较深的绿
色、蓝色和紫色表示
海平面以下的深度。

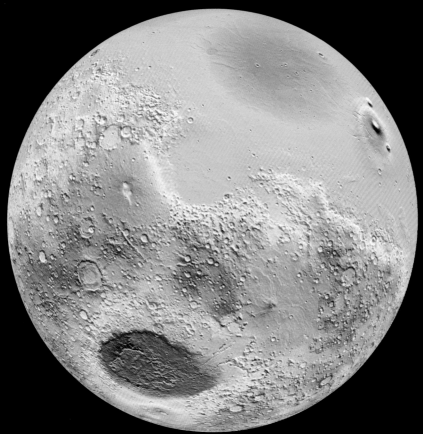

> "当我们找到火星上曾经存在液态水的证据时，无论是干燥的河床还是水中形成的矿物质，它实际上仅局限于火星历史的前 10 亿年。在那之后，水很快就干涸了，最终形成了今天的火星，一颗极度寒冷、极度干燥、生存条件极端恶劣的行星。"
>
> ——阿什温·瓦撒瓦达，
> 行星科学家

在塔尔西斯高地上，熔岩穿过地壳向上涌动，遇到了巨大的古老冰层并将其融化，大量融水从南部高地汹涌而下，以漏斗状流向艾彻斯深谷，在那里创造了太阳系中最短暂、最壮观的奇迹之一。

来自高地的水翻滚咆哮着越过悬崖，向下坠落 4 千米跌入下方的山谷，形成太阳系历史上已知最大的瀑布。在不到两周的时间里，大约 35 万立方千米的水从山谷中倾泻而下，这些水的体积相当于一个长、宽、高都是 70 千米的立方体。这就是赫斯珀利亚纪的火星，大气层无法维持液态水在火星表面存在，水一出现就很快消失，几乎没有留下证据表明峡谷曾被大瀑布侵蚀。

艾彻斯深谷的体量独一无二，但在整个赫斯珀利亚纪，火山喷发和短暂的灾难性洪水在许多区域反复出现。然而在极其稀薄的大气中，液态水的存在时间极为短暂。随着时间的推移，这种现象越来越极端。在 25 亿到 35 亿年前，赫斯珀利亚纪转

对页图： 艾彻斯深谷被认为是形成卡塞谷的水源地，卡塞谷是一条向北延伸数千千米的巨大峡谷。

下图： 古老的泰瑞纳斯火山由多层构成，其中包含大量的火山灰，但不含熔岩。火山内部形成了宽阔的沉积物空腔。

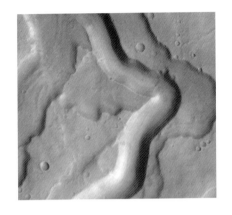

变为亚马孙纪。所以，当人们问一位火星专家亚马孙纪从什么时候开始时，他通常会说："这可能取决于你询问的对象……"但可以肯定，在 20 亿年前，在复杂的多细胞生命还没有在地球上出现之前，火星和我们今天看到的火星几乎没有太大区别。

这个红色星球并没有完全死亡，火山喷发仍在持续，塔尔西斯高地上的火山最近曾喷发过，未来可能还会有火山喷发。但我们确实知道，火星曾是一颗拥有稠密大气和液态水的行星，经过了由强烈火山活动和偶发洪水主导的时期后，变成了一颗超级干燥的冰冻星球，稀薄的大气层更符合火星的体量及其在太阳系中的位置。这部跌宕起伏的宏大史诗在火星形成的最初 15 亿年内演绎完成，留给我们的是如何理解这种变化背后的原因。

下图： 这幅从高空拍摄的色彩生动的图像展示了诺克提斯迷宫地形，它坐落在马里纳峡谷系统上游的塔尔西斯高地上。黑色沙丘由火山岩中富含铁的矿物组成。

逐渐消失的大气层

"有生以来第一次，我眼中的地平线变成了曲线，在它之上是一道闪烁着深蓝色光芒的细缝，那就是大气层。很明显，这并不是我曾听说过的空气'海洋'。它看上去如此脆弱，使我心生恐惧。"

——乌尔夫·默博尔德，宇航员

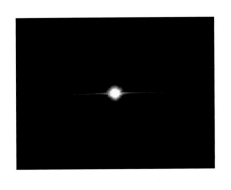

上图：美国宇航员斯科特·凯利于 2015 年 9 月 21 日在国际空间站上用推特发布了这张震撼的太阳照片，他是通过地球大气层这条细细的蓝线去观察太阳的。

对页图：美国国家航空航天局从卡纳维拉尔角发射的火星大气与挥发物演化任务探测器（MAVEN），这是第一个用于研究火星高空大气层的探测器。

类地行星的气候往往是复杂的，它会受各种相互作用、反馈和不稳定性的影响，还会跟随地质年代变化。那一层稀薄的大气会受到火山活动、构造活动以及来自太空的天体撞击的影响。在更大的时间尺度上，大气会受到行星轨道变化、自转轴倾斜以及太阳能量输出变化的影响。地球似乎是一个比较特殊的例外。在过去 30 亿年中，地球上最剧烈的大气变化其实是光合作用缓慢向大气层中释放大量氧气。

现在火星稀薄的大气主要由二氧化碳组成。

我们知道，火星过去的大气层一定更加稠密，大气压可能比目前地球上的大气压还高，因为那时的火星表面曾经有液态水存在。因此，现在的火星肯定已经失去了大部分原始大气层。我们特别想了解这一变化背后的原因以及火星大气究竟去哪了。古代大气层中的二氧化碳分子可能被冻结在极地冰盖中，或以碳酸盐的形式锁定在地下，或者已经散逸到太空中。以上这三种情况可能都存在。

为了测量火星目前的大气成分，了解它如何随时间变化，2014 年 9 月专门设计的火星大气与挥发物演化任务探测器到达了绕火星飞行的轨道。这个探测器上没有配备高清摄像头，也无法提供火星表面的那些惊人照片，因为它的目的是探测围绕火星的不可见的大气层。如果好奇心是我们的双手的延伸，那么这个探测器就是我们的眼睛的延伸，它同时还是我们的鼻子，嗅探着关于火星过去的线索。探测器沿椭圆轨道运行，最近距火星地表约 150 千米，最远会超过 6000 千米。偏心路径可以使探测器的轨道遍及火星上层大气的广阔范围，从而能够对残留气体随高度和时间变化的分布进行三维建模。

探测器的测量结果显示，目前火星正在以 2 千克/秒的速度失去大气。问题是火星大气因何消失，这种状态最终将走向何方？研究团队对稀有气体元素氩的两种同位素氩-36 和氩-38 的浓度进行了巧妙的分析。氩-38 的化学性质与氩-36 相同，但它的质量更大，因为其原子核内多出了两个额外的中子。氩-38 与氩-36 含量的比值与大气通过溅射过程流失到太空中的速率密切相关。来自太阳风的高速带电粒子会撞击高层大气中的原子，并将其送入太空。因为氩-36 比氩-38 轻，所以在高层大气中氩-36 的相对丰度更大。按专业的说法，氩-36 比氩-38 具有更大的标度高度。这意味着氩-36 更容易通过溅射效应散逸到太空中，导致氩-38 与氩-36 含量的比值增大。由于氩元素难以通过其他方式从大气中消失（这种元素不会与任何物质发生反应），也不会在火星上的任何地方冻结，对氩元素的测量提供了一个清晰的判断，即火星大气受到了太阳风的影响。

碳原子
离火星的距离

氧原子
离火星的距离

氢原子
离火星的距离

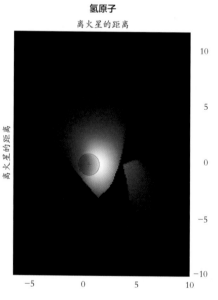

根据探测器在椭圆轨道上不同高度的测量值以及"好奇号"所测量的氩同位素的含量在火星表面的比值,这项实验使研究小组确定了在45亿年内,火星大气中66%的氩元素已经消失了。一旦确定了所损失的氩元素的比率,就可以计算其他大气成分的比率,最终发表的结论如下。

来自探测器的探测数据表明,火星表面的大部分挥发性物质已经散逸到太空中。太空散逸是火星大气随时间演化的一个重要过程。火星大气的主要成分是二氧化碳,部分二氧化碳通过与太阳风的相互作用而散逸到太空中,一小部分被锁定在地下的碳酸盐沉积物中,还有一小部分以冰冻二氧化碳的形式存在于极地的冰冠中。作者总结说,这些变化足以解释由火星地貌推测出来的火星气候变化过程。

大气中温室气体的含量不断减少,以至于火星无法保持表面温度,也无法维持湖泊和海洋。这颗行星注定会变成冰冻、贫瘠的荒漠星球。地球离太阳更近,太阳风更强烈,但为什么地球没有同样的结局呢?为什么火星的大气层已经被剥离,而地球的大气层能在太阳风的冲击下维持几十亿年?

上图: 三幅显示大气层流失的图片(图中的度量单位为火星的半径),由探测器携带的紫外成像光谱仪拍摄。通过观察水和二氧化碳分解的产物,遥感团队可以描述火星大气流失的过程。可能正是这一过程将火星从早期类似于地球的温暖湿润的气候环境转变成了目前寒冷干燥的环境。

上图: 在火星南极,极冠由固态二氧化碳(干冰)构成,这种物质在地球上并没有天然存在。火星大气中的二氧化碳在低温下冻结,再以雪的形式降落,新的干冰不断覆盖极冠。无论是在地球上还是在火星上,零下130摄氏度的极冠区域都是你所能体验的最寒冷的自然风景。

上图：蟹状星云是迄今为止观测到的内部最活跃、组成最复杂的天体之一。它也是宇宙中已知唯一一天然存在稀有气体分子（氩氢化物）的地方。

地球的
天然屏障

今天没有任何其他行星能够像地球那样存在这么多复杂的生命体，它们依赖的基础是 1.5 亿千米外的太阳内部所产生的光子流。绿色植物正是恒星和文明之间的接口。

我们对火星的理解表明，一颗行星与太阳的关系并不仅仅是光照和正面影响。太阳可以为生命提供能量，但是太阳风也可以摧毁生命，或者通过对行星大气造成破坏而阻止生命出现。

太阳风从日冕中发射出来。太阳表面的温度为 6000 摄氏度，但日冕的温度超过了 100 万摄氏度。在如此高的温度下，原子无法维持在一起，电子被从原子核上剥夺，物质以第四态存在（既不是固体，也不是液体和气体，而是带有负电荷的电子和正离子的混合体，也称为等离子体）。其中某些粒子移动得如此之快，以至于它们脱离了太阳的束缚，以超过 800 千米 / 秒的速度向外散布到整个太阳系中。这就是太阳风。

当太阳释放的高能带电粒子到达地球时，绝大多数不会直接撞击地球大气层中的原子，因为地球受到了自身磁场的保护。那些射向地球的高能带电粒子会被分布在宇宙空间中的行星磁场影响而发生偏转，无法影响到地球。地球延伸到外层空间中的磁场偶尔会重新排布，使得加速带电粒子沿着磁感线来到地球的两极，在那里它们会与高层大气中的原子和分子碰撞，激

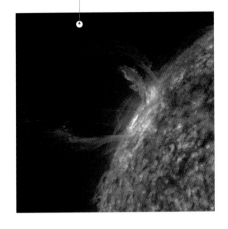

地球的尺寸

下图：全速流动的日珥，炽热的气体急剧地向外喷射。

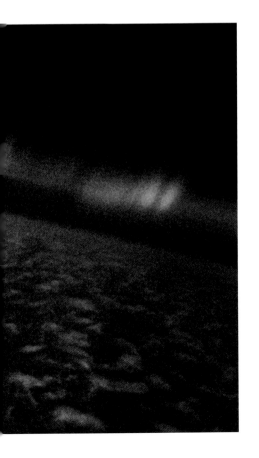

下图：从"发现号"航天飞机的驾驶舱中使用35毫米镜头拍摄的地球南极光。

发它们并使它们发光。这就是所谓的极光，极光分为北极光和南极光。

当天空晴朗、太阳活动活跃且地球的磁场处于特定的排布状态时，幸运者可以在某些夜晚在纬度足够高的区域看到极光。如果从国际空间站上观察极光，极光就像围绕着地球两极翩翩起舞的光环。这是令人难忘的景象，极光无疑是大自然塑造的奇迹之一。正如科学和生活中经常发生的那样，知识会极大地增加我们的经验和感知。

光舞动的速度比眼睛所能看到的或大脑所能理解的还要快，这与原子结构有关。电子在不同的能级之间移动，这是由原子核中质子的数量所决定的。高空中的氧气发出红光。一个原子被一个带电粒子撞击，这个带电粒子沿着地球磁场的磁感线向两极加速运动。磁场与带电粒子的相互作用使电子呈长寿命的激发态。在稀薄的空气中，如果原子在100秒（这段时间对于原子来说简直是永恒）内没有参与碰撞，电子将向下移动到离原子核更近的地方，并发射出一个红色光子。在低海拔地区，氧原子内部的重新排布会导致绿色光子的发射。这时，原子必须在大约1秒的时间内避免碰撞。这一时长在稠密的空气中仍然接近永恒。在强烈的极光出现时，被激发的氮气分子会在高耸的极光光幕下缘增添一抹深红或粉红的色彩。

这正是写在天空中的量子力学，它揭示了原子的结构。为了研究颜色背后的机制，物理学家把电子看作被质子的电荷俘获的波。粒子也不是物质微粒，而是可以跨越巨大空间的场。驱动这台巨大的显示器的能量实际上来自太阳内部的核聚变反应。

太阳的体积是地球的100万倍，它以每秒6亿吨的速度将氢转化为氦。微弱的核内力量缓慢地将质子转化为中子，同时产生中微子。中微子以接近光速的速度飞行1.5亿千米，然后畅通无阻地穿越整个地球，奔向宇宙深处。每秒每平方厘米的面积上会有600亿个中微子从你的头部穿过，但这些粒子不会对你产生任何作用。对中微子来说，你的大脑几乎是纯粹的虚空，中微子几乎不可能密集到和稀疏分散的分子发生相互作用。在概率统计上，也许在漫长的一生中，人体与中微子之间会发生一次相互作用。

在太阳内部起作用的核力也聚集了构成人体的重元素，如碳、氧、氮、硫、磷和铁。它们由大爆炸后最初几秒钟内形成的氢和氦所形成。引力使得原始的星际气体聚集在一起，它们中心的温度升高并引发核反应，形成了恒星。反应释放的能量阻止了恒星物质发生进一步的引力崩塌，这种状况持续了数十亿年。这段足够长的时间让温度极高的恒星核熔炉与极度寒冷的星际空间之间有了适合生命存在的空间。以上这些想法被极光激发，我们的经验和感知也因知识而更加丰富。

地球磁场

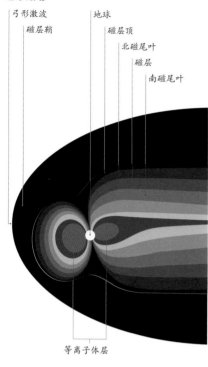

- 弓形激波
- 磁层鞘
- 地球
- 磁层顶
- 北磁尾叶
- 磁层
- 南磁尾叶
- 等离子体层

极光发光这一物理过程的核心是地球的磁场,它使得太阳风偏离了我们的星球并以一种非常柔和的方式经过两极。如果没有磁场,探测器所观察到的太阳风剥离火星大气的过程也将发生在地球上。行星磁场是地球与火星之间最重要的区别之一。

地球磁场源自一种类似于发电机的机制,用通俗的术语来解释比较容易,但其背后的物理原理极其复杂,我们还不能完全理解其中的细节。地核主要由液态铁组成,这是一种导电流体。熔岩的羽流在接近地幔时上升并冷却,而地球的自转使这些液柱旋转,形成上升和下降的循环流动。这种循环流动起到类似于发电机的作用,产生了磁场。这台发电机的稳定性与地核和地幔之间的温度梯度、地核的半径、地球的自转速度以及许多微妙的因素有关。通过地幔的热流速度受地质作用的影响,例如板块构造和火山作用。流动的精确性质取决于地核中铁以外的其他成分,例如硫的含量和分布。这一过程极其复杂。正因为如此,地球的磁场是一种非常精妙的自然现象,然而这一物理机制在火星上的作用非常微弱。

我们猜测火星内部也曾存在类似于地球内部磁场的产生机制,因为火星某些地方的地壳仍然被部分磁化,尤其是古老的南部高地。这表明这些岩石当时是在存在全球磁场的情况下冷却的。大约40亿年前形成的海拉斯冲击盆地没有被磁化的迹象,表明发电机效应在这次冲击之前就已经停止。那些形成于

> "极光仿佛出自天堂，像悬垂着抖动的精致窗帘，呈现着淡绿和如同玫瑰的粉色，好似最精巧的织物一般透明，底部的边缘却又是像狱火一样炽烈的深红色。极光的舞动比最有技巧的舞者还要优雅。"
>
> ——菲利普·普尔曼，
> 《魔法神刀》

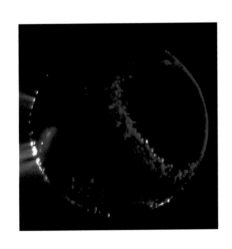

上图：科学家根据火星快车所接收的数据绘制了这样的图像，说明他们如何预测火星极光。

对页图：显示了太阳风中的带电粒子如何剥离火星大气。美国国家航空航天局发射的火星大气与挥发物演化任务探测器的任务就是研究火星大气层散失的过程。

40.5 亿年前的冲击盆地明确显示出被磁化的迹象。年代可以追溯到 41 亿年前的火星陨石 ALH 84001 也清楚地表明当时存在磁场作用。根据这些情况，目前主流观点认为火星磁场与地球磁场较为相似，但在海拉斯冲击之前，这颗行星的磁场就已经消失。从那时起，火星大气层就曝露在太阳风的作用之下。火星大气与挥发物演化任务探测器的探测结果告诉我们，这很可能是火星大气层消失的主要原因。

如果认为磁场的消失是促使诺亚纪向赫斯珀利亚纪转变的导火索，那么这种在二者间建立关系的猜想似乎有道理，但其实是错误的。因为二者的时间无法匹配，而且在任何情况下，磁场的损失都不会导致大气层立即消失。这是一个极其漫长的渐变过程，甚至今天仍在继续。关于晚期重轰炸时期，有观点试图将行星内部发电机效应的停止与海拉斯冲击或多次撞击事件联系起来。这种观点认为，可能是地幔的加热作用破坏了从地核中流出的热流，进而阻碍了平滑的对流作用。在撰写本书时，这些事件的先后顺序已经相当确定，但是关于它们之间的联系，甚至是否存在因果关系，并没有形成共识。一个复杂的因素是火星轨道的相对不稳定性。这颗行星的倾角（自转轴的倾斜度）在几十万年内变化了几十度，这是太阳和其他行星的引力共同作用的结果。相比之下，在 41000 年的周期中，地球的地轴在 22.1 度到 24.5 度之间缓慢变化，但这个微小的角度变化也在一定程度上导致了地球上周期性的冰期出现。想象一下，当覆盖着二氧化碳和水冰的火星极地向太阳倾斜 20 度甚至 30 度时，火星上的气候将发生何种巨变。地球自转轴的稳定性是由月球的阻尼效应维持的。作为一颗卫星，月球相对于地球来说非常大，地月系统几乎可以看作一个双星系统。我们对其他行星了解得越多，就越能体会到地球为我们提供的这个生存家园的珍贵。

尽管存在如此奇妙的复杂性，但我们在本章开头所采用的简单描述仍可能点明火星为何会死亡这个问题的关键。这颗红色星球实在太小了，较小的核心和更薄的地幔导致地壳中流失的热量比地球更快。热量流失在赫斯珀利亚纪达到顶峰后，地质活动明显减弱，火星开始逐渐死亡。火星的质量和引力较小，加之没有磁场保护，火星的大气层比地球的大气层更加脆弱，最终太阳风剥夺了火星的大部分大气。另外，火星的轨道比地球更远，其表面温度更低。火星的命运在 45 亿年前形成时就已经被封印。这颗行星太小，离太阳太远，它无法维持一个充满活力的世界。

欧洲航天局的火星快车探测器拍摄到了极其微弱的极光仍然在火星的天空中起舞，蓝色极光来自散布在火星上的局部磁场热点，以及无情的太阳风所激发的大气中残余的二氧化碳。

在地球上，大气层的防护作用使各种生态系统得以繁荣发展。

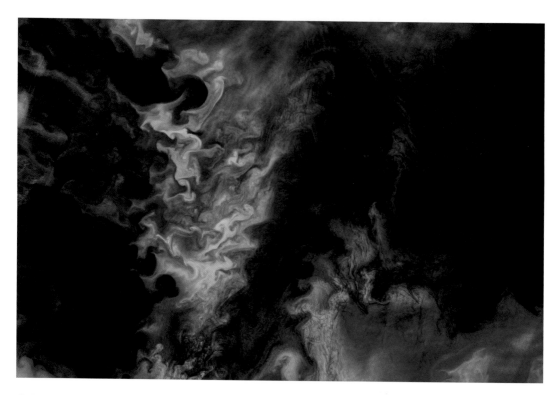

上图： 无论冬季冰盖的范围有多大，每年春天阿拉斯加沿岸都会随着浮游植物再次活跃生长而重获生机。

上图： 2018 年 7 月，在格陵兰的一座小岛上的村庄伊纳苏特的海岸边出现了一座重达 1100 万吨的冰山。

上图：当国际空间站飞过马达加斯加上空时，宇航员里奇·阿诺德拍摄了这张照片，显示了马达加斯加中心区的地貌正在变化。

上图：从国际空间站上拍摄的地球夜景，当时国际空间站位于英吉利海峡上方 415 千米，图片中显示了北欧城市的灯光。

火星的未来

"今日火星上有生命存在吗？如果我们能找到证据，那显然是惊人的重大发现。但是我认为，如果我们在火星上一直找不到生命存在的证据，那么实际上就会更加令人惊讶。我们所发现的一切证据都表明，早期的火星是一个气候温和、能够维持生命生存的星球。宇宙中有许多类似的行星，它们正围绕着其他恒星运转。宇宙中应该会有大量生命存在。"

——阿斯温·瓦萨瓦达，
行星科学家

对页图：这张旅行海报是由喷气推进实验室的创意团队为了激发想象力而制作的。也许有一天前往火星的旅行将成为现实！

尽管火星已经沉寂了 30 亿年，但它曾有一个充满活力的青春时代。这颗行星记述着岁月的流逝，对我们产生了深远的影响。它告诉我们到目前为止，它的邻居地球是唯一适合生命存在的星球。

火星上可能曾经存在生命，也许现在仍然有生命存在。我们正在努力寻找它们的痕迹，下一代探测器可能会在未来 10 年内找到火星上存在生命的证据。有关生命的第二起源的发现，将会在哲学、科学乃至社会文化上产生重要的影响。这意味着在液态水、活跃的地质活动和少量有机物同时具备的条件下，通过完全可预见的自然法则，生命会不可避免地出现。可以肯定的是，我们以及当今地球上所有其他生物都是地球的产物，其本质都是地质学的延伸。我们会理解，无论我们在灵魂深处感知到何种魔力，生命的起源都在于水与热、矿物与气体之间的作用。我们正在思考这一复杂的化学过程，如果它能够发生在太阳系中的两颗相邻的行星上，那么这一过程在宇宙各处都会发生。我们会明白，地球生命只是宇宙生命的一个小小的分支。我们虽然不是上帝的儿女，但我们也绝不孤单。

我认为，火星在人类的未来扮演的角色会非常重要。这颗行星的潜力无限，地表以下有冰甚至是液态水，还有大量矿产资源——支持文明发展的各种资源。由于复杂的历史过程，这是一个还在休眠中的世界，一座处于停滞状态的宝岛。我认为在我的余生中将会出现真正的火星人，那就是我们自己。我们将前往火星，并把它变成我们的新家园，因为除此之外，人类无处可去。目前火星是地球以外唯一在不远的将来可以抵达并移民的行星。

来自"水手 4 号"的消息当时未得到正确解释。当做好准备时，我们在火星上还有第二次机会。我并不是说全体人类抛弃地球去这个新世界，那简直是胡说八道。到目前为止，地球都是我们在宇宙中已知最完美的家园。我们诞生于此，并通过自然选择进行演化，蓬勃发展。我们现在有可能在火星上建立定居点。我想象着一群新世界的先驱者在此定居，并为数十、数百甚至成千上万跟随他们穿越太阳系的人建设必要的基础生存设施，并首次真正扩展人类世界的边界。

边界非常重要。知识的前沿是科学的领域，如果没有先驱者，我们将何去何从？物理的边界是由探险家、工程师和梦想家所划定的，而梦想家需要远方的目标。在沃纳·赫尔佐格执导的电影《冰旅纪事》中，一个名叫威廉·吉萨的人描述了那些前往南极洲的人。南极洲是地球上的最后一片未知疆域。"我想说的是，那些不愿受束缚的人都会掉到地球的底部去。所以，我们才会在这里。我们觉得生活很无聊，于是就跑到这里来了。我刚来这里的时候非常喜欢那种遇见同类的感觉，心想这些人

下图：在新西兰南阿尔卑斯山上拍摄的
壮丽银河，火星出现在该图的左上方。

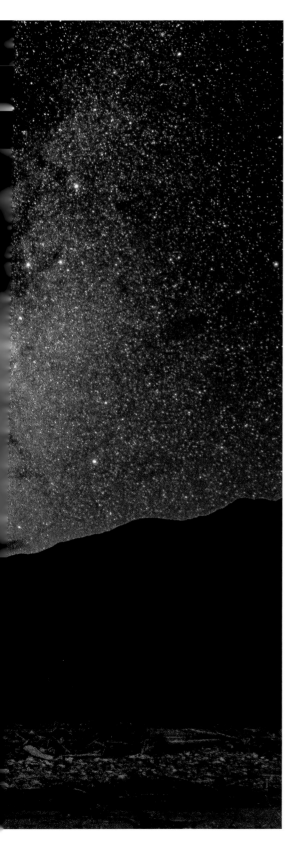

都和我一样。博士们正在洗碗，而语言学家到了这片没有语言的大陆上。"

　　前往火星是超越南极的一大步，也许我们所有人都需要在想象中接受跨出这一步。我认为文明不应受到束缚。我们是如此松懈，缺乏远大目标，拥挤在太阳系中的一个小角落里。看着天空中行星的轨迹、星辰的轮转以及日夜的变换，想想我们现在到底在做什么无意义的事？我们其实都是在没有语言的大陆上的语言学家。我们只是在周围爬行摸索，在地球上消耗了越来越多的资源，试图在这个小型岩石星球的二维表面之上的稀薄空气中扩展和建造更多的东西，而丝毫没有思考那些夜空中星光已经标记出的宇宙三维路径。富有远见的工程师罗伯特·祖布林的工作启发了埃隆·马斯克等人，他说每种观点都有其后果，而在人类历史上最糟糕的想法就是我们彼此之间必须争夺有限的资源。这是错误的，太阳系中的各种可用物质远远超出了人类的需求和欲望，只要我们选择去获取这些物质，它们就会变成资源。争夺地球资源所造成的紧张国际局势，是基于地球资源有限的错误认识和危险想法的。错！错！错！我们已经拥有这些技术，也许随着漫无目的的漂泊，我们也会拥有这样的意愿，去发掘浩瀚太阳系中的无穷宝藏。

　　我们需要改变我们的集体意识。对于这个星球的承载能力来说，我们的文明之火燃烧得过于旺盛了，但这并不意味着我们应当熄灭文明的火焰。我们需要开辟一条超越国家之间竞争的新道路，这要求完全摒弃一种思维定式，即我们不能在一颗呻吟挣扎的星球上争夺日益减少的资源。我们必须将人类文明转变成多个世界的宇宙文明，而这一切将始于对火星的开发。这将是一个可以实现的目标，它源于人类探索和扩张的本能与愿望，不用推倒别人家的围栏，也不必进一步破坏我们的星球。想象一下这一壮举所需要的智慧和投入、由此将产生的新技术、创造出的新机会、建立一个全新社会的激情，以及将我们的共同经验、希望和梦想注入一个新的星球甚至更远的星球所带来的喜悦。

　　火星在我们的未来扮演着举足轻重的角色。如果不去火星，我们将永远不会前往任何其他地方。如果不去任何地方，我们最后将在地球上死亡。在古老的红色星球上呼吸的新一代人类将为我们这个物种带来新生，这将是人类文明从摇篮走向宇宙群星的第一步。

第 3 章

木 星

众神之父

安德鲁·科恩

"不是所有的流浪者都会迷失方向。"

——J.R.R. 托尔金,《护戒使者》

"木星是行星之王,不仅因为它的体积之大、云端之美,更因为它在整个太阳系的演化过程中发挥了至关重要的作用。"

——利·弗莱彻,木星冰月探测任务的科学家

远古的巨人

这个故事在太阳系真正存在之前就开始了。50 亿年前，一块由尘埃和气体组成的巨大的星际云（横跨了至少 65 光年）在自身巨大的质量的作用下开始坍缩合并。这个巨大的团块分裂成一堆体积更小、密度更大的核，其中一个形成了所谓的前太阳星云。自此，组成太阳系各个部分的胚胎形成了。

在这片几乎完全由氢气和氦气组成的稠密气体云中，悬浮着的每一个原子将形成太阳、行星以及每一种构成这个世界的物质（包括生命的成分以及你我的构成）。

究竟是什么触发这个星云超越临界点，进入恒星演化的下一阶段？真相已淹没在漫漫的时间长河中不得而知。令人惊喜的是，已经集齐的证据碎片引导着我们去发现真相。研究在地球表面发现的这些古老的陨石，足以让我们瞥见这一切的开始。

这些古老的陨石里隐藏着稀有的铁同位素的明显特征。我们认为，这些特征只有在一系列非常特殊的条件下才能形成。宇宙中唯一可以形成这些稀有同位素的地方就是寿命短暂的巨

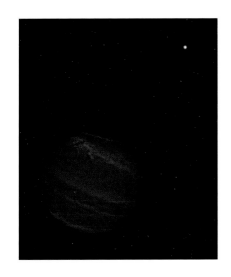

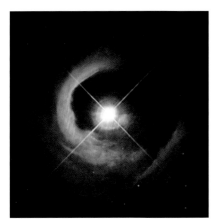

大恒星的核心，它们形成于这些恒星爆发的那一刻。简而言之，它们是超新星的产物。

岩石上清晰的化学特征可以追溯到太阳系的早期。45 亿年前，太阳系出现在一个包含数以千计颗恒星的大型恒星群中。在 1500 光年以外，距离地球最近的猎户星云与它十分相似，夜空中我们用肉眼就可以看到它。

在这个原始的恒星星团中有许多巨大的恒星，它们迅速燃烧，产生的光和热令我们的太阳黯然失色。当一颗恒星到达生命的尽头时，它的死亡会引发一次超新星爆发，随之产生的冲击波影响了太阳系的起源，导致前太阳星云中的密集区域迅速崩塌。此时，新恒星有了精确的形成条件，我们的太阳系的故事因此拉开了序幕。

在太阳诞生的最初 5000 万年里，在宇宙中我们所处的一角仍然笼罩在黑暗之中。唯一的光源来自我们的恒星胚胎——金牛座 T 型恒星。它正处于幼年期，挣扎着释放出暗淡的红色光芒。太阳最初的形式是气体云，它在太阳系的中心形成，吞噬了太阳系中 99% 的物质，只留下一小部分继续形成其他行星。

在大约 5000 万年后，太阳的核反应炉开始燃烧。在它的光芒中，一颗巨大的行星吸取了剩下的大部分物质。木星比现在的地球大 300 倍。作为所有行星中最古老的一颗，木星见证了太阳系的第一个黎明。事实上，我们认为太阳系刚形成的时候，木星就已经出现了。有证据表明，在太阳诞生仅 100 万年后，木星已经形成了一个比地球大 20 倍的核心，它围绕着黯淡的太阳运行。太阳系的构成被划分成两个不同的材料区域。通过观察数十亿年后落到地球上的陨石，我们可以看到每个区域的化学成分略有不同。

在短短的几百万年内，木星这个质量达到现在地球质量 50 倍的年轻巨人仍然在黑暗中不断成长。太阳中心的温度升高，压力增大到氢开始聚变并照亮了苍穹（太阳进入生命的主序阶段并延续至今），此时木星最终发育成熟。在太阳系的第一个黎明前的黑暗的掩护下，木星已经占据了行星的统治地位，其产生的强大力量将改变随后诞生的每一颗行星的命运。

对页图：在 1500 光年之遥，猎户星云是离地球最近的恒星形成区域。这里犹如一个恒星育婴室，地球可能就是在这样的星云中形成的。

上图：这颗炙热的行星的质量是木星的 4 倍，但作为一颗年轻的行星，它仍然在引力和热辐射的影响下不断收缩。

下图：正如太阳的早期演化史，在这个星云的中心，一颗年轻的恒星开始收缩，最终将成为一颗主序星。

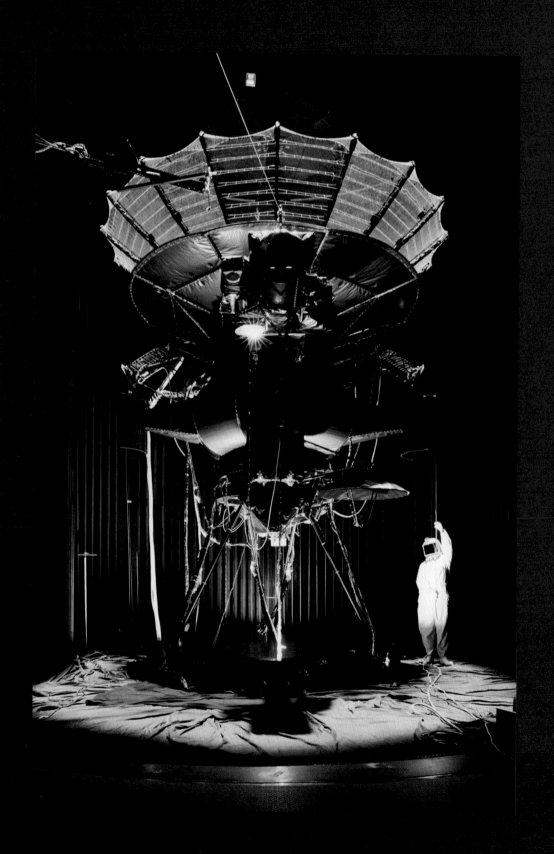

行星之王

"木星是整个太阳系里最大的行星，它是众星中的巨人。木星的直径是地球的 10 倍，质量是地球的 320 倍。这是一颗巨大的行星，它到太阳的距离是地球到太阳的距离的 5 倍。"

——弗兰·巴格纳尔，"新视野号"任务的科学家

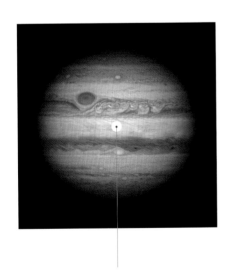

地球的尺寸

上图：当我们同时观测木星与地球时，体积庞大的木星格外引人注目。

对页图：1989 年 10 月，"伽利略号"木星探测器在发射前接受最后的调试和检查。

在罗马神话中，朱庇特是众神之王。他是天空的统治者，手持雷电，身伴神鹰。他带领的罗马军队所向披靡。朱庇特的名字意为"天空之父"，由拉丁语单词 *dies*（意为"天"或"天空"）和 *pater*（意为"父亲"）所组成。要知道，传说中经常隐藏着真理。

就大小而言，木星是目前太阳系中最大的行星。它的质量非常惊人，达 1.9×10^{27} 千克，比太阳系中所有其他行星的质量加起来还要大两倍半。如果你是一个外星人，从遥远的星系观察我们的太阳系，那么你也许只能看到太阳和木星。

木星的直径为 142984 千米，其内部容得下 1300 多个地球。然而，这颗巨大的行星几乎完全是由气体构成的。它由 89% 的氢和 10% 的氦等组成，密度只有 1.326 克 / 厘米³，比任何一颗固态行星都要低，远远小于地球的密度（5.513 克 / 厘米³）。尽管木星的体积很大，但在所有行星中，它的白昼时间最短。木星完成一次自转仅需 9 小时 55 分 30 秒，赤道点以 45000 千米 / 小时的速度自转。

在过去的 50 年里，我们对木星的了解迅速增加，对其在太阳系形成过程中扮演的角色也有了更深的理解。它不再是仅仅存在于望远镜里的美丽世界。这是一颗已经被近距离探索的行星，我们对它已经耳闻目见熟知多年。

1973 年，"先驱者 10 号"探测器首次用摄像头近距离观测木星。这是我们第一次穿越小行星带，用行星探测器在 13 万千米的近距离上拍摄木星。"先驱者 10 号"飞至太阳系边缘成功地完成了任务，总共拍摄并传回了 500 多张珍贵照片。仅一年后，"先驱者 11 号"紧随其后。在向土星进发之前，它扫描了木星顶部 43000 千米范围的云层。20 世纪 70 年代末，"旅行者 1 号"和"旅行者 2 号"经过木星。作为伟大的太阳系之旅的一部分，它们拍摄了木星及其卫星的第一张照片。这是一个历史性的时刻。参与"新视野号"任务的科学家弗兰·巴格纳尔解释说："虽然我们早有预感，但直到'旅行者号'近距离拍摄到这些令人惊叹的卫星照片时，我们才真正开始了解到木星周围的世界是多么复杂和多样。"

"伽利略号"是第一个真正在木星系统中"生活"的探测器。1995 年 12 月 7 日，"伽利略号"进入木星轨道并环绕它飞行两年。在此期间，我们对木星开展了史无前例的探索活动，包括从飞船上释放一个探测仪直接深入木星。在被木星极端的气压和温度摧毁之前，探测仪在木星大气层中穿行了 150 千米，收集了近 1 小时的数据。

"在'伽利略号'任务中，我们第一次进入木星轨道并向木星大气层释放探测仪。我们没有找到水，也没有发现云。在'伽利略号'任务完成之后，最大的问题是木星上的水在哪里。"

——弗兰·巴格纳尔，"新视野号"任务的科学家

上图："先驱者11号"传回了这张照片，其中清楚地显示了木星南极区域的大红斑。

"伽利略号"是第一个用于详细探测木星卫星的探测器，帮助我们第一次清楚地看到了极其复杂的木星系统，以及木星所拥有的比其他任何行星都要多的天然卫星。木星有79颗卫星（截至撰写本书时），其中12颗卫星是在2017年初发现的。随着我们继续更加详尽地探索木星系统，木星的卫星数量还将继续增加。木星的绝大部分卫星（63个）只是直径不超过10千米的岩石碎片，它们被木星所吸引。这些过去绕着太阳运转的小行星如今围绕着木星运转。木星坐拥四颗巨大的卫星。木卫一炽热如火，是太阳系里火山活动最活跃的卫星，它的表面布满了熔岩湖。而寒冷的木卫二则位于另一个极端，冰冻的表层保护着地下海洋里的水资源。木卫三有着大理石一样的纹理，是木星最大的卫星，也是我们已知唯一拥有磁场的卫星。木卫四是伽利略用望远发现的木星的四颗卫星中最外侧的一颗，它也被认为拥有自己的深层海洋。这四颗卫星都有它们各自独特而又迷人的地方。只要有一架双筒望远镜，你就能在地球上看到它们。（我们将在稍后的章节里继续讨论这些卫星。）

2011年8月，美国国家航空航天局启动了最新的木星探索任务，发射了"朱诺号"探测器。在飞行了近5年之后，"朱诺号"于2016年7月抵达木星，进入了一个风险巨大的椭圆轨道。它从距离木星表面800万千米的高空降低到距离木星表面只有4000千米的高度。"朱诺号"用于研究木星的起源和演化过程，它携带仪器探测这颗行星的构成、磁场和引力场，从而能够详细地构建出木星的内部结构。它还配备有迄今为止拍摄木星时最好的相机，自2016年以来传回了有史以来最令人惊叹的木星影像。接下来喷气推进实验室的物理学家海蒂·贝克尔来为我们解释这项技术，她在"朱诺号"任务中负责辐射监测调查。"追星仪是一台8.16千克的相机。为了防止辐射影响，它的外壳包裹着钨。'朱诺号'拍摄的照片仿佛带领我们走进了一个印象主义画派的画廊。我们得以近距离观测木星和它的大气层的特征。照片的分辨率是有史以来最高的，我们能够看到比以往任何时候都要清晰的细节，包括木星的各个区域和喷流。"

尽管这些探测器传回了许多奇迹般的照片，但对我们而言，木星仍然是一颗巨大而遥远的行星。它距离地球大约5.88亿千米，我们很容易把木星想象成一颗令人惊叹的宝石，一个温和而美丽的世界。木星成为真正的"天空之王"不仅缘于它的美丽，还缘于它对太阳系发展的影响。随着近距离对木星进行探索，我们发现它对所有行星的命运的影响远比预料中的更为直接和强烈。木星巨大的引力场不仅控制着它的卫星，而且影响着太阳系里的每一颗小行星、每一颗行星以及所有的生命。木星在广阔的范围里掌握着它们的命运。

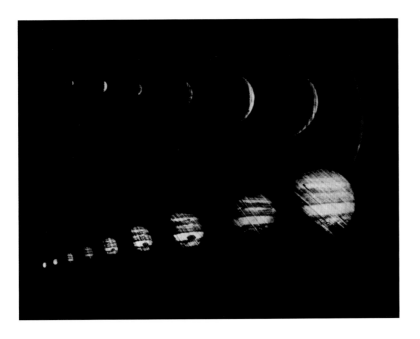

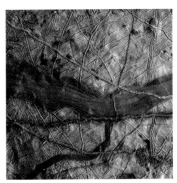

左图："伽利略号"拍摄的木卫一上的火山地质状况，清楚地显示了火山喷发时的现象。

左上图：这是一张合成图像。当"先驱者10号"靠近木星时，科学家观测到这颗神秘的行星散发着夺目的光芒。

右上图："伽利略号"在环绕木星的轨道上拍摄的木卫二的图像。

左下图："伽利略号"是第一个细致地探索木星卫星的探测器。

右下图：1973年，"先驱者10号"完成了首次木星探测任务，激起了科学家进一步探索这颗行星的欲望。

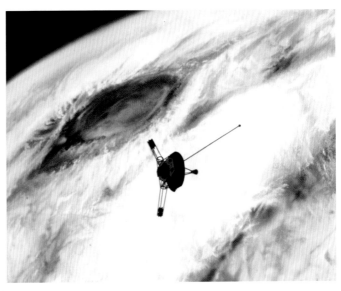

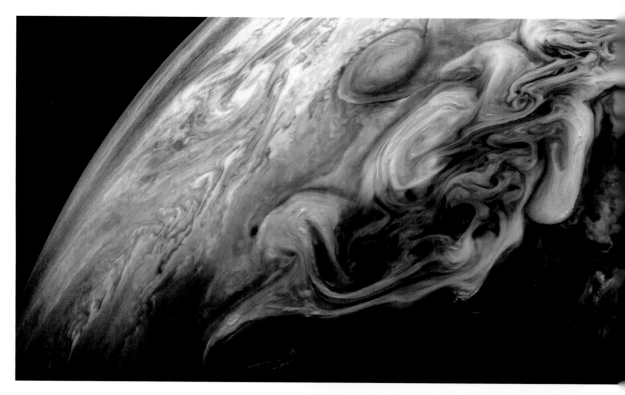

"木星大红斑是由'朱诺号'拍摄的。这是距离我们最近的，也是数百年来我们观测到的最美丽的风暴景象。最令人惊奇的是，在'朱诺号'拍摄的图像中，我们看到木星的两极实际上是蓝色的。它根本不像我们小时候所想象的那个橙白相间的星球。"

——海蒂·贝克尔，"朱诺号"任务的物理学家

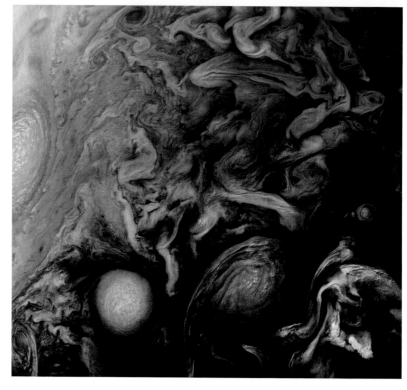

本页及对页图："朱诺号"拍摄的照片值得在艺术画廊里展出，这些照片展现出木星错综复杂的云层以及动荡不安的天气系统。

地球上的证据

想要见证木星那令人敬畏的力量，不用耗费数十亿美元发射探测器，也不用发射火箭，甚至连望远镜都用不到，我们只需看一眼脚下的地球。地球表面布满了这位遥远的"天父"干涉的证据。根据最近的统计，在木星强大的引力的作用下，地球上遍布着 190 个肉眼可见的撞击坑，更别提数以干计的陨石坑，它们早已随着地表活动不断变化并最终消失。

其中，最著名的是流星陨石坑（也被称为巴林杰陨石坑）。它位于美国亚利桑那州北部的沙漠中，直径超过 1000 米，最深处可达 100 米。19 世纪末，地质学家认为这个巨大的坑洞是由弗朗西斯科火山造成的。这片火山区位于陨石坑西边几千米处。1903 年，西奥多·罗斯福的狩猎好友、矿业大亨丹尼尔·巴林杰对这个陨石坑进行了深入的研究，并发表了一系列成果，证明这个陨石坑不是由火山活动造成的，而是来自外太空的巨大抛射物体撞击产生的。

巴林杰使用了大量的地质证据来证实他的新理论，其中包括发现了大约 30 吨大块氧化铁碎片。当时，很多人怀疑一颗飞来的流星怎么会形成如此巨大的地质特征，但巴林杰无视这些压倒性的科学舆论。他用金钱和名誉坚定地履行承诺，成立了标准钢铁公司。这家公司成立的唯一目的就是从陨石坑里开采出 1 亿吨铁矿石，巴林杰坚信这些地下铁矿石是由陨石沉积而成的。

按照 1903 年的价格计算，如果巴林杰的推断是正确的，

这些铁矿石的价值将超过 10 亿美元。为了寻找陨石的残骸，他一直挖到地下 400 多米深处。不幸的是，巴林杰挖了 27 年才发现我们今天所知道的情况。撞击亚利桑那州沙漠的陨石比他预测的小得多，目前的测量结果显示它大约重 30 万吨（大约是他估计的 $\frac{1}{300}$）。根据此后对这类撞击的深入研究可知，当时这块镍铁陨石的大部分在它以 43000 千米 / 小时的速度撞击地面时就蒸发了。虽然巴林杰的金钱蒸发得没有陨石那么快，但挖到 1929 年，这一工程被迫暂停，他的财产也所剩无几。

　　将近 50 年之后，巴林杰的努力才被完全承认。他在 1963 年出版了具有重大意义的著作。尤金·舒梅克（本章后面会对他进行详细的描述）和他的同事在一篇论文中分析、比较了巴林杰遗址的地貌特征与内华达州核武器试验所产生的弹坑的相似之处。舒梅克证实，在巴林杰陨石坑中所发现的冲击石英（又称柯石英）只能在极高压和极高温下形成，这种极端环境条件只有在类似核爆炸或重达 30 万吨的陨石撞击地面时才会具备。

　　我们现在知道，就像大多数撞击地球的陨石一样，造成陨石坑的巨大岩石曾经也是一颗小行星，它也是在火星和木星轨道之间环绕太阳运行的数百万颗小行星之一。大多数小行星已经在轨道上运行了数十亿年，它们在太阳系诞生之初就被遗留下来，围绕着一个由行星残骸组成的永久回收站运行。但是，有时其中一块巨石会被推向太阳系内部，通常我们认为这一驱动力来自木星。为什么会出现这种情况？木星如何对小行星带施加影响？我们知之甚少。

"巴林杰陨石坑大约在 10 秒内形成。当时，一块陨石撞击地球，穿透了 50 层岩石后在地表以下爆炸，岩石层和岩屑层上升，喷射出数百万吨的岩石碎片。"

——杰夫·比尔，巴林杰
陨石坑公司

下图和对页图： 多亏了丹尼尔·巴林杰的商业头脑，亚利桑那州的陨石坑至今仍归巴林杰家族所有，并作为地球上保存最完好的陨石坑向公众开放。

下图： 地球上到处都发现了陨石撞击地球时所产生的碎片，这一样本发现于墨西哥的希克苏鲁伯陨石坑（译者注：位于尤卡坦半岛）。

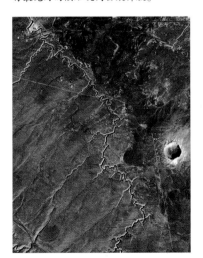

黎明之知

早上 8 点 36 分,"黎明号"正在前往小行星带的路上。

美国国家航空航天局发射"黎明号"

"黎明号"进入未知空间的轨迹

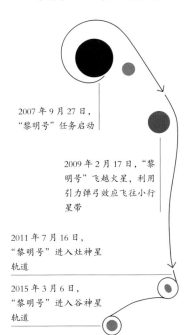

2007 年 9 月 27 日,"黎明号"任务启动

2009 年 2 月 17 日,"黎明号"飞越火星,利用引力弹弓效应飞往小行星带

2011 年 7 月 16 日,"黎明号"进入灶神星轨道

2015 年 3 月 6 日,"黎明号"进入谷神星轨道

对页图: 2007 年 9 月,"黎明号"发射升空,前往小行星带,围绕太阳系中的一个未知区域进行探测。

从地球家园的角度,很难想象我们这个小小的气泡以外的空间是多么浩瀚广阔,以及在漫长的时间里宇宙中发生了什么巨变。但是所有证据表明,大约 45 亿年前,木星开始改变其运行轨道,这段史无前例的动荡时期将年轻的太阳系的面貌彻底改变。我们之所以知道这颗行星强大的破坏力,也是因为我们开始探索它所留下的毁灭性痕迹。

在试图描述太阳系 50 亿年历史的过程中,为了填补故事的空白,我们反复研究了八大行星和围绕它们运行的卫星。过去 50 年,我们多次穿越蓝色地平线去探索那些异星世界。但只有这一次我们发射探测器去探索一个截然不同的世界,去寻觅太阳系的早期废墟,去发现少数几个尚未形成的星球。有时答案就在这些狭缝之中。

2007 年 9 月 27 日,"黎明号"太空探测器从美国卡纳维拉尔角发射升空,其任务是探索小行星带中最大的两个天体——灶神星和谷神星。这一耗资 4.5 亿美元的项目是美国国家航空航天局低成本"发现"计划的一部分,旨在花最少的钱以最快的速度完成任务,但它并不是美国国家航空航天局的非重点任务。配备了在外太空使用的有史以来最先进的离子推进系统,"黎明号"足以抵达小行星带,成为人类探索历史上第一艘进入谷神星轨道的飞船。然而由于行程中没有去探索大行星,"黎明号"并未受到全球关注,那些杰出的发现就这样从大众的眼皮底下溜走了。"黎明号"的任务目标很简单,成为第一个前往小行星带、第一个探测矮行星、第一个围绕太阳系中的这片未知区域运行的探测器。总而言之,这个任务旨在给予科学家千载难逢的机会去深入地了解过去,一睹太阳系起源的最早时刻。"黎明号"让我们得以探索灶神星和谷神星这两个截然不同的天体的演化过程。它们在成为行星的过程中遇到了阻碍并最终失败,在时空中被凝固了数十亿年。

对于"黎明号"来说,前往小行星带是一段缓慢而平稳的旅程。在搭乘德尔塔 II 型火箭进入太空后,探测器开始启动推进器确定方向,将自身推离地球奔向火星。对探测器来说,"黎明号"上的离子推进器是一种既高效又温和的推进设备,从 96 千米 / 小时到全速前进需要花费整整四天的时间。尽管它算不上星际快车,但就效率而言,离子推进系统是难以匹敌的。"黎明号"的发动机由 10 千瓦的太阳能电池组提供动力,在 11 年的任务周期中运行了将近 6 年,用了不到 400 千克的氙气燃料推动飞船穿越太空,最高时速达到 41360 千米 / 小时。它让"黎明号"花费 16 个月时间抵达火星附近,然后在火星引力的作用下进入小行星带,继续向它的第一个目的地——灶神星前进。

世界之间的界限

"小行星带里包含大量关于太阳系活动和剧烈演变过程的信息。"

——康斯坦丁·巴特金，
天体物理学家

位于火星和木星之间的小行星带距离太阳大约 5 亿千米。离太阳最近的四颗岩质行星位于这条分界线的一侧，分界线的另一侧是外围的巨大气态行星与冰巨行星。它由太阳系形成初期的数百万块岩石组成，是失败行星的墓地，是行星构造全盛时期的遗迹。

通常我们会把小行星带想象成致密而无法通行、充满大量岩石块的区域，但实际上它并非如此。据估计，这些岩石的总质量为 3×10^{21} 千克。尽管这个数字听起来很大，但它仅仅是月球质量的 4%，其中三分之一的质量分布在其中最大的天体——谷神星上。这个宇宙垃圾场的其余部分由大小不一的各种天体组成。我们认为小行星带中至少有几百颗直径大于 100 千米的小行星和 100 万颗左右个头超过 1 千米的小行星，另外还有不计其数的要多小有多小的小行星，它们的数量在数百万至数十亿颗之间。

这一切听起来就像充满碰撞的拥挤环境，是电脑游戏或灾难电影里的完美场景。但是那么多天体占据的空间是多么难以想象地广阔，它们分布在 89 万亿立方千米的空间里，两颗大型小行星之间的平均距离大约为 320 万千米，相当于地球与月球之间的距离的 8 倍。这些距离是如此遥远，以至于当我们向外太阳系发射探测器时几乎撞击不到任何物体，工程师也无须

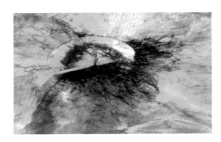

修正航向。事实上，假设站在一颗小行星上，只有足够幸运，你才能看到另一颗小行星。即使你看到了，它也不过是黑暗中的一个小小的光点。2011年初夏，当"黎明号"划过这片广阔的虚空时，它开始慢慢达成第一个目标。从120多万千米之外，它在上千颗恒星的背景下拍摄了灶神星的第一张照片。在接下来的两个月里，"黎明号"追踪着灶神星，在广阔的太空中跟随它并最终到达了小行星带中的这个第二大天体。2011年7月16日，"黎明号"进入了灶神星的轨道，成为第一个进入小行星带引力范围内的探测器。在接下来的14个月里，它将探索这个来自远古的对象，从而让我们得以一窥太阳系最早期的面貌。

1807年，德国天文学家海因里希·奥尔伯斯首次发现了灶神星（并为它命名）。在南极洲发现的HED陨石（古铜钙无粒陨石、钙长辉长无粒陨石和古铜无球陨石）薄片就来源于灶神星。它是继谷神星、智神星和婚神星之后人们发现的第四颗小行星（因此它的正式名字包含数字4）。奥尔伯斯确信这些天体来自一颗曾经存在的行星，它在很久以前的碰撞中被摧毁。最初就像其他三个天体一样，灶神星被赋予了行星地位，这使得当时太阳系中被分类归为行星的天体数量达到了11个。1845年，大量的发现引发天体数量激增。很明显，它们中的一些不能被归类为行星，于是在19世纪50年代，行星数量由15个缩减为8个，其余的天体按照不同的属性分为微型行星和小行星。

下图: 矿物的细部特征。

上图和中图: 灶神星上的安东尼娅火山口（上图）位于南半球巨大的雷亚希尔维亚盆地，而赛克斯特利亚火山口位于南纬30度（中图）。

下图: "黎明号"拍摄了布满陨石坑的灶神星表面，照片上色后显示了矿物质的存在。

对页图: "黎明号"探测器的艺术概念图，左侧是灶神星，右侧是谷神星。

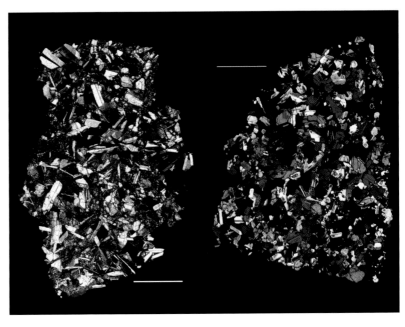

160 多年以后，"黎明号"在灶神星附近驻留了长达一年的时间，奥尔伯斯的说法很快得以证实，这是一块消失已久的行星残骸。灶神星是一块球状岩石，其直径为 530 千米，上面布满了撞击坑。其中最引人注目的是雷亚希尔维亚陨石坑，它是太阳系中最大的陨石坑之一，宽达 500 千米，深 20 千米。它的中心有一座高耸的山峰，高出坑底 22 千米，是太阳系中的第二高峰，仅次于火星上的奥林匹斯山。这个陨石坑的特别之处在于它包含了我们在地球上发现的特殊陨石，即 HED 陨石。大约 10 亿年前，灶神星遭到撞击，部分物质从其表面散落到太空中，极少一部分落到地球上成为了陨石。"黎明号"上的仪器能够帮助我们直接测量雷亚希尔维亚陨石坑的成分，并与地球上的岩石样品进行比较，从而推断出它们是否同源。在地质分析中，这是这一学科历史上最美丽的样本之一。如今我们可以手握这块来自遥远的小行星的碎片，直接揭示其中隐藏的奥秘。

综合来看，HED 陨石和"黎明号"的发现能够详细描绘出灶神星的今天和过往。"黎明号"的探测显示，正如地球和所有的类地行星（包括水星、金星和火星）一样，灶神星的地核同样富含金属元素。对灶神星表面地质成分的分析能够使我们确定这颗小行星的形成时间，那就是太阳系中第一批固体物质开始形成后的几百万年。这两条线索促使我们得出一个全新的结论：灶神星很可能是最后一颗残存的原行星，这个半成型的星球形成于太阳系最早期。这段冻结的时间是我们所知的每颗行星（包括地球）必经的一个阶段。大约 45 亿年前，灶神星即将成为行星，但一些事情的发生阻止了它的进程。其他行星继续发展，而其他原行星在早期太阳系的猛烈碰撞中解体。灶神星以某种方式幸存了下来。观察这块依然存在的行星化石，我们也许感悟到了命运弄人，要把握好当下。但是，这并不是"黎明号"的终极使命。经过对灶神星 14 个月的探测，"黎明号"启动离子驱动器，离开轨道，前往它的第二个小行星目的地——谷神星。这是小行星中最大的一颗。

灶神星地质年代

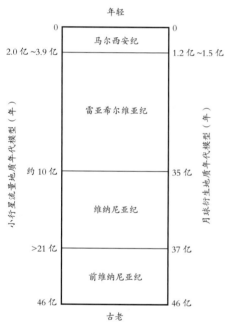

上图： 在灶神星的南半球上，能看到雷亚希尔维亚陨石坑。

下图： 通过地质制图，我们可以推断出灶神星的地质时间尺度（以 10 亿年为时间单位）。

对页上图： 灶神星的地图显示了其南半球上暗色物质的分布。这些圆形、钻石状和星状特征精确地描述了陨石坑、斑点和暗色物质的分布。虚线描绘了威尼西亚盆地的边缘，黑线描绘了较年轻的雷亚希尔维亚盆地的边缘。红色和白色代表高地，蓝色和紫色代表低地。

对页下图： 灶神星的地形图。棕色表示最古老、撞击坑最多的表面，北部的紫色和其他地方的浅蓝色地形特征表示那里受到了威尼西亚和雷亚希尔维亚火山口的影响。赤道下面的浅紫色和深蓝色显示盆地内部有撞击痕迹。绿色和黄色分别代表近期的山体滑坡或其他下坡运动以及被陨石撞击影响的物质。

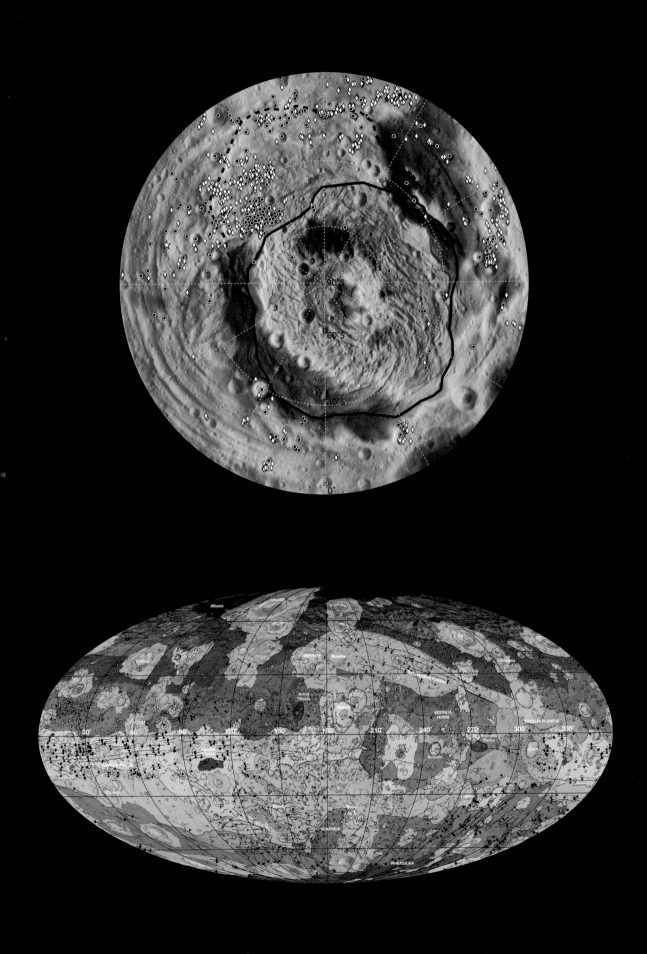

木星大红斑

"对于我们这些研究异星世界大气层的人来说，太阳系中的众多外行星都像天堂，因为它们代表了一个没有复杂地形的世界。那里没有山脉，没有山谷，没有大陆边界去阻碍这些完美的流体的运动。巨行星上的天气系统有着形状完美的湍流、急速旋转的旋涡和变化万千的云端。如果没有错综复杂的陆地、山谷、山脉，我们的世界看起来或许也是这样的，也不会形成 137 种天气系统。木星上的大红斑已经持续了不止一个世纪，它就是风暴系统的一个典型范例。我们对太阳系的探索仅限于过去的几十年，它们会持续多久却无从知晓。我们看到了巨行星上的这些天气模式的消散和变化，究竟是什么导致了这些变化成为了一个悬而未决的问题。"

——利·弗莱彻，木星冰月探测任务

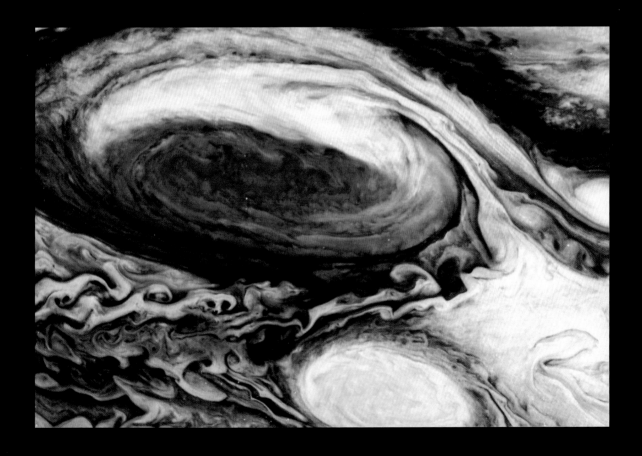

对页图和下图: 木星上的大
红斑已经肆虐了一个多世纪,
这个巨大的风暴系统大约是
地球的两倍大。

上图: 两幅木星图片中的大红
斑风暴系统。

谷神星的秘密

"当'黎明号'到达谷神星时，没有比看到它的表面更令我们兴奋的事了。望远镜里的点点星斑现在变成了供我们探索的真实地貌。"

——伯达尼·埃尔曼，
行星地质学家

上图: 艺术家笔下的谷神星地层图。来自"黎明号"的数据显示，谷神星内部的黏土层被包裹在厚厚的冰、盐和矿物之中，中间还夹着一层海水盐。

对页图: 位于玻利维亚的乌尤尼盐沼是地球上最大的盐沼，面积达 10582 平方千米。

"黎明号"于 2015 年 3 月初抵达矮行星谷神星，传回了许多令人震惊的图像。在探测器到达之前，我们对谷神星知之甚少。人们很快就清楚地认识到，这块大岩石的故事远比我们想象的丰富。它有助于提供一个认识太阳系深层历史的新视角，帮助我们了解木星对太阳系产生了何种巨大的影响。

1801 年 1 月 1 日，意大利天文学家朱塞普·皮亚齐发现了谷神星。一开始，他在发表的报告中说在火星和木星之间的区域中发现了一颗新彗星。但直觉告诉他，这又不大像一颗彗星。在给另外两位天文学家的书信中，他写道："由于它的运动是如此缓慢和一致，我好几次都觉得它很可能是比彗星更有价值的天体。"皮亚齐和他的同事推测，他们发现的可能不是彗星，而是一颗更加壮观的新行星。但在 41 天的观测后，皮亚齐生病了，这个新发现的天体的轨道偏离了太阳的直射区，新发现的谷神星找不到了。

通过对这一小片天空的少量观测，当时用数学计算出的谷神星的轨道被认为是不可能的。当代的许多伟大的数学家预测它可能永远不会被发现。

只有年轻的德国数学家弗里德里希·高斯才能解决这个问题。高斯认为只要几个坐标就能用数学计算出谷神星的轨道，这是多么"困难而又优雅"。他开创出一种新颖的数学方法，只用皮亚齐的三组原始观测数据就能计算出谷神星的轨道。1801 年的最后一天，令所有人高兴的是，两位天文学家搜索利用高斯的方法确定的天空区域，在黑暗中找到了谷神星。高斯成为了数学界的超级明星，而谷神星终于回到了我们的视野中，被正式归类为行星。在接下来的 50 年里，谷神星与它的同伴灶神星、智神星和婚神星仍被列为行星。正如我们所见，在这块空间区域里不断发现的大量天体催生了我们对小行星带的识别。1852 年，谷神星从行星降级为第一颗小行星。

在接下来的 160 年里，人们对这颗在 4.13 亿千米外绕太阳运行的小行星知之甚少。我们知道它是小行星带中最大的天体，也是数百万颗小行星中唯一一因自身引力而呈球状的小行星。我们也可以估量出它的大小（直径约为 1000 千米）以及它的组成（除了岩石和冰，还有什么？）。但谈及它的表面特征时，用功能强大的哈勃空间望远镜也只能辨认出它表面的模糊特征。只有当"黎明号"到达那里之后，我们才能真正地了解这个星球和它的复杂历史。

即使是在任务的初始接近阶段，"黎明号"也能捕捉到高质量的图像，为揭示隐藏在表面下的真相提供新的视角。"黎明号"加速前往谷神星，传回来许多神秘的图像。不出意外，这是一颗布满坑洞的行星。这个我们原以为枯燥乏味、死气沉沉、毫无生机的冰冻星球表面分布着许多光点。在这些高反射区域中，

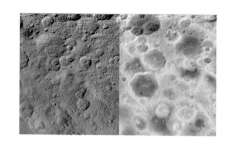

最亮的一块是欧卡托这个巨型陨石坑。它宽92千米，深2千米，是谷神星表面最大的陨石坑之一。"黎明号"在环绕谷神星的轨道上开始了为期三年半的驻留，位于陨石坑中心的5号点成为了集中调查的焦点。大约8000万年前，一次大规模撞击形成了这个陨石坑。令科学家惊讶和困惑的是，陨石坑表面还存在地质活跃物质。不仅如此，我们还能在5号点上方看到规律性出现的薄雾，像是有东西在表层下方活动。

在利用"黎明号"的全方位成像和光谱功能进行详细分析后，我们现在相信5号点是地质热点作用的结果，这是在地球以外首次发现的高浓度碳酸盐矿物质，它们在陨石坑中央的穹顶结构中发出了明亮的光。这一发现为什么那么重要？我们知道这种类型的盐只能形成于液态水之中，而小行星的撞击不可能把这些物质带到谷神星的表面，所以被发现时的上升流显示了它来自这个世界的深处。现在看来这就是5号点。

这些冰火山的遗迹中的一部分可能仍然活跃，形成了我们观测到的雾气，其中两个色彩明亮的斑块被认为是远古构造运动留下的盐分。冰火山的喷发和陨石的撞击引发了碳酸钠的第一次形成。几乎可以肯定的是，圆顶上的沉积物能够证实地表下的地质活动，表明热液活动参与了将盐分带到地表的过程。

上图：谷神星上的宽扎圆顶山丘，它就是一座小山，宽19千米，长35千米，高2~3千米。

中图和下图：利用"黎明号"任务获得的数据，科学家们已经可以绘制出谷神星南极和北极的图像。

行星地质学家伯达尼·埃尔曼谈及克瑞斯陨石坑：

"谷神星和探测器一同进入我们的眼帘，这些表面上到处都有我们前所未见的亮点，其中最突出的一个是在克瑞斯陨石坑中发现的。"

"克瑞斯陨石坑长约100千米，是谷神星上面积较大而又较年轻的陨石坑之一。它形成于几亿年或者10亿年前。最有趣的是，我们在陨石中心看到了一个中央坑以及一个由超亮物质组成的明亮圆顶。"

"这些亮点表明，最近谷神星上有液态水存在，或者至少有液态水被成功地挤到谷神星的表面。这是令人振奋的信息，表明谷神星是一个活跃的世界，其上的低温火山活动将这些含盐物质带到表面。"

下图：谷神星上闪光区域的形成原因或许与其上分布的类似于地球上的盐晶体有关。

5号点绝不孤单。在谷神星表面上，我们已经观测到许多和奥卡托陨石坑一样的陨石坑。这足以让我们描绘一幅关于谷神星过去的引人入胜的画面。那时，行星内部的热量创造出一片地下海洋，水向上喷涌而出成为巨大的冰火山，将碳酸盐带到了小行星上化作我们看到的点点星光。

随着"黎明号"深入地下探测，惊人的发现接踵而至。"黎明号"精确测量出谷神星的总体密度仅为2.16克/厘米^3。相对于月球，谷神星的密度只有它的三分之二。这表明除了岩石之外，这颗小行星肯定还包含大量的冰块。现在我们的猜想是在太阳系早期（当时木星环绕着年轻的太阳运转），某些因素使得这颗巨行星的轨道逐渐接近太阳，并穿过了小行星带。

早在"黎明号"到达之前，人们就心存向往。当"黎明号"环绕谷神星运转时，它进行了精确的测量并发现其轨道上的异常，从而揭示出在这块由岩石和冰构成的天体里存在一些不同寻常的东西。通过仔细绘制谷神星的形状和引力场，我们发现它里面的岩石和冰的分布并不均匀。与小行星带中的其他小行星相比，谷神星的内部是如此特殊，它有一个被富含冰的外壳包裹着的岩石内核。这并不是像小行星那样的杂乱结构。过去只有在行星上，我们才能看到"黎明号"探测到的分化层现象。

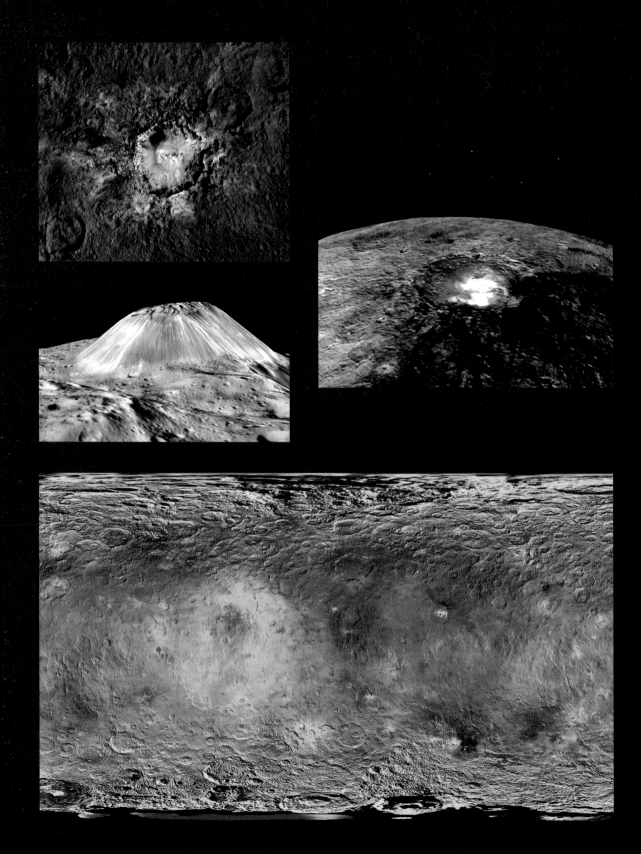

大约 45 亿年前，谷神星在成为一颗成体行星的进程中迈出了第一步，然后它遇到了大灾难。

我们现在认为 45.7 亿年前一颗年轻的岩石行星开始在我们称为小行星带的区域中形成。在它的幼年期，这颗原行星是一个有水的世界，它的内部被诞生时的余热所温暖着。这片冰冻区域距离年轻而又弱小的太阳 4.13 亿千米，年轻的谷神星被一片深邃的盐水海洋所包围，一层薄薄的冰层保护着它不受太空冰冻温度的影响。在这个古老的原始世界里，冰火山爆发了，周围天体的轰炸改变了它的表面形态。

今天，在这颗地质活动活跃的星球上，我们只能看到独特的山体景观遗迹和表面闪闪发光的矿物盐。地下海洋早已消失殆尽，地表和地核之间只有一层厚厚的冰。这颗准行星处于深度停滞状态已有数十亿年，被凝结的这段时间是一段珍贵的历史，能够让我们得以窥见自己的起源，了解这段对于每个行星和我们自己来说都是岌岌可危的时期。如今我们认为，还没等谷神星发挥潜力，一次巨大的扰动就穿过小行星带，发出震荡波并打断了它原本的成长。那些早期的太阳系内用于形成行星的大部分原料（大量的岩石和冰）被这一扰动席卷一空，留下的少量材料根本不能满足谷神星进一步生长的要求。计算机模拟实验表明，最初小行星带包含的物质足以建构出一颗地球大小的行星。也许这就是谷神星的宿命，它本可以成为一颗能够孕育出支撑生命存在的地下海洋的行星。但是在任何碳基化学物质迸发出生命种子之前，它的命运就已经确定了，一个在黑暗空间中游荡的巨人猛然触发了这一切。

现在我们怀疑在太阳系早期木星还环绕着年轻的太阳运转的时候，某些因素导致这颗巨大的行星改变了轨道，向内靠近太阳，进而穿越了小行星带，因此产生的引力混沌将小行星带的物质打散到了遥远的边缘。尚处于胚胎期的行星脱离了原本的轨道，构成小行星的材料被掷向了太阳。巨大的木星吸收了这片区域里 99.9% 的物质，只留下生长到一半的谷神星，但已经没有更多的物质供其发育成一颗行星了，至少在太阳系里想要再构造出一颗行星是绝无可能的了。

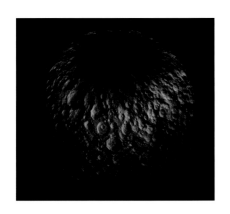

人们现在猜测，在太阳系的早期，当木星环绕着年轻的太阳运转时，某些因素引发了这颗巨大的气态行星的轨道产生进退现象，由此导致了引力效应的剧烈变化，深刻地影响了小行星带。

上图: 利用"黎明号"上的伽马射线和中子探测器 (GRaND) 传回的数据，我们在谷神星的北半球探测到了氢、冰和水。

对页图: 谷神星的迷人地貌。沿顺时针方向，从上往下依次为霍拉尼陨石坑、克瑞斯陨石坑、由多种矿物构成的谷神星和孤独的阿胡那火山。

超级地球

我们的太阳系并不典型，它可能有些特立独行。

对于太阳系历史上的那些戏剧性转折，我们又是如何得知的呢？最有力的证据并非来自我们的太阳系，而是源自对其他恒星系统及其行星的研究。这一科学领域在过去30年里蓬勃发展。直到20世纪，唯一能够证实行星系统是如何形成和运作的证据只有一个来源，那就是地球所在的太阳系。我们的"后院"提供了研究技术，并且决定了我们的想法。太阳系的中心是一颗恒星，四颗较小的岩质行星环绕着它，然后有一条由数百万块岩石组成的环，在其外侧有另外四颗巨型气态行星。

太阳系具有令人赏心悦目的规则结构，所有的岩质行星都靠近太阳，而巨型气态行星在更远的轨道上运行。我们认为，太阳系的形成必须采取这种方式，而这也是事物发展的必然规律。当我们有技术能够探测到遥远恒星周围的行星时，发现一切都不一样了。我们很快发现，太阳系根本就不具有代表性。事实上，它才是一个异类。

在我们观测到的大多数恒星系统中，它们的结构与太阳系截然不同。在开普勒望远镜和外行星搜寻技术的帮助下，我们扩展了视野，探索着周围其他恒星系统的结构。此时我们发现，常见类型的行星已经在我们的视野中完全消失了。在太阳系的水星轨道以内，有一片空无之地，但在研究了大部分恒星周围的同一区域之后，我们通常发现那里挤满了不同类别的行星——超级地球。这些行星的质量达到地球的2~8倍，有着富含氢气的稠密大气层。它们距离母恒星很近，其公转速度足以让人头晕目眩。

2005年，利用夏威夷凯克天文台的数据，欧金尼奥·里维拉带领团队首次在一颗主序星周围发现了超级地球。作为一颗系外行星，格利泽876d的体积几乎是地球的7倍。它的轨道距离红矮星格利泽876只有300万千米。它被认为是一颗岩质行星，其表面温度达到341摄氏度，轨道周期不到2年。

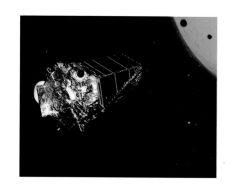

上图：艺术家描绘的开普勒空间望远镜，它在K2任务中发现了100多颗新行星。

右图：美国国家航空航天局位于夏威夷的莫纳基亚山天文台，那里配备的红外望远镜发现了第一个超级地球。

环绕恒星格利泽 876 的行星轨道

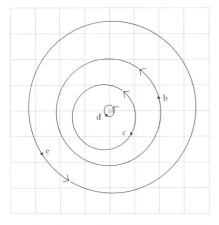

1997 年 6 月 2 日，该恒星系的各个行星轨道。图中每小格的边长代表 0.1 天文单位，行星和恒星未按照实际比例绘制

上图： 通过位于加州圣迭戈的奥斯钦·施密特望远镜观测格利泽 876 恒星系统。

下图： 围绕格利泽 876 的行星轨道。注意，行星之间强烈的引力拉扯效应会导致轨道的进动，因此这张图上呈现的轨道只在这一时刻有意义。

在这些行星中，第一颗被发现的是格利泽 876b，它也是迄今为止最早被发现的系外行星。1998 年，传奇行星猎人杰夫·马西发现了它。我们认定这颗行星是一颗气态巨行星，它至少有木星的两倍大，但轨道离其母恒星更近。事实上，这颗巨行星的轨道半径仅为 0.2 天文单位（3000 万千米），比水星与太阳之间的距离还要近得多。在如此近的距离上，格利泽 876b 每 61 天就要沿着轨道公转一圈，而木星围绕太阳运行的公转周期是 12 年。这颗巨行星的两侧是两颗截然不同的行星：一侧是体积为木星体积四分之三的气态巨行星 876c，另一侧是我们认为与天王星的大小接近的行星 876e。这四颗行星的轨道半径都小于水星的轨道半径。整个恒星系好像被挤压变形了，紧紧地围绕着母恒星。这种结构并不罕见。随着探索更多的系外行星，我们发现最常见的行星布局就是超级地球和近轨气态巨行星的这种组合。

事实上，恒星系统并不像我们以为的那样安静和稳定，它们和我们想象中的那些布满遵循时钟节奏运行的行星的天体系统相差甚远。大部分恒星系统（包括我们自己的太阳系）都是混乱、多变和动荡的。这是因为在一个新生系统形成的早期，其内部的行星经常发生迁移，它们会在一个地方形成，然后偏移到另一片新的区域。在行星漫游的背后，存在着多种不同的机制。在恒星系统的演化中，最具代表性的或许是气态巨行星生命早期的 II 型迁移。

几乎可以肯定的是，像格利泽 876c 这样的气态巨行星形成于比今天它距离母恒星更远的地方。这片区域更接近我们在太阳系中看到的木星和土星的位置。在早期阶段，这颗新生的行星在形成它的气体和尘埃云团里运行，它在所经之处清理出一条道路，改变了自己的运行轨道。

气体云盘体的引力作用会略微减小它的角动量，将这颗行星送到一条不同的轨道上，这颗行星旋转着向系统中心的母恒星靠近。这似乎是气态巨行星围绕着遥远的恒星运行的常见路径，也解释了为何这些轨道周期小于 10 天并紧贴母恒星的"热木星"占多数。然而，这些行星移动造成的影响远不止此。当一颗像格利泽 876c 这样的气态巨行星向内迁移时，广大的空间区域会被清理出来，阻止这片区域内任何行星的形成。相对于将物质推向恒星的进程，这为超级地球（如格利泽 876d）的形成创造了完美的条件。我们探索了如此多的行星系统，为什么其中大多数都遵循（热）木星和超级地球的发展模式，而与太阳系不同呢？宇宙中的这颗弹珠阐述了个中缘由。太阳系的演化历史究竟有什么不同，才让我们今天看到了更广阔的轨道布局？科学家们推测，答案就隐藏在木星身上，以及它穿越年轻太阳系的旅程中。

木星 "眼中" 的世界

> "早期太阳系中的木星运动极具破坏性，但在毁灭中也提供了创生的机会。"
>
> ——利·弗莱彻，木星冰月探测任务

木星的故事并非始于太阳系中遥远的地方。它在距离太阳 7.78 亿千米的位置绕着太阳公转。我们现在认为，大约 50 亿年前，木星形成于距离太阳 5.2 亿千米（约 3.5 天文单位）的位置。

此时，这颗年轻的巨行星仍然被包裹在它诞生时的气体和尘埃盘中。穿过气体和岩屑，木星开始缓慢而明确地清理出一条路径。在相对较短的几百万年里，木星的轨道开始变得清晰可见。正如我们在格利泽 876 附近观测到的那些气态巨行星一样，木星也开始旋转着向太阳靠近。这一过程是由木星和气体云之间的引力驱动的，当气体云坠入太阳时，它也拖拽着行星。木星轨道亦是如此。当向内旋转时，它会越来越靠近太阳，进而穿越小行星带，夺走谷神星和灶神星演化所需的物质，使得它们无法成为行星。

这只是木星残暴统治的开始。年轻的木星向中心偏移得越来越多，直到抵达今天火星轨道的附近时才停下，距离太阳只有 2.25 亿千米左右。对于我们的这些邻居来说，它不是一个安静的访客。仅仅靠近它，这样大小的行星就可能造成一场星球浩劫。木星进入太阳系内部的过程也是如此，它改变了许多新行星的命运，其中包括我们的地球。参与木星冰月探测任务的利·弗莱彻将这种举动形容为拔河比赛，他说："在火星和木星的轨道之间围积了大量物质，其中大部分是岩石，我们称之为小行星带。在太阳和木星之间的引力的不断拉扯下，它们无法形成并凝聚成为一颗完整的行星。所以，今天我们看到的这个巨大的天体碎片盘可能就是太阳系形成时的残留物。"

如果你想要理解木星究竟是个多么强大的存在，就应瞧瞧它在太阳系内部是多么霸道，看看它如何牢牢地把控着这个世界。木星的巨大质量产生了强大的引力场并从木星一直延伸到太阳系深处，木星目前（截至撰写本书时）有 79 颗卫星在其轨道上运行。这就是木星具有如此大的破坏性的原因。通过对木星系统的探索，我们也见证了它的惊人力量。

作为离木星最近的卫星，木卫一将这种力量体现得淋漓尽致。从木卫一的运行轨道到木星云层的顶端只有 35 万千米，这个距离让这颗卫星备受木星引力的折磨。作为太阳系中最活跃的天体，这里简直就是一个火山版本的地狱。木卫星上有 400 多座活火山，喷涌的岩浆在它的表面流淌了数百千米，巨大的云团和大量火山碎屑喷向天空，形成了独特的伞状物飘浮在木卫一的表面上。木卫一的表面或许是太阳系里最接近地狱的地方了。如同我们在地球上看到的那样，它的上面发生的所有现象都不是由其内部的热量造成的，而是缘于木星的引力作用。

在剧烈的地质形成过程中遗留下来的热量与地球内部的放

"在太阳系里，木卫一是火山最多的卫星。每当探测器靠近它时，我们都能看到火山爆发时硫化物被喷射到木卫一的天空中。"

——利·弗莱彻，木星冰月探测任务

射性元素衰变释放出来的热量共同造就了地球上的火山活动。热量加上地球表面之下的高压使岩石呈熔融状态并聚集在地幔中。在某些地方，这些岩浆找到了通向地表的通道，进而形成了火山。木卫一上火山运动的机理和地球上的火山截然不同。每当木卫一接近木星时，它就会与附近的其他卫星产生引力拉锯战，驱动称为潮汐加热的进程。一方面，木卫一被质量巨大的木星和其他三颗伽利略卫星（木卫二、木卫三和木卫四）夹持着；另一方面，一股力量猛烈地将它拉往不同的方向。

这是我们每天都可以在地球上看到的动态现象。在地球和月球的相互作用下，引力展示了它的"肌肉"，创造了每天涨落两次的潮汐。在地球上，月球引力产生了潮汐力，使地球上大量的液态水发生移动，高潮和低潮之间的水面高度最大相差12米。同样的原理也适用于月球表面。在月球上，地球引力产生的潮汐不是水的潮汐，而是岩石的潮汐。由于地球引力的

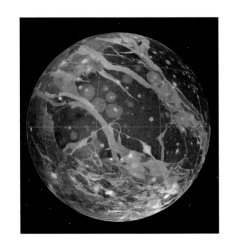

作用，月球表面的岩石高度会发生微小的变化。在地月系统中，这些岩石潮汐的测量值只有几厘米，但木卫一上的情况截然不同。

木星到木卫一的距离与月球到地球的距离接近，而且这两颗卫星的大小相当。但木星的体量是如此巨大，它产生了强大的潮汐力。木星的引力引发了木卫一上的岩石潮汐，高潮和低潮之间的高度最大相差 100 米。相对于地球上的液体潮汐，木卫一上的岩石潮汐足足高出了 7 倍，而且可以抬起和降低坚硬的岩石。（事实上，在太阳系里，木卫一是已知天体中含水量最少的天体。）但木卫一的苦难尚未结束。它与其他大型卫星，尤其是接下来要介绍的木卫二的关系也加大了破坏力。

木卫一每 42 小时绕木星旋转一周，这个速度比月球绕地球旋转的速度要快得多（原因同样是木星的质量很大）。如果让木卫一独自完成这项任务，它将沿近乎完美的圆形轨道绕着这颗行星运行，但是木卫一一点也不孤单。木卫一每绕木星旋转两圈，木卫二就绕木星旋转一圈，这样有节奏的轨道运行被称为轨道共振。最终，木卫一受到的引力更大，它的轨道从圆形变为椭圆形。木卫三与木卫一同处于一条共振轨道上，它们的轨道周期之比是 1：4。在不断变化的引力作用下，木卫一受到了拉伸和挤压，由此产生的巨大摩擦力导致其内部开始升温。这个过程称作潮汐加热，产生的这些热量造就了木卫一上的火山运动，将它内部的温度提高到 1200 摄氏度以上，进而创造出熔岩湖和火山羽流。"伽利略号"和"旅行者号"都能观测到以上场景。这两颗卫星作用于木卫一的引力阻止了它逐渐向木星内部坠落、被拆解得支离破碎的趋势。

想要证明木星强大的力量，考察木卫一再合适不过了。它演示了木星是如何形成以及如何改变这些星球的命运的。由于木卫一的巨大质量以及相应的强大引力，任何离它太近的行星和卫星都会处于危险之中。虽然如今地球位于相对安全的距离，但在 45 亿年前木星进入太阳系内侧时，它开始发挥力量，位置就处于火星和地球开始形成的地方。

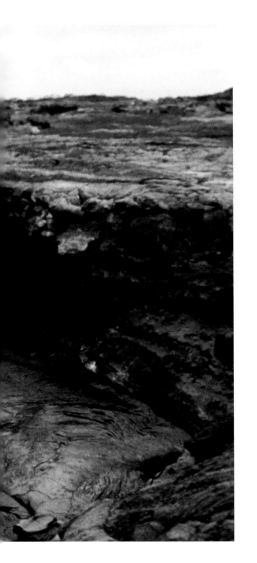

上图：木星的卫星——木卫三。该图像由"旅行者 1 号""旅行者 2 号"和"伽利略号"采集的数据拼接而成。

左图：与地球上的火山不同的是，我们发现木卫一上火山爆发的机制源自潮汐加热作用，而非高温和高压的共同作用。

如同地狱一般的火山喷发景象
证实了木卫一是太阳系里地质
活动最活跃的天体。

下图："伽利略号"拍摄的木卫一的双重曝光照片。在阳光的散射下，环绕木卫一运行的钠原子产生了波浪。图中环绕这颗行星的白光显示了佩莱火山（译者注：1979年国际天文学联合会以夏威夷神话中的火山女神"佩莱"正式命名了这座火山）所发出的热辐射。

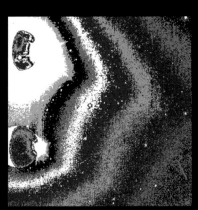

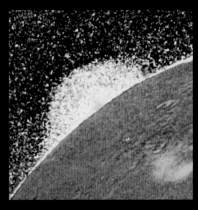

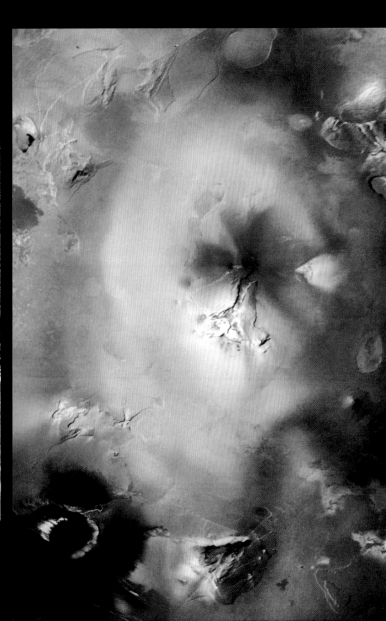

木星：
混乱与
创造力

45亿年前，我们称为家园的太阳系中充斥着气体和岩石，这里像一个原行星的托儿所，它们各自都在等待着不同的命运。但这片丰沃的空间即将被太阳系中最不受欢迎的访客弄得一片狼藉。当木星被拉离遥远的轨道并向轨道内侧靠近时，它最终停在了这个孕育行星的基地。这一运动的后续影响是深远的。

人们对四处漫游的木星可能造成的影响进行仿真模拟，结果表明任何处于形成过程中的超级地球都将陷入混乱之中。该模型表明，木星的向内移动将形成成千上万个星子（译者注：某些太阳系演化理论认为，在太阳系形成的初期，太阳系赤道面附近的粒子团由于自吸引而收缩形成的天体称为星子），其中许多星子的直径超过 100 千米，它们沿螺旋路径进入太阳系内侧。由于木星的存在，新形成的超级地球的轨道上突然多出了数千块巨大的岩石和冰块，这个行星托儿所演变为了战场。结果就是一场大屠杀，一连串碰撞将行星们炸得四分五裂，留下了一个支离破碎的世界。这是一次连锁反应，最终会形成一个由气体、尘埃和岩石组成的旋涡，使任何幸存下来的超级地球都冲向了太阳并最终毁灭。

上图：一场巨大的风暴笼罩着木星北极的南部边缘，显示了木星无与伦比的威力。

右图："卡西尼号"飞越木星后，科学家们据此绘制出了最详细的木星全球地图。

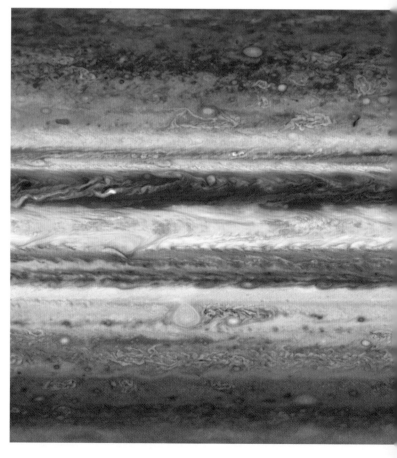

对太阳系而言，短暂的一刻就能永久地改变它的命运。我们的太阳系不符合超级地球和密集型气态巨行星存在的模式。现在人们认为，太阳系内部多达 90% 的岩石物质被木星吸引殆尽，四颗小型类地行星开始从剩下的碎屑碎石中形成。木星在运行轨道上四处搜刮物质，大部分能够形成火星的物质都已经不见了，剩下的碎片只够形成一半的规模。本来火星可能形成一个孕育生命的世界，但最终它在青春期就冻结死亡了。再往里看，地球所在的区域形成了一个比较坚实的气体和尘埃环，使它成为所有类地行星中最大的一颗。

对我们未来的家园来说，这是一次幸运的逃逸。如果木星继续向内运行，地球可能根本就无法形成。就在木星看上去要横扫一切的时候，它在轨道上停了下来。

在木星向内运行的过程中，它改变了太阳系内部，扫除了正在形成的巨行星，只留下了仅够形成火星、地球、金星和水星的物质。现阶段已经做好了让另一个玩家进入的准备，我们的世界和太阳系的命运会再次被改变。

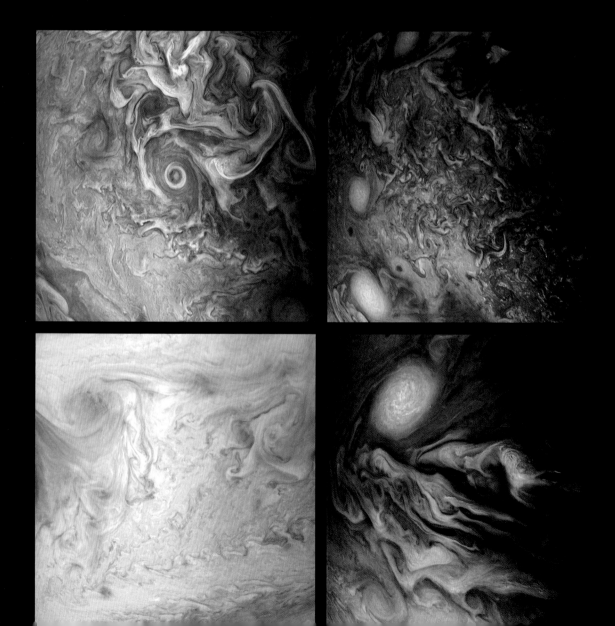

在外太阳系的阴影中，潜伏着另一颗巨大的行星，我们现在认为它把木星从边缘拉了回来。作为一颗气态巨行星，土星的体积虽然没有木星那么大，但它也着实不小。它开始缓慢地向太阳漂移。土星形成于比木星更远的地方，当它开始向内旋转时，对木星的轨道产生了深远的影响。

当这两颗巨行星靠得越来越近时，它们会陷入一场亲密的"引力之舞"中。这是一种轨道共振，意味着每当土星绕太阳旋转一圈时，木星就绕两圈。当这两颗巨行星擦肩而过时，它们会对彼此施加定期的引力影响。木星和土星进行轨道共振的结果就是扫除了它们之间的所有气体和尘埃，并在早期太阳系的圆盘上创造了一个间隙。这两颗共振的行星与间隙边缘的气体和尘埃之间的相互作用，导致它们改变了运行轨迹。土星和木星的轨道都开始向外移动并远离太阳，这阻止了木星进一步进入太阳系内部。地球得到了喘息的机会，而木星则再次被拖回到小行星带。这种方向上的改变被称为"大迁徙假说"，它是对帆船逆风航行时改变航向的一种认可。该理论认为，就像帆船一样，木星与太阳的距离约为 1.5 天文单位（在火星当前的轨道上），它改变方向并撤回到当前轨道（距离太阳 5.2 天文单位）。这个理论是由现代计算机模型驱动的，它有助于解释为什么我们的太阳系和最近观察到的数百个其他恒星系统是不一致的。"大迁徙假说"解释了在太阳系中形成不了超级地球的原因，同时也说明了相对于我们观测到的其他恒星，为何这里只有少数包裹着稀薄的大气层的小型岩质行星。"大迁徙假说"还提供给我们解释火星的体积如此小的依据。模拟结果预测，火星的质量不会很大，但也相当于地球质量的一半，而不是目前只有地球质量的 10.7%。它还有助于解释小行星带中的那些奇怪的"居民"。木星再次进行穿越，导致这片区域发生了变化。这就是为什么我们会看到谷神星和灶神星这样的缺乏原料的半成品行星，以及一个质量小得惊人的小行星带（它的里面分布着起源于木星轨道两侧、轨道具有更大的偏心率的天体）。

作为天空之父，朱庇特统治着天空，权力之手伸向四面八方。在几百万年的时间里，它就塑造出了我们如今视若珍宝的太阳系。然而，在它停下脚步之前，它给予新形成的地球一份更加珍贵的礼物。当木星被拽出来，第二次穿越小行星带时，它在一个区域中遇到了许多富含水和矿物质的天体。木星的运行轨迹导致这些天体被推回到太阳系内侧。它们以前所未有的强度撞击着年轻的行星和卫星，这一时期被称为晚期重轰炸时期，改变了太阳系内侧的组成。现在地球表面的很大一部分水都是由这些轰击事件提供的。在过去的 40 亿年里，正是由于木星为生命提供了最重要的物质——水，生命才得以蓬勃发展，延绵不绝。

作为天空之父，朱庇特统治着天空，权力之手伸向四面八方。在几百万年的时间里，它就塑造出了我们如今视若珍宝的太阳系。

> **"尽管木星的破坏性极强，但它可能为太阳系内部带来了生机和希望。"**
>
> ——利·弗莱彻，木星冰月探测任务

对地球上的生命来说，木星发挥了巨大的作用。这个太阳系的故事让我们对这一点加深了理解。我们对太阳系的形成了解得越多，越想要建立一个类似于我们的太阳系的模型。在这个系统里，靠近恒星的地方有四颗富含水的岩质行星，远离恒星的地方有气态巨行星。我们知道得越多，就会发现或许有些事情必将发生。在这些行星之间，发生的运动和相互作用未必都是形成类似于太阳系的系统和行星的必要条件。

因此，即使发生木星迁移这样罕见的事件（正如我们所确信的），形成类似于地球的行星也确实极其困难。这需要处于一条蓝色细线（译者注：指大气层）的温和压力下，还得具备一个地表有充足水源的陆地世界。这个想法令我们变得谦卑却又不得不认同地球不仅是太阳系中的一块稀有的岩石，而且只存在于它所在的特殊恒星系里。所有证据表明，我们可能生活在无垠沙漠里的一片小小的绿洲上，死寂的行星则遍布于整个

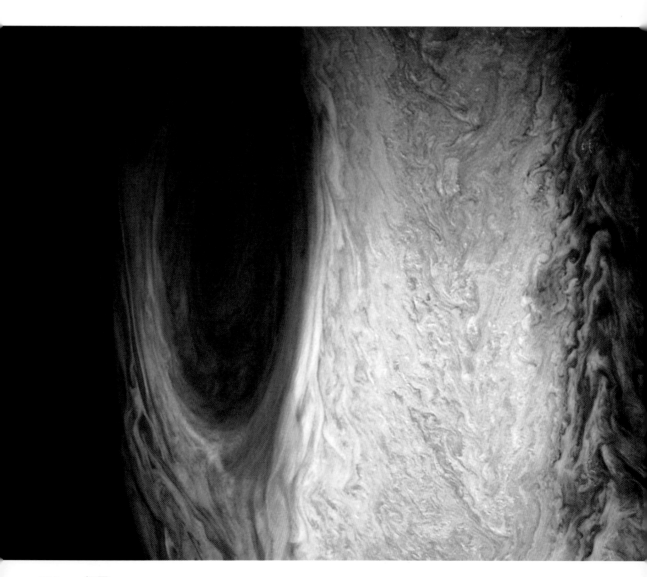

银河系。

　　如今，木星已经进入了小行星带远端的常规轨道，它在太阳系中四处劫掠的日子不复存在。木星已经在稳定轨道上运行了近 40 亿年，成为天空中的遥远星光俯视着地球。尽管一切未曾改变，但自然选择下的演化改变了很多事情，从地球上第一个生命的火花到我们如今看到的数不尽的美丽生命。尽管木星看似遥不可及，但它对我们的影响不可小觑。地球生命之河被不可计数的大灾难所打断，小行星的撞击一次又一次地从根本上改变了生命的发展轨道。在这些混乱的背后，谁在操纵呢？木星对地球持续施加了巨大的影响力，它只需将小行星带轻轻一推，生存与灭绝的差别就在这一线之间产生了。

上图： 地球可能是一块稀有的岩石，这仅仅因为它和木星共同存在于同一个罕见的行星系统之中。

下图： 虽然木星上的大红斑风暴仍在肆虐，但木星本身似乎已经进入了小行星带附近的常规轨道。

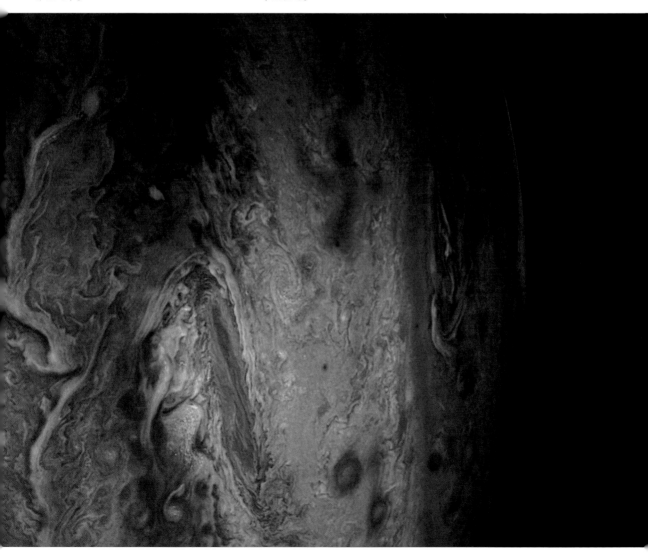

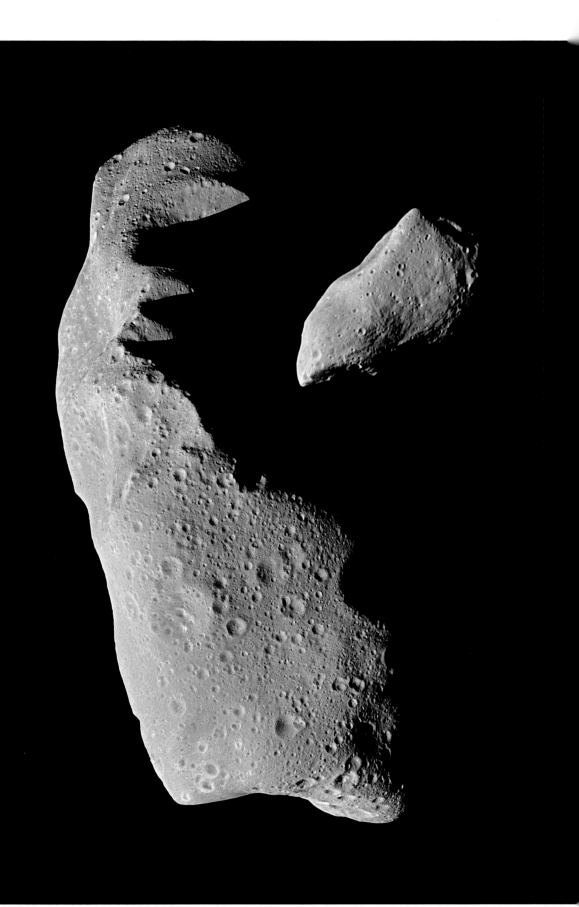

捕捉彗星

那是个激动人心的时刻。1989年10月18日国际标准时间16点53分，"亚特兰蒂斯号"航天飞机小心翼翼地携带着"伽利略号"探测器，从佛罗里达州的肯尼迪航天中心起飞。几小时后，探测器被从货舱中释放到地球轨道上，开始了为期6年的木星之旅。地球和金星的引力弹弓效应推动它在太阳系里开启了长达460万千米的旅程。1995年12月8日，"伽利略号"进入了这颗巨行星的轨道。它不仅成为首个环绕木星运行的探测器，也是第一个环绕外行星运行的探测器。它花了近8年的时间探索木星系统，首次对这颗巨行星及其卫星的复杂细节进行观测，取得了一系列新发现，例如对木星大气层的精确测量及其上大规模雷暴的观测、木卫二表面之下液态水的发现等。通过对木卫一上剧烈火山运动的首次详细研究，我们发现了木星系统的美丽和多样性，细节令人难以想象。早在"伽利略号"到达木星附近之前，这个两吨重的探测器就已经改变了我们对太阳系的看法。

1991年8月，"伽利略号"进入小行星带后，对一颗小行星进行了首次近距离飞掠。它在距离951号小行星加斯普拉不到1500千米的地方，将拍摄的第一张细节图像传回地球。它们的下一次近距离接触在大约两年以后，当"伽利略号"飞掠243号小行星艾达时，我们发现这颗小行星还有自己的卫星。它被称为艾卫，是迄今为止发现的第一颗小行星卫星。探测器拍摄的图像非常精美，我们可以看到一个1.5千米宽的微小天体在围绕着它的母星的混乱轨道上运转。

在这次意想不到的相遇之后，"伽利略号"继续进行它的漫长旅行，穿越了数百万千米的太空。此时距离它与木星的最终会合还有4年时间。与其说我们的判断精准，不如说我们的运气爆棚。当这个小型探测器碰巧朝着木星飞行的时候，它恰巧目睹了太阳系中最罕见的一场演出。

1993年3月24日晚上，当"伽利略号"快速穿越太阳系时，加州帕洛马山天文台的三名天文学家正试图发现和追踪近地天体，即那些可能对我们的行星造成威胁而尚未被发现的小天体。那天晚上，戴维·列维、卡洛琳和尤金·苏梅克用46厘米口径的施密特望远镜拍摄了一系列照片。其中一张中隐藏着一个不同寻常的物体，吸引了整个团队的注意。虽然远离地球，但图像中的一颗彗星引起了他们的浓厚兴趣。这颗彗星不仅看上去异常接近木星，而且似乎有多个核心，带着一连串岩石碎片在太空中横跨了100万千米。

在这一奇妙的时刻，该团队惊喜地发现了新的天文现象。作为有史以来发现的第一颗围绕另一颗行星运行的彗星，它不仅被木星的巨大引力所捕获，还被拉扯撕裂。这颗被命名为苏梅克 - 列维9号的彗星（因为它是这个团队发现的第九颗彗

> "自动发射序列启动！主发动机开始工作……'亚特兰蒂斯号'搭载'伽利略号'起飞，探测目标是木星。"
>
> ——"伽利略号"发射，
> 1989年10月18日

上图：1989年10月，"伽利略号"进入地球轨道，开始了为期6年的太阳系之旅。

对页图：作为数十亿个岩石或金属天体中的两个，小行星艾达（左）和加斯普拉（右）围绕着太阳运行，理论上它们有一定的概率与地球相撞。

上图： 1995 年，"伽利略号"首次发射了木星探测仪，直接对木星的大气层进行了测量。

下图： "伽利略号"所拍摄的奇观——"苏梅克－列维 9 号"彗星碎片的光学影像。

星）是我们以往从未见过的类型。进一步的研究很快证实了这颗彗星围绕着木星运行，并推断出它在 20 世纪 60 年代末或 70 年代初在围绕太阳运行的轨道上被木星捕获。天文学家通过回顾其轨道运行的历史，计算出这颗彗星被分解的精确时间。

1992 年 7 月 7 日，"苏梅克－列维 9 号"彗星从木星云顶 4 万多千米的地方划过。我们认为这颗 5 千米长的彗星落入了木星的洛希极限，被木星产生的巨大潮汐力撕裂。我们从地球上可以清楚地看到，它被分解成了 23 块碎片，分别标记为 A~W，其中最大的一块的直径长达 2 千米。仅这一点就已经是一个了不起的发现了，它直观地展示了木星巨大的引力。如果这还不够，那么我们通过计算就能快速得出这颗彗星的轨道似乎最终会直接穿过行星的中心。"苏梅克－列维 9 号"彗星正在与木星相撞的轨道上运行，就像被安排好的一样，当时预计的撞击日期是 1994 年 7 月。对于已经在路上的探测器来说，这个时间点简直太完美了。

1994 年 7 月初，"伽利略号"距离木星 2.38 亿千米，处于小行星带的边缘，它在太空中向着最终目的地加速前进。在到达木星之前，"苏梅克－列维 9 号"彗星进入了环绕木星运行的最后几天。第一次撞击预计将于 7 月 16 日发生。从最新修复的哈勃空间望远镜到主要用于观测太阳的"尤利西斯号"探测器，世界上最强大的地面望远镜和空基天文台将视线转向

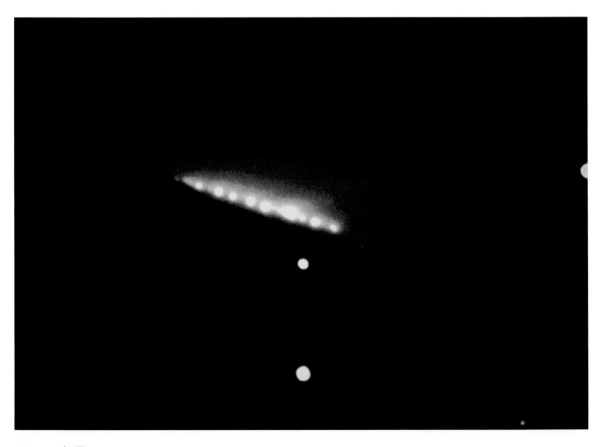

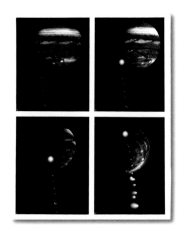

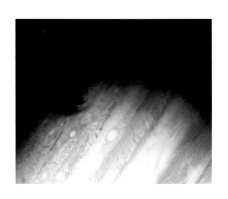

左图: 从多个角度展示"苏梅克－列维9号"彗星撞击木星的场景。

右图: 1994年7月20日,"苏梅克－列维9号"彗星与木星相撞,在这颗行星上留下了比地球直径还大的撞击印记。

了木星。为了让我们看到这个罕见的现象,"伽利略号"也预留了一个最佳位置……它将改变我们对于木星的构成及其大气动力学的理解。

远在海王星轨道以外,在距离我们66亿千米的地方,"旅行者2号"探测器能够寻找到这次撞击所产生的射电波,并利用其上的紫外光谱仪进行远距离观测。在所有这些技术手段中,只有一双"眼睛"能够真实地看到第一次撞击。彗星将先撞击木星背对地球的一侧,此时"伽利略号"刚好靠近木星的夜半球。这样就给予我们一个在地球上无法得到的独特视角,从而第一次观测到太阳系里两个天体之间的碰撞。

7月16日国际标准时间20点13分,第一次撞击发生了。碎片A以60千米/秒的速度进入木星的南半球,其撞击木星的威力相当于3亿颗原子弹。"伽利略号"上装载的仪器对准了撞击区域,探测到了温度高达24000开的火球,所产生的高空羽流向上延伸3000多千米。此后出现了令人屏息的景象:随着木星的快速自转,撞击点迅速进入了地球上人们的视线,木星的表面出现了一个巨大的黑点。

在接下来的6天里,人们观测到了21次明显的撞击,每块碎片的撞击都有其特殊之处。其中,碎片G是所有碎片中最大的一块。7月18日撞击木星时,它在木星表面留下了一个巨大的疤痕,跨度超过12000千米。这一奇观一直持续到7月22日,碎片W结束了这场演出。在接下来的几个月里,撞击所留下的伤疤渐渐消失。

"伽利略号"让我们得以从最佳视角观察到如此罕见的天文奇观。借助卓越的技术,利用从地面到横跨整个太阳系的探测手段,我们不仅能够第一次见证这种碰撞,还获取了大量的数据。它改变了我们对于木星的构成及其大气动力学的理解,让我们能够更加精准地测量出彗星的实际大小和构成。也许最重要的是,这次撞击提供了关于彗星撞击的第一手材料,揭示了木星最重要的动力来源之一,以及木星对包括地球在内的太阳系内行星和其他天体所施加的力量。

解体前的"苏梅克－列维9号"彗星至少有2千米宽,质量超过8亿吨。它在太阳系中运行的轨道将使它快速穿过内类地行星,甚至可能接近地球。如果这样的天体撞击我们,后果将是毁灭性的,大量灰尘和碎片将进入大气层,形成全球性的雾霾。整个地球将被笼罩在黑暗之中,大气的温度也将迅速下降,地球上的所有生命将受到灾难性的影响。我们永远不知道"苏梅克－列维9号"彗星是否会对地球构成真正的威胁,幸好木星消除了这种威胁。这种保护行星的行为并不罕见。彗星的撞击以一种壮观的方式展示了木星作为"宇宙吸尘器"的作用。木星利用其巨大的引力,捕获类似SL-9这样的天体,将它们带入轨道并在撞击时将其摧毁。我们认为木星扮演了一个伟大的保护者的角色,吸引着那些可能对地球构成撞击威胁的天体。但是,在我们通常看到的关于天神朱庇特的故事中,他从未有过真正和善的举动。对于每一个潜在的危险天体,木星在阻挡了这一次威胁的同时,也可能将下一个天体抛向我们,因为它对小行星带里的所有天体都施加了影响。

小行星
的视界

人们会自然而然地认为小行星带是一个单一的、均匀的结构，一条围绕太阳有序运行的岩石环，但情况并非如此。事实上，在成千上万块岩石中，每一块都沿着各自的轨道运行，这些扭曲的、偏心的轨道形成了围绕太阳运行的混乱序列。

尽管这里的模式复杂，结构繁复，但作为小行星带无声的引导者，木星的影响比其他任何因素都大。从某种程度上说，每颗小行星都围绕着木星翩翩起舞。无论是在木星前方和背后绕行的特洛伊小行星群，还是因为太阳和木星之间引力的微妙作用而分成三组绕行的希尔达小行星群，每颗小行星都以某种方式夹在太阳系里的两个最大的天体之间。在这样一个混乱、复杂的系统中，小行星之间的碰撞是不可避免的，它们对轨道的干扰也是司空见惯的。

只要一颗小行星与木星和太阳排成一条直线，引力就会将这颗小行星向外猛推，将其驱逐到太阳系的边缘或抛向内行星。通过这种机制，木星一直对太阳系的每个角落施加影响。

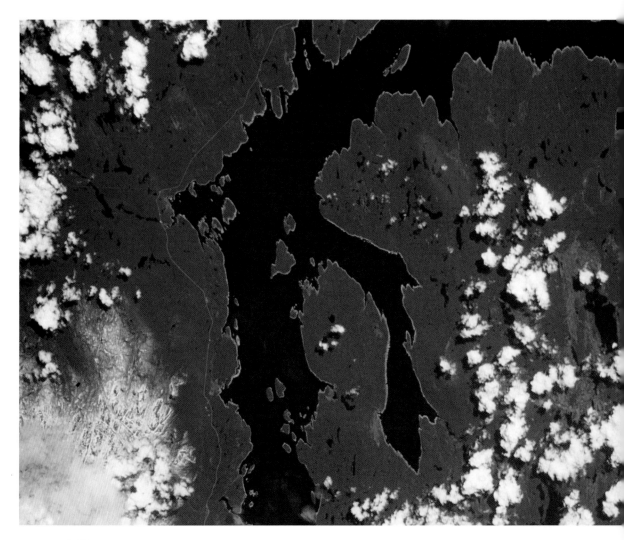

在过去的 40 亿年里，在距离太阳 7.78 亿千米的遥远轨道上，木星不断地影响着地球的命运及其上所承载的生命。地球表面布满了灾难性碰撞的痕迹，这也极大地塑造了地球的编年史。无论是大约 45 亿年前水的大量输送，还是晚期重轰炸时期邻近行星的毁灭事件，甚至是地月系统的形成，所有这些重大事件都与木星的影响及其对太阳系内的天体的引力相关。

许多碰撞痕迹在数百年后已经消失不见了，抑或隐藏在地球不断更迭的地表下。但我们仍然可以发现像巴林杰撞击坑这样的撞击遗迹，木星一直不断地对地球地表的形成产生影响。20 世纪 70 年代末，人们在墨西哥尤卡坦半岛的地下发现了一个巨型撞击坑，它是一次重大历史事件的证据。这次事件的影响之深远也许超越了其他所有事件，它在一瞬间改变了地球上所有生命的进程，也极大地改变了人类存在的可能性。

大约 6600 万年前，在小行星带的偏远区域，一个至少 15 千米宽的天体正在环绕太阳运行。这是它最后一次环绕太阳运

陨石坑的形成

简单陨石坑

复杂陨石坑

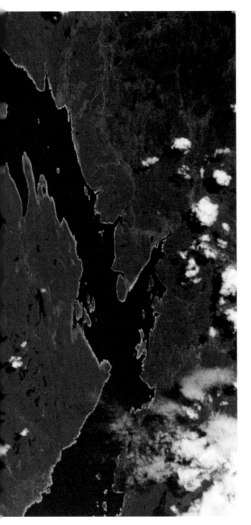

左上图：当流星体撞击行星的固体表面时，岩石和泥土向四面八方喷射，进而形成了圆形陨石坑。如果一个流星体足够大，陨石坑下方的岩石就会反弹或后推，在陨石坑中间形成一座中心峰。

左图：魁北克的马尼切根湖，这种中间有一个大岛的圆形湖泊是地球上的典型复杂陨石坑。

上图：墨西哥尤卡坦半岛上的希克苏鲁伯陨石坑，形成这个陨石坑的那次撞击可能就是恐龙灭绝的原因。

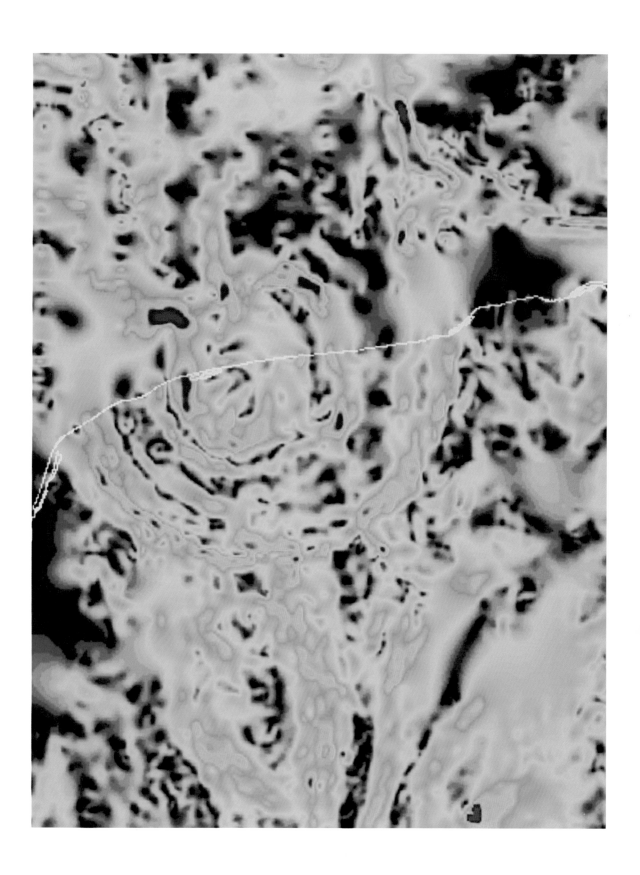

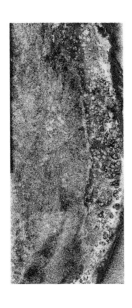

行。作为数百万颗小行星中不起眼的一颗，它在几百万年甚至几十亿年的时间内一直沿着相同的轨道运行，直到后来发生了一些变化。究竟是什么造成它的运行路径发生了改变，我们已经不得而知，但最大的可能是木星的引力将其推离安全区域，进入了一个完全不同的全新轨道。这条轨道所指向的方向最终使其与地球相撞。

小行星从宇宙空间穿梭而至，只需几秒钟就能穿透地球的大气层，其撞击地球的威力相当于 100 万亿吨 TNT 炸药。撞击产生的火球的热度极高，瞬间蒸发了半径为 1000 千米的范围内的物体，留下一个 180 千米宽、20 千米深的撞击坑。今日的希克苏鲁伯镇就位于撞击区域的中心附近，整个撞击坑向西延伸至尤卡坦半岛，向东则延伸至墨西哥湾。

这次撞击的证据不仅存在于部分隐藏着的希克苏鲁伯陨石坑中，而且存在于世界各地发现的一层薄薄的沉积物中。在这层沉积物中，铱的含量高得异常。这是一种在地壳中极其罕见的稀有金属，却在小行星中大量存在。所以，我们认为它们是来自 6600 万年前撞击地球的小行星的残留物。这一地质特征称为白垩纪–古近纪界线（K-Pg 界线）。它不仅标志着撞击事件的发生，而且代表着地球上两个生命纪元（白垩纪和古近纪）之间的分界线。

虽然这个事件仅仅持续了几秒钟，但撞击余波将数百万吨的含硫岩石抛到空中。在随后的"核子寒冬"中，地球上 75% 的物种灭绝，其中包括曾在地球上横行的最大的动物。

在这场全球性灭绝事件中，伴随着包括几乎所有恐龙在内的许多物种的灭绝，爬行动物的时代宣告结束。亚利桑那州立大学地球与空间探索专业的史蒂夫·德施教授说，这是一个我们永远都不希望再次目睹的事件。

负责冰冻星球项目的史蒂芬·德施希克谈及苏鲁伯陨石坑：

"如果导致恐龙灭绝的希克苏鲁伯撞击发生在今天，对人类来说，这将是一场毁灭性的灾难，最直接的后果是造成 13 级地震，然后海啸发生在所有靠近水域的地方，几千米高的海啸从各个方向冲入内陆几千千米。这才只是刚刚开始，最终大量灰尘进入大气层，阻挡阳光，彻底摧毁农业。我们的社会的基础设施也会完全丧失功能。"

对页图和上图：希克苏鲁伯遗址的图像展示了地质风貌（上图）和引力现象（对页图），揭示了在深层岩石的较大引力作用下的小片区域。白线表示海岸，陆地位于框架的下半部分。

上图和右图：长期以来，陨石一直是人类历史的一部分。约克角陨石（右图）曾经被世世代代的因纽特人作为矿物采集并用来制造工具。这里现在属于格陵兰。

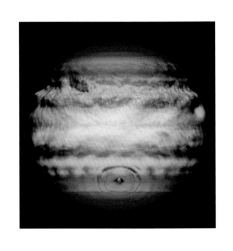

如今，我们只找得到恐龙留下的遗迹。这些曾经一度统治地球的生物现在不过是一些零星化石，诉说着一段尘封的历史。一个事件、一颗小行星、一条轨道都有可能被木星的力量所改变。如果没有这颗行星的干预，那些巨大的爬行动物就可能存活至今天。它们的灭亡为未来的人类留下了演化的生态位。

不只是在地球的发展史上，在138亿年的宇宙长河中也出现了许多偶发事件。如果没有发生这些事件，人类就不会存在。40亿年前，这颗行星上曾经有一条完整的生命链。之所以这样讲，是因为此后发生了一个影响地球生命的重大事件。毫无疑问，这里指的是导致恐龙灭绝的小行星撞击。从这个意义上说，如果没有木星，我们就不会有今天。这位"行星之父"为人类在地球上安居乐业铺平了道路。从那之后，它慈祥地俯视着我们，用它那巨大的力量保护我们的安全。作为一个沉睡的巨人，它的力量未曾减弱。尽管6500万年前的小行星撞击为我们的演化扫清了道路，但如果撞击发生在今天，它就会对文明造成灾难性的后果。

用肉眼望向夜空，木星是最明亮的光点之一。通过小型望远镜，你会看到一个美丽的星球，它的表面分布着一些带状图案。它让我们感受到了遥远和永恒，仿佛地球上的一切都与之无关。但是，我们对太阳系的历史了解得越多，就越能明白事实并非如此。对于包括地球在内的所有行星而言，木星在它们的故事中都发挥了极其重要的、或许是决定性的作用。

如你所见，太阳系就是这样一个各部分相互关联和依赖的复杂系统。当你再次看到木星的时候，请把你的目光停留在那里，思考一下这个事实：它远不只是一个光点或一颗行星。作为太阳系的伟大雕刻家，木星是许多星球的毁灭者和创造者。

"地球遭受的大规模撞击在过去的地质过程中已经发生了，既然过去地球无法幸免于难，那么将来再发生撞击时该怎么办？对现今的生态系统而言，这不是什么好消息。但有件事需要强调一下，地球会继续存在下去。尽管将来它会变得和今天大不相同，但地球自身还是会继续存在。"

——利·弗莱彻，木星冰月探测任务科学家

对页图："朱诺号"探测器所拍摄的木星南极，显示了这颗动荡不安的行星的局部面貌。它影响并塑造着我们的太阳系。

上图：计算机模拟了一颗直径为1千米的彗星撞击木星大气层的情景。

第4章

土 星
天空中的瑰宝

安德鲁·科恩

"我们所能体验的最美好的事情莫过于神秘，它是一切艺术和科学的源泉。如果一个人鲜有情感，不再驻足沉思，不再惊叹瞠目，那么他无异于行尸走肉。他的眼睛已经被蒙蔽了。"

——阿尔伯特·爱因斯坦

"土星体系无奇不有：一颗气态巨行星，一个不可思议的行星环系统，各具特征的异星世界和冰月，其中包括太阳系中最大的卫星之一——泰坦（土卫六）。土星是科学家们的奇异乐园。"

——鲍勃·帕帕拉尔多，
"卡西尼号"任务

冰线之外

土星是一颗巨大的气态行星，其上有着超乎想象的猛烈风暴。在这个外星世界中，钻石雨从天而降，连绵不绝的湍流气旋飞快地绕着土星盘旋。在遥远的太阳的照耀下，一条80万千米长的土星环熠熠生辉——其中几乎全部是纯净的水冰，只不过分裂成了数以百万计的碎片。这样独特的环状结构由引力之手精心打造。尽管土星环具有标志性的美感，但对土星来说它只不过是过眼云烟，是其往昔的回响，是忽焉而逝的饰品。它只会短暂地装点这颗星球，不久之后就会消失得无影无踪。

土星被至少62颗卫星环绕着，汇聚着众多迥异的异星世界。这些卫星之间的差异令人瞠目。土卫六的个头比水星这颗真正的行星还要大，它也是太阳系中唯一拥有大气层的卫星，而土卫一则是太阳系中最小的卫星。不过最震慑人心的可能是土卫二，在这颗冰冻卫星的内部流淌着液态水的海洋，这里似乎蕴藏着孕育生命的所有要素。

土星由96%的氢和3%的氦组成，其赤道处的直径几乎是地球的10倍，长达120536千米。它的大小可以装下800个地球。由于它几乎完全由气体组成，所以它的密度非常小。它是太阳系里唯一一个密度小于水的行星。如果你能找到一个足够大的浴缸，土星就会漂浮在水面上。

在零下178摄氏度的土星云端之下，压力在厚重的大气重压下迅速升高。上层的气态氢首先变成液态，最后在云端之下数百千米处形成黏稠的金属状氢的海洋。

对于尚不可及的土星内核，我们只能做出有根据的猜测。土星内核的温度高达11000摄氏度，因此它从内部获得的热量远超从遥远的太阳那里所得的热量。太阳与土星的距离平均为14亿千米，这就意味着土星内部一定在自行产生热量。土星上如此极端的气温和气压分布使得人们对它的结构争论不休，难以给出定论。行星学家和物理学家乔纳森·卢宁说："如果你一路向下，穿过氢层，越过氦雨，抵达由岩石和冰层组成的核心，你就会发现那里其实不是岩石，也不是冰，而是某种原子结晶结构，包含着组成岩石和冰的元素，如硅、氧、镁等。这样的结构在地球上的岩石中是看不到的。木星的温度足够高，它的内核呈熔融状态。而土星的内核很可能是固态的，但是无论如何，它一定是与众不同的。"

毫无疑问，土星中心有一个高密度的内核，我们几乎可以肯定它由铁镍合金和硅基岩石状化合物构成，但是这些物质在如此极端的条件下会发生什么反应？目前，我们还不得而知。

任何时刻都有 1000 万吨钻石"冰雹"在土星表面倾泻而下。

上图： "卡西尼号"土星探测器发回的土星照片揭示了它的诸多奥秘，例如这一张照片就展示了土星北半球的云层。

对页图： 土星庄严地置身于太阳系中，被其标志性的光环所环绕。

"科学家们过去将土星视为太阳系历史的记录者，但是没有意识到那里也是个很活跃的地方。我们去了以后发现，土星非常有活力，还会随着季节发生变化。"

——鲍勃·帕帕拉尔多，
"卡西尼号"任务

土星从内到外都是一个充满谜团的世界。这颗气态巨行星和其姐妹行星木星类似，但是它与内太阳系的水星、金星、地球、火星这些岩质行星截然不同。很难想象，它们都是由同样的物质构成的，都来自产生太阳系中所有行星的那一大团尘埃气体云。但是，如果我们回溯得足够久远，就会发现一段非常熟悉的历史。在土星故事的开端，它要比今天的样子更有辨识度，因为在今日被美丽的光环所围绕的行星的中心蕴藏着一个早已失落的世界。这个原始世界在千万年前就已销声匿迹，然而它又是土星如今模样的源头。没有这个早期土星，就不会有今天的气态巨行星，不会有冰冻土星环，在太阳系的遥远角落里也不会存在保有一线生命之机的卫星。

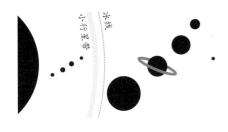

土星的故事和太阳系中的其他行星一样，始于大约 45 亿年前。在初生太阳的照射下，一团巨大的气体尘埃云围绕着这颗新生的恒星旋转。这个巨大的原行星盘不断碰撞、合并，逐渐形成了一系列行星的"胚胎"。它们最终发展成了离太阳最近的四颗岩质行星。再向外几百万千米，在太阳系寒冷的边缘也在发生着类似的故事，但是这里的行星会走上一条极为不同的形成和演化之路。这是因为土星是在一条叫作冰线（亦称雪线）的边界之外形成的。冰线就是类地行星和气态巨行星之间的分界线。由于到这条线的距离不同，土星和相邻的木星的演化过程非常不一样。

冰线将太阳系按照温度的不同分为两大部分。在冰线之内，太阳的能量足以将行星的温度维持在较为温暖的水平，但是在冰线的另一边，温度足够低，像水、甲烷、氨和二氧化碳这样的易挥发化合物都会凝结成固体。（这些化合物的冰点不同，其中每一种都有自己的精确的冰线，但是一旦越过某一点，这条分界线其实就能涵盖大部分化合物的冰点。）

如今，太阳系的冰线被认为位于距太阳 5 天文单位（也就是大约 7.5 亿千米）的地方。这就意味着冰线远远超过小行星带，正好在木星的轨道之前。但是在太阳系的婴儿期，冰线到太阳的距离要短得多。年幼孱弱的新生太阳被昏暗的气体和尘埃笼罩着，当时的冰线应当位于距太阳 2.7 天文单位处，恰好是今天小行星带所处的位置。我们之所以知道这些，是因为我们现在已经探索了这条线两侧的小行星的成分。在 2.7 天文单位之外，我们发现小行星都呈冰冻状态，内部锁有大量的水冰；而在这条线以内，我们发现了一批截然不同的小行星，它们非常干燥，几乎完全不含水。看起来后面这批天体是在太空中一个温度过高而使得冰无法大量存在的区域形成的。

那么冰线在土星的形成过程中有什么重要意义呢？在早期的太阳系中，当原行星盘围绕着年轻的太阳不断旋转时，冰线不仅是通过温度来定义的重要边界，而且对于其两侧正在形成的行星而言，原材料的丰富程度也出现了戏剧性的差异。低温意味着那些冰冻的挥发性化合物会以固体颗粒的形态环绕在气体云之中。这些物质给行星的形成过程提供了大量的额外原料。这一简单的物理区别产生了极其深远的影响。在冰线靠近地球的这一边，我们只能发现像地球、金星、火星这样的岩质星球，而在另一边，我们没有发现一颗由岩石构成的类地行星，只有气态巨行星（土星和木星）以及冰态巨行星（天王星和海王星）。要理解这样鲜明的分界，我们必须回顾土星历史上一个至关重要的时期，那就是冰线两侧的行星在演化路径上分道扬镳的时刻。

上图：岩石和冰的积聚形成了太阳系
中最大的行星之一——土星。

上图：土星的大气层，北部正孕育着一场风暴，再向下则有蓝白色的高云和浓雾。土星环投下了一道浓重的阴影。

下图：通过研究星团，比如本图中的NGC3263，科学家们认识了像土星这样的气态巨行星迅速形成的过程。

土星在诞生之初并非一块光鲜的宝石，它是如此微小、丑陋和粗糙不堪。与它的岩质行星"表亲们"一样，这颗气态巨行星也来自气体和微小的尘埃颗粒互相碰撞、聚集的过程。当土星的胚胎在太空中游荡时，它上面的一天可能只相当于现在地球上的几分钟时间。阳光照射着土星扭曲的表面，日出日落的节奏混乱。最终，随着土星不断长大，这块凹凸不平的岩石终于开始变身，成了球形星球的模样，从星子变成了原行星。

在冰线较温暖的一侧，类地行星的成长戛然而止。它们都已经获得了稳定的公转轨道，开始在原行星盘中清理出自己的轨道，而这时构建行星的原材料逐渐枯竭，它们便停止了生长。首先是火星这个"小不点"，随后是金星和我们的地球。地球就是太阳系中最大的岩石行星了。但是在冰线的另一侧就不一样了，原材料供应充足，于是尚为原行星的土星飞速成长起来。有了大量岩石和冰，年轻的土星不断长大，很快就远远超过了所有在遥远而温暖的阳光下逐渐成形的岩质行星。

经过相对短暂的几十万年，这些充足的原材料不断相互碰撞、融合和生长。经过一系列行星级别的撞击，土星成了方圆几百万千米之内最大的一个天体。它长得越大，引力场就越强，就能捕获越多的物质。最终，早期的"大肆杀伐"让土星长成了太阳系中前所未有的最大的岩冰星体。

当时的土星是什么样子呢？我们无从知晓。关于太阳系中的行星具体是如何形成的，我们还知之甚少。毕竟这些事件都发生在45亿年前，而现在尝试去拼合太阳系历史最基本的时间轴的研究仍属于尖端科学研究的范畴，更不用说深究这些远古事件的细枝末节了。最近我们开始对邻近的星系和星体进行研究，这增进了我们对自己所处的太阳系以及其中行星演化过程的理解。通过研究系外行星，我们首次得以一睹其他星系的演化过程，观察数以百计的行星是如何形成的，而不是只盯着太阳系里的8颗行星。

众多证据支持土星曾是岩冰星体的看法。土星不断吞噬着面前的一切物质，其质量曾增长到地球的10倍甚至20倍。当我们看到这样的一颗岩冰行星时，至少能依稀辨认出来，也有可能想象得到。我们甚至还能踏上并考察这颗行星，但是这样的行星不会存世太久。

土星扩张到如此规模，其重要意义远超其规模本身。它的巨大身形让其改变了它与周边环境的关系，最终使它彻底走向了非同寻常的演化方向。正是土星的巨大体量和它在太阳系中的位置决定了它不可能长期维持岩质行星的形态。

土星的形成

关于土星的形成，"卡西尼号"任务科学家凯文·贝恩斯如此说道：

"土星和木星都是气态巨行星，这意味着它们主要由氢气和氦气构成。这是宇宙中最轻的两种气体，也是恒星的主要成分。基本上，土星和木星就是未能成型的恒星。只要它们再长大 10 倍左右，它们就可能爆炸而变成恒星，我们的太阳系就会有双星系统了，天上就会有两个太阳。

"那么，土星是怎么形成？我们认为，所有行星的形成方式基本上都是一样的。最初有一团巨大的气体物质云。其实，整个太阳系都是其他恒星爆炸后所产生的第二代或第三代物质聚集后的产物。这就像对那些恒星所产生的物质进行再加工。

"现在有这样的一团物质云，随后由于不稳定性，随机产生了一个核心。这个核心成为了中心，并最终演化成太阳。但是在最开始的时候，核心形成，物质慢慢聚合，密度慢慢增大，引力会使这团云转动起来，然后就会出现一个旋转的行星盘。行星盘中的某些地方会产生一些小旋涡或不稳定点。这些地方会凝聚更多的物质，于是产生自己的引力并开始逃逸。最后，行星开始以核吸积模式逐渐成形。首先形成的是能够相互聚合的尘埃型物体，然后日

积月累，经过数十亿年形成小星子，大约有我们的月球那么大。最后，它变得足够大，大到可以捕获云团中其余的部分（主要包括可压缩的轻质气体、水和其他物质）。于是，它就有了自己的巨大的大气层。

"行星的实际形成机制仍不确定，但是模型显示，只要出现不稳定点，核心中有足够的物质，这一过程就可能在短短的数百万年间完成。看起来土星和木星的核心使得这两颗行星的质量一度增长到地球的几百倍甚至更大。这就说明它们主要由氢和氦构成。木星曾长大到地球质量的大约 1000 倍，而土星略小，约为地球质量的 700 倍。与此同时，太阳开始燃烧。也就是说，太阳也在收缩，当达到一定的压力和温度后，它便被点亮并发出光芒。

"这道光迸发而出，将一切驱散。在地球的形成过程中，周边的氢和氦受到冲击，四散到了土星和木星的轨道一带并变成水蒸气。由于那里距离太阳太遥远，水蒸气进一步凝结成冰，而这也改变了它的运动方式，使其变得更容易被攫取。"

寻找土星

"（科学研究）不保守秘密，就无从获益。"

——罗伯特·胡克，致英国皇家学会

科学领域中许多大名鼎鼎的人物都参与了土星探索。1610年，伽利略成了第一个用望远镜观测土星的人。他将土星环若隐若现的轮廓误认为土星两侧的两颗卫星，还称土星好像长着两只耳朵（现在这已经是广为人知的故事了）。不过，当他在两年后再度观测时，土星两侧的这种独特结构就消失了。今天，我们知道这是因为土星环的侧面朝向地球，但对当年的伽利略来说，这可是古怪、神秘的现象。这一谜团要到近50年后，依靠克里斯蒂安·惠更斯使用更强大的望远镜技术才得以解开。他使用一架50毫米折射望远镜，成为了第一个发现土星卫星（土卫六）的人，并在1656年公布了他的这一发现。同时，他的观察让他开始酝酿一项理论，希望能解释伽利略最初见到的奇怪"耳朵"。他认为这些"耳朵"不是卫星，而是围绕土星的一个环状物。他觉得自己没有足够的证据来说服科学界接受自己的假设，于是他采取了当时十分常见的一种做法：他把他的想法发表了出来，但不是以初步假设甚至不是以研究方向的形式。为了保护他的声誉，他以变位字谜的方式宣示对这一理论的所有权。字谜如下：

aaaaaaaccccccdeeeeeghiiiiiiilllllmmnnnnnnnnnnooooppqrrstttttuuuuu

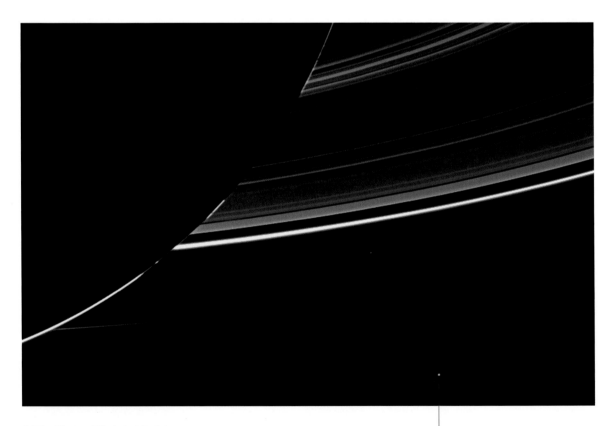

上图："卡西尼号"在土星轨道上拍摄的地球照片。当时它距离地球大约14.4亿千米。

地球

在此后的两年中，无人能解出字谜。这既保住了惠更斯发现土星环第一人的地位，也给了他足够的时间搜集证据来支撑他的假设。惠更斯到 1658 年才揭开字谜的谜底：一个拉丁语句子，*annulo cingitur tenui, plano, nusquam cohaerente ad eclipticam inclinato*，意思是"它被一条细长扁平的环围绕，但不与环接触；环相对于黄道倾斜"。

土星环，太阳系中最美的太空结构之一，就是通过这 62 个字母的重新组合展示在世人面前的，虽然当时人们或许还不能理解其含义。尽管乔瓦尼·卡西尼和威廉·赫歇尔以后又发现了土星的更多卫星并更细致地描述了两层土星环内部的结构（包括 A、B 两环之间 4800 千米宽的缝隙，后被命名为"卡西尼环缝"），但人们还是把土星环想象成一个巨大的圆盘，一个环绕土星的扁平固体圆环。

直到 1787 年，被称为"法国牛顿"的皮埃尔–西蒙·拉普拉斯最先提出，这样一个环绕行星的单一结构是不稳定的，因此土星环更可能由一系列固体小环组成。19 世纪中叶，轮到伟大的詹姆斯·克拉克·麦克斯韦来研究土星环了。他梳理了几个世纪以来关于土星环的性质的猜想，首次通过一系列数学演算证明了任何固体结构（不论是一条大环还是多条小环）都不够稳定，因而它们无法存在于这个遥远星球的周围。他据此得出结论：土星环由大量小粒子组成，每个小粒子都独立围绕土星运行。

上图、下图和右下图： 自 17 世纪起，科学家就对土星充满了好奇，开始研究土星环的环相。

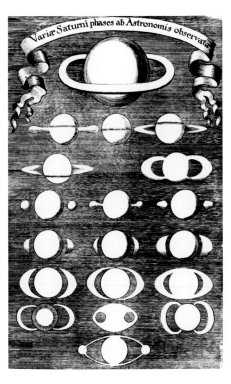

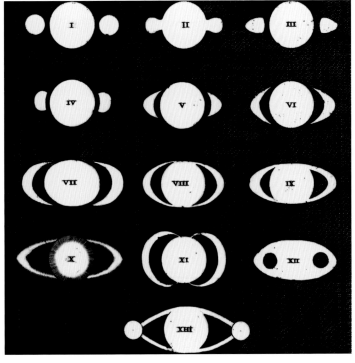

他说："环中的每个粒子现在都应被视为土星的一颗卫星，它们在引力的影响下会发生微小的位移。土星环各部分之间的相互作用与土星的引力相比极其微弱，因此环的所有部分都无法停止绕土星运行。"

随着麦斯克韦于 1859 年发表论文《论土星环运动的稳定性》，我们对土星环的理解进入了现代阶段，但是我们还要再等 120 年才有机会近距离探索被麦斯克韦称作"天空中最不同凡响的天体"的土星环。

"先驱者 11 号"空间探测器在从卡纳维拉尔角发射升空后经过 6 年时间跨越 10 亿千米的太空旅程。在 1979 年 9 月 1 日协调世界时 14 时 26 分，它让我们首次抵达距离土星环咫尺之遥的地方。"先驱者 11 号"是首个越过土星环的探测器。它穿过了土星环平面，越过了外环，这使其能拍摄到土星系统的各种极致细节。它为我们传回了在地球上观测土星时永远无法获得的一系列高分辨率图像。在穿越土星环平面的过程中，"先驱者 11 号"首次对土星环进行了近距离测量，结果发现了一个新的土星环——F 环，还发现了两颗新的土星卫星。实际上，"先驱者 11 号"飞越一颗当时还不为我们所知的卫星时，二者距离仅 6676 千米。这次任务非常幸运，没有突然以一场大规模的撞击告终。我们现在知道，"先驱者 11 号"当时遇到了土卫十和土卫十一中的一颗，但是我们仍不确定是哪一颗，因为它们的大小接近，而且位于同一环绕土星的轨道上。

那个 9 月的一天，协调世界时 16 时 29 分，"先驱者 11 号"以 114100 千米 / 小时的速度从土星云层上方不到 21000 千米的地方掠过，然后加速飞出土星环，继续它的外太阳系之旅。除了拍摄了 440 张土星系统的照片之外，"先驱者 11 号"还直接测量了土星的一些特征。探测器上搭载的一系列传感器获得的数据显示，这颗巨大的行星的确是苦寒之地，平均温度低至零下 180 摄氏度，而且几乎完全由液氢构成。但除了这些基础数据之外，"先驱者 11 号"最大的成就可能是开拓了一条穿越土星系统的路线，安全地穿过了土星环，同时还将数据传回了地球。

"先驱者 11 号"空间探测器的时间线

1979 年 8 月 29 日	进入土星系统。
06:06:10	在 1032535 千米的高度飞掠土卫八。
11:53:33	在 13713574 千米的高度飞掠土卫九。
1979 年 8 月 31 日	
12:32:33	在 666153 千米的高度飞掠土卫七。
1979 年 9 月 1 日	
14:26:56	下降穿越土星环平面。
14:50:55	在 6676 千米的高度飞掠土卫十一。
15:06:32	在 45960 千米的高度飞掠土卫十五。
15:59:30	在 291556 千米的高度飞掠土卫四。
16:26:28	在 104263 千米的高度飞掠土卫一。
16:29:34	抵达近土点，距离 2059 千米。
16:35:00	进入土星掩星。
16:35:57	进入土星阴影。
16:51:11	在 228988 千米的高度飞掠土卫十。
17:53:32	离开土星掩星。
17:54:47	离开土星阴影。
18:21:59	上升并穿越土星环平面。
18:25:34	在 329197 千米的高度飞掠土卫三。
18:30:14	在 222027 千米的高度飞掠土卫二。
20:04:13	在 109916 千米的高度飞掠土卫十四。
22:15:27	在 345303 千米的高度飞掠土卫五。
1979 年 9 月 2 日	
18:00:33	在 362962 千米的高度飞掠土卫六。

对页左上图："先驱者 11 号"飞掠土星时发现了一条新的土星环——F 环。

对页右上和右中图："卡西尼号"探测器发回了土星的多颗卫星的图像，包括土卫十一和土卫十，展现了它们布满撞击坑的表面。

对页下图："先驱者 11 号"测量了土星内部和尺寸与行星相当的土卫六的热辐射。

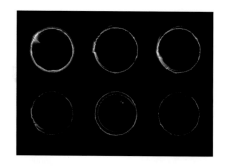

上图和下图：土卫十六和土卫十七是位于土星F环附近的牧羊犬卫星，在这条细环的内外公转（下图）。这两颗卫星的引力使得F环的形状不断发生着变化（上图）。

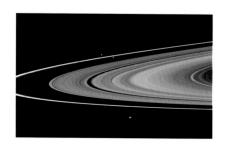

下图：层层叠叠的土星环是依据它们被发现的顺序命名的，其中环按照字母顺序命名，缝隙则称为"环缝"。探测器多次飞掠土星时发回的数据帮助科学家们对独特的土星环系统有了极其细致的了解。

这样，两个"旅行者号"探测器已经做好准备登场了。它们那时已经在穿越太空，带着一系列更为先进的技术向土星加速前进，准备进一步探索土星的奥秘。"卡西尼号"任务科学家卡尔·穆雷谈及土星环的结构：

"土星环基本上是按照发现顺序命名的。对于主要的土星环，命名从最外面的一圈开始，首先是A环，然后是B环。这里拥有土星环的大部分质量。再往里是C环，然后是更加暗淡的D环。E环是在1980年前后发现的，那时从地球上观测土星环时看到的都是环侧。E环显然也与土卫二密切相关。'先驱者11号'发现了E环，然后'旅行者号'又发现了G环。我们知道，G环与土卫五有关，这颗卫星是G环的主要物质来源。目前，我们已经不再用字母命名土星环了。此外，还有一些环被命名，不过它们都是土星环主体系统里的环或者小环。"

在"先驱者号"离开土星系统仅仅一年多之后，1980年11月初，"旅行者1号"的高清摄像头已经做好了准备。"旅行者1号"以17千米/秒的速度掠过土星，发回了关于土星、土星环和土星卫星的大量新数据。它的关键发现之一是辨认了三颗土星卫星：土卫十六、土卫十七和土卫十五。"旅行者1号"还清晰地揭示了这些卫星和它们所处的土星环系统之间的关系，确认了关于土星环结构的一个由来已久的理论。在这三颗卫星中，至少前两颗是牧羊犬卫星。它们位于土星环中最窄的一条环里，通过引力与这条环内数以万计的小颗粒相互影响，在维持这条环的结构方面起到了至关重要的作用。"旅行者1号"利用携带的相机拍摄了许多照片，清楚地展示了土卫十七作为F

C环

B环

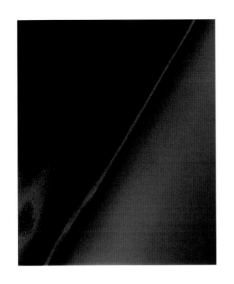

环牧羊犬卫星和土卫十五作为 A 环牧羊犬卫星的活动细节。

第一个"旅行者号"探测器也是由美国国家航空航天局喷气推进实验室发射的，目的之一是近距离研究土星最奇妙的卫星之一——土卫六。此前，土卫六已经被认为可能是太阳系中唯一一颗与地球相似、有着较厚大气层的卫星。于是，"旅行者号"的路线被设定为从土卫六上空 6000 千米处飞越。"旅行者号"在飞过土卫六的暗面、在太阳照射的光环中观察这颗卫星的大气层时，首次准确地测出了大气层的密度、组成成分和温度，同时还准确地测算了土卫六的质量。"旅行者号"发现，土星最大的卫星土卫六的大气层几乎完全由氮气组成，这和地球相似，而其表面的气压只有地球的 1.6 倍。"旅行者号"让我们首次探视这颗奇妙的星球。我们还会在"卡西尼 - 惠更斯"计划中进一步探索这颗星球，并在其表面着陆。

除了探索土星环和卫星外，"旅行者 1 号"还将其传感器和相机对准了土星本身。1980 年 11 月 12 日，"旅行者号"飞过了其轨道与土星最接近的一点，距离土星云端只有 123919 千米，并在土星的赤道和两极极光附近测到了速度达到 1770 千米 / 小时的强风。但最让人感到不解的是，"旅行者 1 号"发现土星上层大气仅含有 7% 的氦，其余部分主要是氢。以前，科学家们估计土星大气中氦的含量应该比较接近木星和太阳，也就是 11%。而土星大气中氦的实际含量这么低，说明在土星内部应该还隐藏着某些秘密。那些氦去哪里了呢？土星大气上层中氦的含量低，可能是由于较重的氦在氢当中慢慢地沉了下去。

> "'旅行者号'任务富有浪漫主义色彩，承载着人类内心深处的向往。它仍在我们的文化中占据着标志性地位，难有新的探索任务能够取而代之，也不会再有这样的探索任务了。人类也不再像当初那样天真了。"
>
> ——卡洛琳·波尔科，"卡西尼号"任务

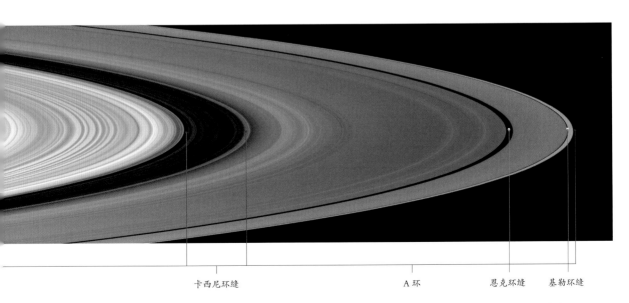

卡西尼环缝　　　　　　　　　　A 环　　　恩克环缝　基勒环缝

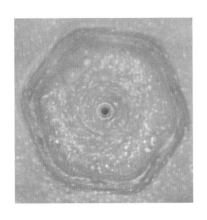

左图：土星北极的这幅红外影像是由"卡西尼号"拍摄的，展示了土星极地喷流形成的六角云。

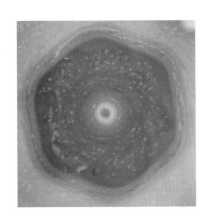

上图和下图：土星北极的这两幅照片显示，其色彩随季节更替而变化，但其核心的颜色始终不变，一直是蓝色。

不过，科学家们要等到 9 个月后"旅行者 2 号"飞临土星时，才能进一步探测土星的内部结构，揭示千百万年前消失的那颗岩冰行星的最终命运。

"旅行者 2 号"在飞过土星背面时，动用它的无线电系统探测土星的上层大气，收集大气温度和密度等数据。这是对探测器的远程通信系统的创造性再利用，让"旅行者 2 号"得以为土星绘制温度分布图。这些数据为科学家们长期以来的一个猜测提供了直接证据：土星大气最上层的温度是 70 开尔文（约零下 203 摄氏度），而大气最深处的气温则上升到了 143 开尔文（约零下 130 摄氏度）。看起来，土星本身散发的热量要多于它从太阳那里接收的热量。土星的核心有着未解的谜团，而"旅行者 2 号"还将获得一项关于土星的更让人难以琢磨的发现。

1981 年 8 月，"旅行者 2 号"飞越了土星北极，用它的两套成像系统拍摄了一系列照片。这些照片会为我们揭示土星极冠下隐藏的秘密。利用"旅行者 2 号"发回的图像和分析数据，戴维·戈弗雷和亚利桑那州图森市国家光学天文台的一个团队成功地拼合出了一幅令人惊骇的图像，展现了一场前所未见的巨大风暴。这幅图片最早于 1988 年发表，也就是"旅行者 2 号"离开土星系统 7 年后。图中有一个巨大的六边形气象特征盘踞在土星北极。这个风暴的每一边大约有 14500 千米长，至少高 300 千米。不光是它的规模让人瞠目结舌，风暴内部的风速可达 320 千米／小时，整个六角形风暴每 10 小时 39 分自转一周。这场风暴的规模让人难以想象，而且在被发现 30 年后的今天仍然存在。虽然科学家们提出了多种假设，但到底是怎样的大气活动造就了这场风暴？目前仍不得而知。"卡西尼号"任务科学家卡罗琳·波尔科说道：

> "随着季节更替，北半球在探测任务的后半程迎来春季，我们得以观测土星极地的六角云。如果你把它压平，它大概会有两个地球那么宽，而土星本身只有 10 个地球那么宽。所以，这是土星的主要特征之一，而且它基本上已经是一支喷射流了。我们每次在网站上发布这个六角云的照片时，点击量都会飞涨，因为人们看到大气里能出现带着直边的结构时都感到非常惊奇。"

上端的大气

从我们在地球上的视角来看，地球大气似乎无穷无尽，然而（根据最广泛使用的定义）其实只需要向上飞行 100 千米，就可以正式飞出地球的大气层，从而进入太空。当然，大气并不是突然消失的。地球大气会随着海拔增加而逐渐变得稀薄，直到大约 100 千米高处，你会发现已有 99.999997% 的大气在你的下面了。这条线说到底是人为规定的，被称为卡门线。它是由匈牙利裔美籍工程师和物理学家西奥多·冯·卡门计算出来的。在这条线之上，空气过于稀薄，已经无法支撑航空飞行。冯·卡门写道："空气动力学到此为止，宇航学从这里开始。"越过这条线，你就正式从飞行员变成了宇航员，也就能加入在本书写作时人数只有 561 名的宇航员的行列。成功越过这条分界线的人仍然这么少，因为虽然抵达太空的这段路程似乎并不遥远，但将任何人或物体送到离地球表面那么远的地方需要极大的动力和非常先进的技术。重力将我们束缚在这颗小小的岩质行星上。尽管人类的太空旅行已有 60 多年历史，但我们几乎所有人仍然被困在地球上。

我们之所以离开地球这么艰难，是因为地球的质量很大，达到 5973600000000000000000000 千克，由此产生了强大的重力，我们需要以大约 11.186 千米 / 秒的逃逸速度才能脱离地球进入太空。9.8 米 / 秒^2 的重力加速度在不断地将我们向下拉，为了抵消它，速度必须这么快。重力不但将我们人类牢牢地绑在地面上，而且把地表的一切（不管是气体、液体还是固体，包括组成地球大气的 5.5 万亿吨氮气、氧气、二氧化碳和其他微量气体）都留在了地球上。简单地说，任何行星大气的厚薄都与该行星的质量密切相关。行星的质量越大，它对于其表面气体的引力就越大。但是，其实并不是那么简单，因为行星留存大气的能力还依赖其他几个因素，比如大气的构成、行星的温度、行星与太阳的距离、地质活动、行星保护自己不受太阳风侵袭的能力以及生命活动的影响。我们的地球就是因为受到生命活动的影响而逐渐充满了氧气。正是上述这些因素的微妙平衡决定了行星周围气体的耐久性和构成，每颗行星都有独特的大气指纹。

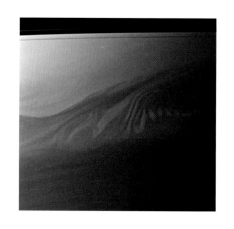

上图： "卡西尼号"用照片详细记录了土星大气中云层的形成及其在土星上空旋转的画面。

对页图： 智利附近海域上空的云呈现出一种称为"卡门涡街"的独特图案，这对于降低地球温度、保持地球宜居起着关键作用。

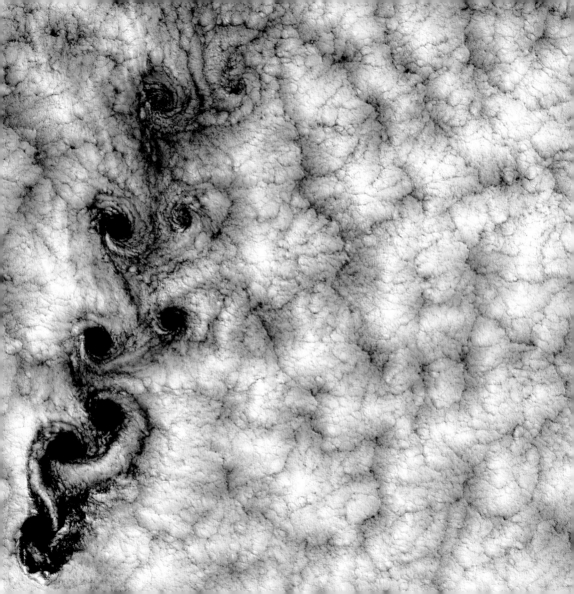

质量比较

主要行星的总质量为 2.66× 10^{27} 千克，大约占太阳系总质量的 0.14%。

木星和土星占行星总质量的九成多，而木星就占了行星总质量的 71.3%。

最大的四颗行星占行星总质量的 99%。

水星	金星	地球	火星	木星	土星	天王星	海王星	冥王星

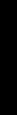
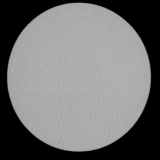

大气层比较

大气压强

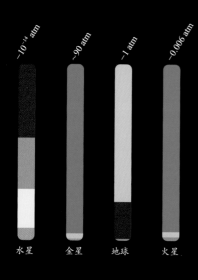

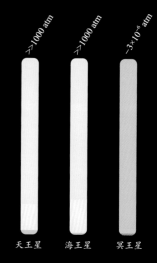

水星	金星	地球	火星	木星	土星	天王星	海王星	冥王星
~10^{-14} atm	~90 atm	~1 atm	~0.006 atm	≫1000 atm	≫1000 atm	≫1000 atm	≫1000 atm	~3×10^{-6} atm

氧气　　氢气　　氮气　　氦气　　其他气体

钠　　二氧化碳　　氢气　　甲烷

结合地质学、气象学和古生物学研究，科学家们拼出了地球大气演化的详细图景。

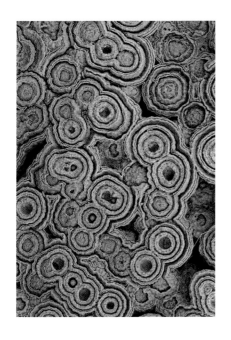

上图：白垩纪的叠层石是地球生命最古老的化石证据，也是已知第一种能够进行光合作用、制造游离氧的生物。

下图：在出现生物之前，地球曾经历了火山活动极为频繁、剧烈的时期。

我们只要迅速浏览一下太阳系的历史，就会发现内太阳系的岩质行星上总是发生着类似的故事。每颗行星都捕获了各自薄薄的大气，但从那之后，每颗行星各自的特点决定了其独特的演化进程。水星是最小的也是离太阳最近的行星，它早就丢失了它的大气层，如今只有些许残存。另外，我们在第 2 章中也已经谈过，火星太小了，无法抓住太多的大气，所以即使它今天到太阳的距离在历史上最远，它周围的大气也只有区区 80 千米厚。再向外就是地球，它坐落在宜居带中。我们在过去的几十亿年里都牢牢地掌控着 100 千米厚的大气层，生命得以在其温暖的怀抱中繁衍生息。

虽然金星最初的大气和地球差不多，但如今它被 249 千米厚的有毒大气包围着。这四颗岩质行星的大气都曾有起伏变化，但是无论它们的故事出现怎样的波折，这些相对较小的岩质行星能在周围维持的大气的厚度总是也必然是有限的。

在研究土星大气的发展轨迹和上面这四颗行星有何不同之前，我们应该迅速而细致地过一遍地球大气的历史，看看地球大气是如何形成和演化的。结合地质学、气象学和古生物学研究，科学家们拼出了地球大气演化的详细图景。

在地球历史的早期，原始地球周围环绕着的是与今天截然不同的大气层。新生的地球捕获的都是从太阳星云中喷涌而出的滚滚蒸气，也就是形成行星所需的气体和尘埃云。它们几乎完全是氢气和以氢为基础的简单分子，比如水（H_2O）、甲烷（CH_4）和氨（NH_3）。这一原始大气层完全是靠地球引力捕获太阳星云中的气体而形成的。渐渐地，地球大气的构成从以氢为主变为富含氮气和二氧化碳。我们认为，发生这样的转变首先是由于微星"忒亚"对地球的巨大作用，其次是由于晚期重轰炸时期所产生的各种气体的组合作用。在这一时期，小行星在地球上如冰雹般落下，持续了几百万年之久，而地球内部的地质活动又将大量气体通过持续不断、四处爆发的火山运动排出"体外"。到生命在地球上出现的时候，以氮气为主的大气层已经很稳定了。但随着生命在地球上站稳脚跟并发展壮大，地球大气层中出现了一种新的成分。

大约 25 亿年前，地球上的光合生物已经极度繁盛，引发了一个被称为大氧化事件的分界点。在此期间，生物所产生的氧气迅速增加，远远超过了地球上的地质活动和化学反应所捕获的氧气。这一（向第三代地球大气）转变的结果就是：自此以后，我们的大气中一直存在着游离氧，为地球生命的迅速演化提供了能量。当然，这些地球生命形式中的一种占据了统治地位，发展出了一种正在使地球大气发生根本性转变的生活方式，但并不是向好的方向转变。现在，我们已经考察了地球大气演化的进程，让我们回到太阳系历史的早期，看看土星走上了一条怎样截然不同的道路。

重压之下

大约 45 亿年前，年轻的土星已经成长为太阳系历史上最大的岩质星体之一。当时的土星质量至少是地球的 10 倍，远离太阳温暖的怀抱，被困在冰冷的轨道上。当时的土星就是这样一颗规模空前的巨大冰冻行星，但是这并不会成为土星永恒的模样。仅仅利用岩石和冰，土星的成长就已经达到了极限，它贫瘠的表面很快就不会再有暗淡的阳光直射。随着继续增长，土星会彻底变换一副面孔，不再拥有岩石表面，而是被它的大气层掩埋在层层气体之下。大气不仅会包裹住土星，而且会将其彻底吞噬。

与最早期的地球一样，土星在成长过程中不但从新生太阳系周边巨大的物质云中吸收了固体物质，也捕获了气体。太阳形成后剩余的大量氢和氦围绕在巨大的土星周围，构成了土星的第一代大气——它可能和地球最早期的大气层非常相似。

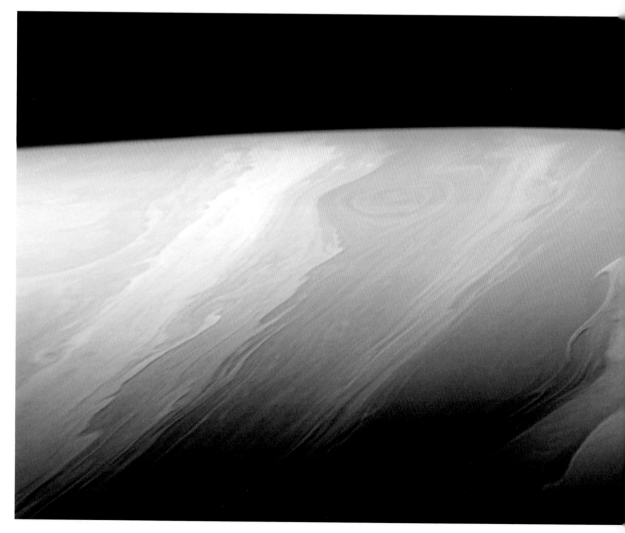

> "关于具体的形成机制，目前仍有争议，但是只要出现不稳定点，而且出现在拥有足够物质（比如地球质量的 10~15 倍）的核心地带，这就能使土星增长到地球质量的几百倍。"

> ——凯文·贝恩斯，
> "卡西尼号"任务

土星结构

116464 千米

冰冷的岩质核心
液态金属氢
氦"雨"壳
氦饱和液氢
氢气壳
氢氦大气

对页图：土星大气主要包含氢和氦，一团团云在土星表面上空移动，其速度和方向各异，这取决于它们的海拔。

但是土星的大气将会走上截然不同的道路，这是由于土星和地球有两大关键区别。首先，土星的大小已经远远超过了地球。因此，仅仅通过引力，土星能吸引的气体就比小小的地球要多得多。但是土星大气扩张得这么快并不只是由于土星巨大的身躯。土星距离太阳十分遥远，极寒低温意味着即使最活跃的气体也能够附着在土星上，而不会被太阳的热量驱走。氢气、氦气、氨气和甲烷都太轻了，内太阳系的小型行星无法留住它们，但是土星的巨大质量和极低温度能留住它们。土星周围渐渐聚集起了数万亿吨气体，大气层的厚度从几百千米增加到几千千米。在土星大气增长的过程中，土星表面也随之发生着变化。

在地球上，身处大气之中，我们很容易忘记其实自己头顶上所有的小分子都是有重量的。如果你在（海平面处的）一张纸上画上一个 1 厘米见方的方块，再想象有一根大气柱从这个方块一直向上延伸到大气层顶端，那么这根柱子的质量大约会超过 1 千克，并且向这张纸施加一股大小约为 10 牛顿的、向下的力。我们把这样大小的压力称为 100 千帕或是 1 巴。这可能听起来不算什么，但是大气的重量总在我们身边，它以大气压的各种明显或不明显的形式表现出来。比如，最简单的课堂实验就能揭示大气的力量：只要把塑料瓶中的空气抽走，瓶子就会瘪下去，但这并不是因为瓶子中产生了真空，而是因为瓶子无法承受大气压。

地球上 100 千米厚的大气能够迅速压扁一个塑料瓶，而厚得多的大气能施加更加可观的力量，不但能改变位于行星表面的物体的形状，而且能改变整个行星的面貌。我们认为，在 45 亿年前，土星正是经历了这样的命运。随着它的大气层越来越厚，成千上万千米厚的气体对土星表面施以重压，令岩石和冰块不断升温，直到发光。有人认为，这些巨大的压力在土星表面产生的热量一度短暂地超过了太阳光。然而这只是开始：随着土星逐渐成熟，其核心部位的压力增加到了我们在地球上所感受的大气压的 1000 万倍。压力达到了这种水平后，物质会表现得十分古怪，而所谓"行星表面"的想法也已经毫无意义了。

土星的新面貌产生了巨大的压力，将其固态内核压碎、熔化，也使原先的岩质行星消失不见，一颗截然不同的新行星取而代之。土星从岩冰行星转变为了一种完全不同的行星——气态巨行星。这是一个巨大的气体团，其中可以容纳 800 个地球大小的行星。土星也因此称为太阳系中的第二大行星，仅次于木星。

"卡西尼号"

美国东部夏令时 2017 年 9 月 15 日早上 7 时 55 分 46 秒，美国国家航空航天局位于澳大利亚堪培拉的深空网络天线矩阵收到通知，该通知说我们已经与最伟大的太空探测器之一失去了联系。经过 13 年多次与各个天体非凡的邂逅之后，"卡西尼号"开始执行它的最后一项任务，一头扎进了土星大气之中。45 秒之后，它就会被土星大气的重压摧毁。这是它曾花费十多年时间悉心探测的行星。"卡西尼号"发回的最后一张照片展示了被土星环的反射光照亮的土星暗面。这张照片实际上记录了"卡西尼号"的安息之地，记录了它将要冲进土星大气的位置。几小时之后，它就会扎进土星大气，自取灭亡。

这项为期 20 年的研究远超所有预期，就此告一段落。"卡西尼号"是继"先驱者号"和两个"旅行者号"之后第四个进入土星系统的太空飞行器。它也是首个在土星上"定居"的飞行器，在土星轨道上度过了 13 年 76 天。在此期间，"卡西尼号"探测了土星、土星环和土星的卫星，传回了大量照片和详尽的信息。这些资料不仅改变了我们对土星系统的认识，而且将革

> "'卡西尼号'是我们向外太阳系派出的最先进的探测器。它为我们揭示了很多奥秘，但是我们还需要再回去，因为我们还在不断地发现关于土星卫星和土星环的更多更激动人心的新谜团。"
>
> ——凯文·贝恩斯，
> "卡西尼号"任务

左图："卡西尼号"的绝唱。"卡西尼号"非常成功地完成了探测任务，最终在土星大气中化作一个充满荣耀的火球。

新我们对整个太阳系和我们在太阳系中的位置的认识。

倒计时 15 秒

倒计时 10 秒

9，8，7，6，5，4，3，2，1

"卡西尼号"发射升空

踏上奔向土星的万里征程

1997 年 10 月 15 日，"卡西尼号"搭乘一枚大力神 -4 型运载火箭，从卡纳维拉尔角发射升空，拉开了故事的序幕。28 个国家投入了 32.6 亿美元，花费了将近 15 年时间，才让这一刻成为现实，但是在发射升空之后还要再等 7 年，"卡西尼号"才会真正开始执行目标任务。这个 5.5 吨重的机械装置要在太空中飞越 16 亿千米，它必须按照一条非常复杂的路线行进。它首先要两次掠过金星，再飞到小行星带，随后在发射两年之后回到地球，利用引力弹弓效应加速到 158272 千米 / 小时，最终飞掠木星，飞向目的地土星。设计这条高风险的复杂路线的意图在于利用金星、地球和木星的轨道动量帮助"卡西尼号"加速。一方面，这可以让"卡西尼号"尽可能少携带燃料，从而尽可能减轻其发射重量；另一方面，这也能确保"卡西尼号"获得足够的速度来完成它的艰辛旅程。而这条 VVEJGA 路线（金星 - 金星 - 地球 - 木星引力助推）的缺点是：当"卡西尼号"在太空中穿梭时，地面团队只能紧张而焦急地等待——他们足足等待了 6 年零 261 天。

第一段旅程结束后，"卡西尼号"面临一项生死挑战：足够准确地放慢脚步，进入土星轨道。若计算稍有偏差，价值几十亿美元的探测器就会头也不回地飞向太阳系外围，十多年的努力就会毁于一旦。

"多普勒曲线变平了……我们到了。"

2004 年 6 月 30 日，"卡西尼号"开始了复杂的土星轨道插入（SOI）机动，飞过 F 环和 G 环之间的环缝。在这一机动过程中，土星环里的小粒子可能会与"卡西尼号"相撞，造成严重后果，因此并不是毫无风险。所以，"卡西尼号"必须小心地调整姿态，保护其仪器不受损害。

穿过土星环平面之后，"卡西尼号"就得再次旋转，让自己的发动机正对着前进的方向。这样，当发动机点火的时候，"卡西尼号"就能精准地减速，使速度正好达到 622 米 / 秒，以便"卡西尼号"正巧落入土星引力之手。如果减速幅度过大，"卡西尼号"就会跌向土星；如果减速幅度不足，它就会飞向外太空。

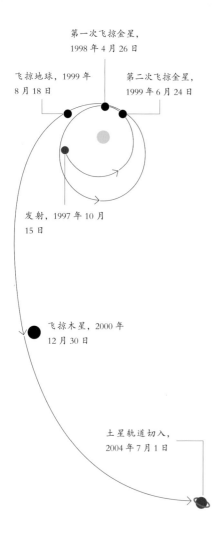

第一次飞掠金星，
1998 年 4 月 26 日

飞掠地球，1999 年
8 月 18 日

第二次飞掠金星，
1999 年 6 月 24 日

发射，1997 年 10 月
15 日

飞掠木星，2000 年
12 月 30 日

土星轨道切入，
2004 年 7 月 1 日

上图："卡西尼号"从发射到抵达土星的复杂路线，它在途中利用附近的行星进行引力助推飞掠。

下图："卡西尼号"拍摄的最后一幅照片，它望向被土星环反射的光照亮的土星暗面。

到美国太平洋时间夏令时晚上 8 时 54 分，"卡西尼号"终于被土星的引力捕获，成为首个环绕土星飞行的人造太空飞行器，探索太空的新时代就此开启。在接下来的 13 年中，"卡西尼号"将为其投入带来极大的回报。"旅行者号"和"先驱者号"曾给我们带来了对土星卫星最初的粗略观察，"卡西尼号"在环绕土星飞行的 13 年间取得的成果要多得多。它不但新发现了一大批土星卫星，而且帮助我们解开了已知卫星的许多谜团，更向我们揭示了土星的 60 多颗卫星的形态有多么不同。"卡西尼号"还让我们首次得以研究土星卫星与所在的土星环之间的相互作用，以及土星环系统本身的结构和历史。我们会在后面详细介绍这些探索和发现。首先，让我们来看看"卡西尼号"揭示了土星本身的哪些秘密。

"卡西尼号"的主要目标任务之一就是研究土星厚厚的大气层的特征和大气活动。"旅行者 2 号"曾发现有一处热源深埋在土星的云层之下，并且它散发的热量要远多于土星从阳光中吸收的热量（准确地说，多了 87%）。那么，这个热源究竟是什么？土星厚重的大气层又是如何编织出像六角云那样庞大而复杂的天体系统的？这些都是有待"卡西尼号"解答的问题。

从重压千钧、令人窒息的金星大气中的狂风和硫酸雨到地球薄薄的蓝色大气层中无穷无尽的风暴系统，大气层或许是行星上最壮观和最复杂的环境，即使在我们这颗相对温和的行星上也存在着。在内太阳系中，所有岩质行星的大气以及天气系统都有着同一个能量来源，那就是太阳无尽的热能。

我们在岩质行星上看到的所有天气现象（不管是火星上的沙尘暴还是地球上的飓风）都是由同一个简单的进程驱动的。首先，太阳照射行星表面，使其升温，而行星表面又将热量反向辐射，使距行星表面最近的空气升温。这部分空气因而膨胀，密度随之降低，于是这部分距离行星表面最近的空气就开始上升。

这些热空气上升的结果就是形成了上升暖气流。这是一种空气从行星表面上升到大气层上层的活跃运动。在海洋上空也发生着相同的事件，太阳的热量使得大量海水蒸发并向上进入大气层。

所以，用最简单的话说，我们在地球或者其他类地行星上看到的所有奇特的天气现象都是由太阳使土地和海洋升温导致空气移动而产生的。但是，在太阳系的更外层，其他星体的大气层会表现出显著的差异。

土星上的风暴是整个太阳系中最猛烈的风暴，它们由各种复杂而又极具力量的天气系统生成，而我们远远地观望着这些风暴已有近 150 年的时间了。

早在 1876 年，曾发现两颗土星卫星的美国著名天文学家阿萨夫·霍尔首次观察到了这样的一个风暴系统。他通过当时最大的反射望远镜（位于华盛顿特区的美国海军天文台 66 厘米口径望远镜）进行观测。

"也许还有一丝遥测信号……我们刚刚听说探测器的信号已经消失了……再过 45 秒，探测器也会消失不见。我希望大家都为这项伟大的成就深感自豪。祝贺大家！这是一项让人难以置信的任务，这是一个让人难以置信的探测器，你们是一个让人难以置信的团队。现在，我宣布，任务结束。任务负责人下线。"

——厄尔·马伊斯，
"卡西尼号"任务负责人

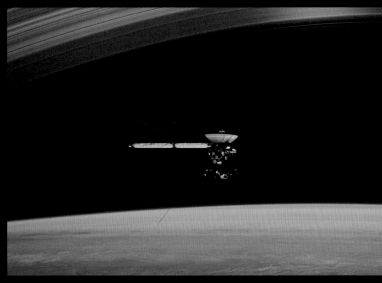

左图：经过 15 年的工作和研究，"卡西尼号"正在接受发射前的最后检查。

右下图："卡西尼号"任务尾声，探测器正准备穿越土星和土星最内侧的一条土星环之间的缝隙。

右上图：1997 年 10 月 15 日，"卡西尼 - 惠更斯号"从卡纳维拉尔角发射升空。

"土星每过几十年就会爆发风暴。我们很幸运，近距离观测了土星历史上最大的风暴之一。这场风暴把物质送到了100多千米的高处。"

——凯文·贝恩斯，
"卡西尼号"任务

上图：2011年1月至2012年3月间的土星图像，展示了土星北半球的暖气流热点地带。

下图："卡西尼号"观测到的规模最大、持续时间最长的土星风暴的伪色图，绘制于一个土星日内。

他观察到，在土星的北半球有一个巨大的白色斑点。当时，霍尔应该对他所观测到的现象一无所知。这对他来说十分有意思，仅仅因为这个斑点帮助他首次估算出了土星的自转周期。可是，在接下来的几十年中，这个大白斑一次又一次被观测到，每隔二三十年就会悄然出现，然后慢慢消失。对我们来说，很幸运的是，大白斑每两次现身的间隔时间在2010年12月骤然缩短，上一次大白斑出现在4年前。此时，"卡西尼号"正在土星轨道上飞行，我们终于得以近距离追踪这样一场风暴的演化过程。它在2010年12月初诞生，8个月后消失。这个巨大的风暴系统在许多方面都与地球上的一场简单的雷暴十分相似。它在诞生之初是一个高达1300千米、宽达2500千米的大白斑。在此后的几个月中，"卡西尼号"追踪着这场风暴，观察它在土星上蔓延的过程。在风暴形成短短几周后，它的尾端就已经横跨10万千米。6个月后，这场风暴已经席卷整个土星，形成合抱之势。"卡西尼号"还首次拍摄到了这场风暴内部在光天化日之下发生的闪电现象。能够在土星亮面观测到闪电，这让"卡西尼号"任务团队十分吃惊。这也说明这一道闪电一定非常猛烈，因此它才会在日光中清晰可见。

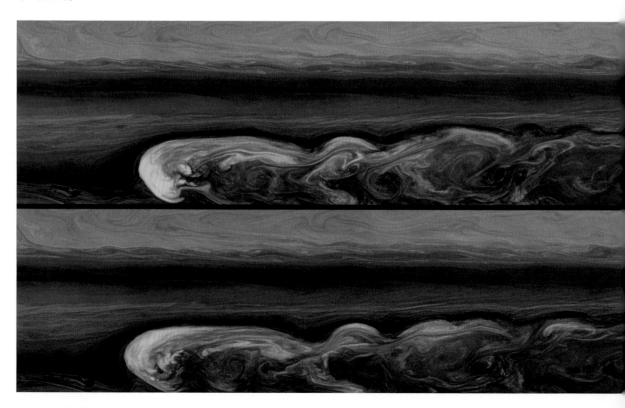

上图:"卡西尼号"拍摄的这一组照片显示了风暴的发展过程,它从一小团白云变成下图中几乎无法辨认的云团。

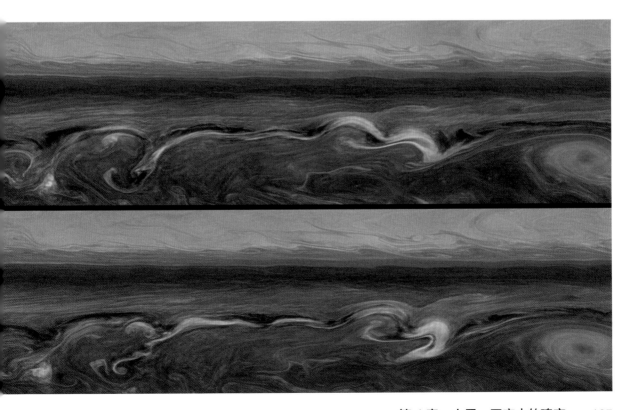

下图：2012 年拍摄的这幅伪色图是"卡西尼号"拍摄的最初几幅阳光下的土星北极照片之一。土星北极上一次被拍摄到处于阳光的照射下还是在 1981 年，那是由"旅行者 2 号"完成的，但是细节不够清晰。因此，我们无从得知这场新发现的土星北极风暴已经活跃了多长时间。

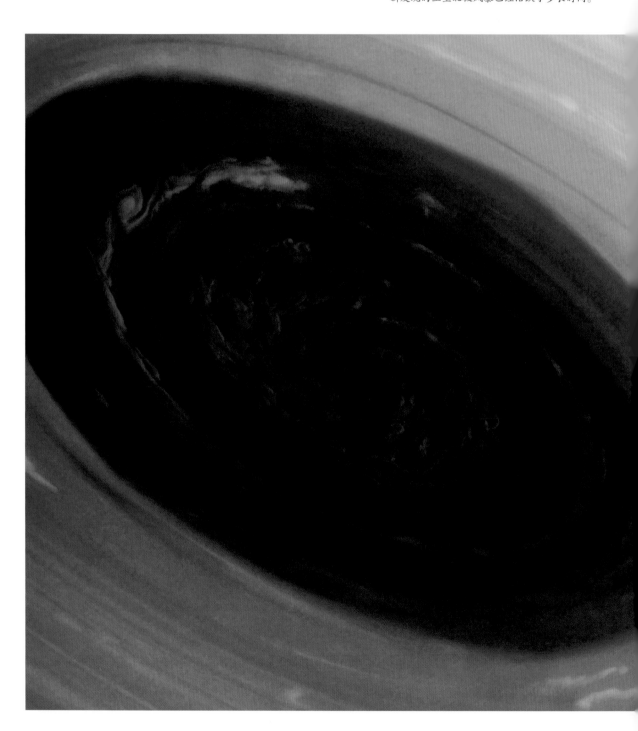

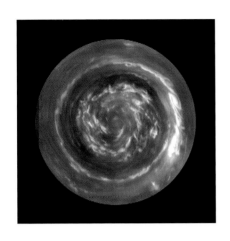

"'卡西尼号'甚至能探测到这场强对流风暴中闪电的爆裂声。这场风暴比地球上最猛烈的风暴还要猛烈大约10000倍。"

——利·弗莱彻，
"卡西尼号"任务

"卡西尼号"任务科学家卡罗琳·波尔科说道：

"这些闪电与我们地球上最强的闪电类似。仅仅能目睹土星上的闪电就已经是一件幸事了。我们还知道，闪电来自云层，最深的云层从云端向下延伸大约100千米，那里是水云层、冰云层。这是说得通的，因为在地球上，闪电之所以产生……是因为有上升气流，粒子被推举着穿过大气层，它们在对流传热。我们在土星有着一系列科研目标，其中主要目标之一就是理解土星大气气象，到底是什么为我们看到的土星风暴提供能量，等等。我们现在确信土星的气象系统实际上是由下方的能量维持的，即土星内部的一个能量源。与我们的地球不同，土星的气象系统不是由太阳驱动的。"

"卡西尼号"将镜头对准了"旅行者2号"30年前曾拍摄到的六角云。这一次，"卡西尼号"用高清窄角镜头对准土星的北极，拍摄到了这场与飓风类似的巨型风暴的细节。这场巨型风暴的风暴眼的直径就达到了2000千米，云团移动的速度达到150米/秒，远远超过地球上的任何飓风。

我们尚不能完全理解是什么引发了这一场以及土星上的其他任何一场风暴。但是我们明确地知道，在太阳系中如此偏远的地方，这些气象系统的主要能量来源不可能是太阳辐射的热量。土星从太阳那里吸收的热量只有地球的百分之一，因此一定有其他能量源在驱动着土星的气象系统。土星上的大型上升气流与我们在地球上所见到的别无二致，不过土星上的上升气流完全是由土星内部驱动的。

目前，我们还没能更深入地探测土星内部，看看这个奇怪的行星内部到底发生了什么。不过在过去的几年中，我们已经取得了前所未有的进展。借助"先驱者号""旅行者号"和"卡西尼号"积累的证据以及我们日益精确的地基观测手段，我们已经能够逐渐拼接出一条通往土星内部的详细路线。我们触及了土星云层的顶端，那里盘踞着巨型风暴，闪电不断。这些信息已经让我们能够初探云端之下的奇妙世界，以及让土星保持活力的神秘能量来源。

上图：一场风暴盘踞在土星北极。这场风暴的风暴眼比地球上一般风暴的风暴眼大50倍左右。

右图：在这两幅土星风暴照片中，白色箭头指示的是云层中闪电的位置。

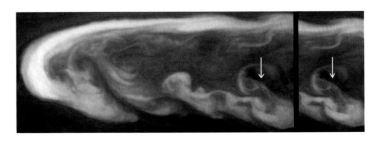

终 章

在太空中度过 20 年后，这个饱经风霜的探测器已经无法在越发厚重的大气层中保持稳定的飞行路线了。随着"卡西尼号"开始摇摆、滚动，它的天线向地球发回了最后几个字节的数据，直播这段 90 分钟的旅程……

上图：美国国家航空航天局喷气推进实验室的科学家挥泪告别"卡西尼号"。

对页图：为了它的盛大谢幕，"卡西尼号"在土星和土星环之间绕土星飞行了 22 圈。2017 年 9 月 15 日，它一头扎进土星大气，完成了自己的使命。

我们深入土星内部的旅程不是从云而是从雨开始的。在土星大气最外侧的边缘，也就是在土星和距土星最近的 D 环之间，我们发现了土星环雨——大量物质从土星环中倾泻而下，落进土星大气的上层。我们知道这一点，因为"卡西尼号"在 2017 年 9 月 15 日最后冲进土星大气时，它飞过了这片从未有人涉足的"无人区"，首次直接观测到了落下的环雨。"卡西尼号"用离子和中子质谱仪测量出了环雨从土星环上下落的速率，每秒落下的物质达到了令人咋舌的 10000 千克。"卡西尼号"还测出，环雨是由氢、固态水以及令人吃惊的大量丁烷和丙烷等复杂的有机化合物混合而成的。这一混合物全部落在土星的上层大气中，改变着那里的化学成分。而对于这种改变，我们才刚刚开始有所了解。

"卡西尼号"随后开始了它历史性的最后一段旅程，俯冲入土星的上层大气。它不断受到湍流的干扰，但仍艰难地将天线指向地球，发回一连串珍贵的数据，直到最后一刻。美国太平洋时间夏令时 3 时 30 分 50 秒，在土星云端上空 1900 千米处，"卡西尼号"以 123000 千米 / 小时左右的速度冲向土星的上层大气。科学家们首次对土星大气进行采样，来自人类的信使首次触及这颗气态巨行星。在接下来的几秒钟里，"卡西尼号"加大了其高度控制推进器的动力，稳定住自己在稀薄的土星外层大气中快速下降的轨迹，并且保持天线指向地球，维持了最后几秒钟的通信。但这场战斗中，"卡西尼号"必败无疑。在此后的几分钟里，随着土星上层大气的密度逐渐增大，"卡西尼号"正面承受的摩擦力迅速加大，使其快速升温，引发了一场不断推进的热力学连锁反应。"卡西尼号"的设计并不能承受这样的外部条件。

美国太平洋时间夏令时 3 时 30 分，在土星云端上空 1500 千米处，"卡西尼号"终于失去了控制。在太空中度过 20 年（其中有 13 年都是在探索土星）并飞越了 79 亿千米后，这个饱经风霜的探测器已经无法在越发厚重的大气层中保持稳定的飞行路线了。随着"卡西尼号"开始摇摆、滚动，它的天线向地球发回了最后几个字节的数据，直播这段 90 分钟的旅程，而它的使命在信号抵达地球前就早已结束了。

在小小的"卡西尼号"坠入庞大土星的过程中，到底发生了什么？我们只能做出合理的猜测。"卡西尼号"任务团队利用计算机模型测算了探测器在最后几秒钟内的状态。科学家们只能运用自己的想象力，构建出"卡西尼号"在土星大气里跌跌撞撞地前进的图景。"卡西尼号"当时身处云端上方 1100 千米高处，速度达到 144200 千米 / 小时，而且温度在不断升高，机身上曝露的零件都将开始解体。当计算机系统失灵时，"卡西尼号"变得"又聋又瞎"，它终于开始解体了。最先破损的是

"'卡西尼'任务将会成为行星探索史上最杰出的任务之一，它不但有新的发现，还能用全新的观测结果来跟进这些新发现。

"'卡西尼号'发现了土卫二上的喷流，探测到了海洋。随后，它还能进行跟进研究，真的飞越了喷流，并且用另外一套仪器检测了其成分。一般来说，我们要等到下一次任务才会执行这样的跟进研究。

"'卡西尼号'在土卫六的北部高纬度地带和南部都发现了湖泊和海洋，然后又用雷达的不同工作方式探测了这些海洋的深度和构成。同样，你原本要等到下一次任务才会有这样的机会跟进研究。但'卡西尼号'无所不能，就好像它在执行一连串探测任务，而不是执行单一的任务。这就是它的特别之处。"

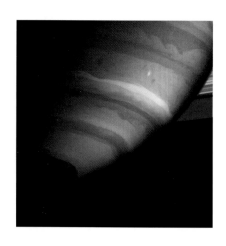

上图和对页图： "卡西尼号"对土星和土星环之间从未被探索过的区域进行的探索为美国国家航空航天局解答了许多疑问，但是也提出了更多新问题。

"卡西尼号"的金质隔热层，随后外层的碳纤维结构也开始断裂。在闪烁的土星环之下和黄色的云顶之上，"卡西尼号"的残骸飞速划过土星的天空，燃烧的温度甚至高于太阳表面的温度。曾帮助"卡西尼号"完成这段伟大旅程的助推剂油箱发生爆炸，将探测器残存的部分炸成数百万块碎片。这个伟大的土星探测器用它自己燃烧着的残骸如转瞬即逝的烟火一般照亮了这颗巨大行星的一个小小角落。

"卡西尼号"就此作古，但它的旅程远未结束。在此后的几分钟里，它的残片四散落入土星云端，坠入土星内部。最终，这个由人类在千百万千米外的遥远星球上建造的探测器上的每一个原子都在土星的心脏中安息。"卡西尼号"和土星永不分离。

"卡西尼号"最后到了哪里？我们只能想象，但它在最后一刻收集的数据让我们前所未有地深入探寻土星内部的细节。当"卡西尼号"的残骸坠入土星上层大气时，它们应该先穿过了土星最上层的云层。这里的温度通常在零下170摄氏度到零下110摄氏度之间。而这些云也不是由固态水组成的，而是由凝固的氨组成的。正是这些氨的结晶为土星染上了标志性的淡黄色，我们在地球上即使用最简陋的望远镜也能观测到土星黄色的闪光。在上端云层之下，压力和温度逐渐上升，大量固态水构成了厚厚的一层云。这些水分子可能是过去那个岩冰土星散失的"建筑材料"。在土星庞大的云层中，比我们地球上最强的闪电更猛烈的闪电照亮着土星的天空，风暴可以持续数月之久。"卡西尼号"为我们拍摄了这些土星风暴的首批静态和动态图片，让我们得以预测土星内部的下一场大变局。

"卡西尼号"任务科学家凯文·贝恩斯说道：

"每过一二十年，土星就会突然暴发，产生大规模风暴，让我们措手不及。这些都是全球性风暴……会持续6个月到一年的时间。我们在2010年用'卡西尼号'观测到的那场风暴非常猛烈。据我们的计算，它是我们在太阳系中观测到的最猛烈的风暴，即使与木星中心的对流风暴系统相比也毫不逊色。

"在'卡西尼号'任务期间，我们获得了观测那场风暴的绝佳时机。我们还观测了正在酝酿风暴的云层，在云层和土星的风暴云中有了惊人的发现……我们发现云中有固态水，这真的让我们震惊不已。因为水应当被锁在大气层深处，我们本不应该在大气上层发现水。只有巨型对流上升气流才会把水带到大气上层。我们说的可是……能够把气体从160千米之下送上来的上升气流。在地球上，我们看到的气体上升或者对流上升的幅度最大也不过15千米。在土星上，风暴要比地球上的大10倍。这些都是非常猛烈的风暴，

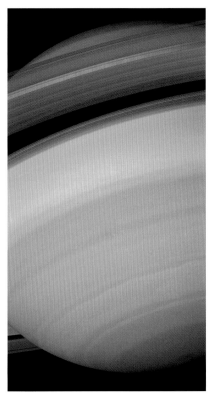

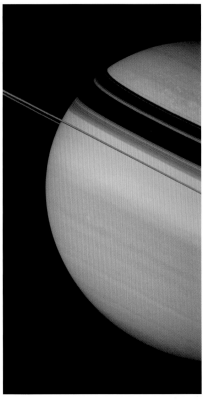

能把 160 千米之下的物质送上来，把下方的水也带上来。其实带上来的可能是一种水和气体的混合物。总之，风暴把水带上来，水变成冰。云层中固态水的存在确实让我们非常震惊。"

我们现在认为，在可见大气之下大约 100 千米处（相当于地球表面到太空的距离），土星闪电内的温度可达 3 万摄氏度，会将大气中的甲烷气体转化为大型碳烟尘云团。我们认为，这些云团由大型对流气流送到大气上层后就成了"卡西尼号"多年来观测、拍摄的神秘黑云。这可以用土星闪电制造碳烟尘来解释。这种物质从上端云层倾泻而下，直到大约 1500 千米深处。这里的巨大压力会将烟尘压缩成石墨，而石墨又继续向深处坠去。到了 6000 千米深处，我们推测，这些石墨会经历彻底的变化。由于温度和压力急剧升高，石墨转化成钻石，然后继续下坠至少 25 万千米。据估计，土星内部随时都有 1000 万吨"钻石雹"落下，从 1 毫米大小的钻石碎屑到 10 厘米大小的大块钻石。或许，"卡西尼号"的残骸经过燃烧、碳化后也抵达了土星深处，被转化成了钻石，然后继续坠入这颗它曾帮助我们探索的行星深处。但是最终，这些钻石都会在土星内部的极度高压下土崩瓦解。到大气层 3 万千米深处，温度可达 8000 摄氏度，钻石都会熔化，变成液体钻石雨继续落向深渊。

深入土星内部 40000 千米，我们认为土星的能量源就隐藏在这里。这股能量驱动着我们在土星表面看到的所有风暴和天气现象。这里的极度高压将占土星质量 96% 的氢压缩成一大片液态氢的海洋，其中也包含氦。在这样的高温高压条件下，氦会沉淀出来，像雨一样穿过氢海。这样，土星外层的氦就逐渐被消耗了（这也可以解释"旅行者 1 号"在 1980 年首次探测到的氦含量为什么低于预估水平）。熔融状的氦雨落下时，摩擦产生大量热量。我们认为，这就是土星的发动机，是土星上恶劣天气的能量来源，是土星大气向各个方向移动千万千米的驱动力。

最后，我们将到达土星内核。在这里，液态氢在高压下变得像一种液态金属，而氦可能会在核心外再包上一层具有金属光泽的外壳。再进一步深入的话，我们也不知道是否还有岩质核心存在作为土星历史残存的见证，抑或如此高压已经让岩质核心不可能存在了。不论土星的中心有什么，我们估计土星核心的质量大约相当于地球质量的 20 倍，直径约为 25000 千米。或许在这里，"卡西尼号"的几个原子正在土星古老的心脏中长眠。

冰冷的
土星环

自童年时光伊始，土星的生平就充满了戏剧性。从最初的岩质行星到今天的气态巨行星，其间经历了短短几百万年的快速变迁。然而，土星的一个特征几乎在这一整段时间里都无处可寻。我们现在认为，土星诞生时就是"一丝不挂"的，而且在其生命中的绝大部分时间都并没有它最具标志性的结构陪伴。

土星以土星环而闻名。如果你让孩子们画行星，他们时常会画出与土星十分相似的星球。我们在本章之前的部分已经看到，土星环中的粒子极为细小、复杂，有些还不及雪花大，有些则和房子的大小差不多。它们置身于人类所见过的最美的结构之中，以 1800 千米 / 小时的速度绕土星公转。长期以来，土星环吸引我们的原因之一就是尽管它距离我们非常遥远，但我们仅用简单的望远镜就能够看到。土星环和土星本身都同样强烈地反射着太阳光，在夜空中十分耀眼。

下图： 土星环的首幅射电掩星图像。土星环粒子的密度在绿色区域内较小，在紫色区域内较大，在白色区域内最大。

"土星环确实非同寻常。它们其实是由许多冰粒组成的。想想看，有千百万个这样的冰粒，每个都按自己的路线运行，但是能够共同创造出如此复杂、美丽的纹路，实在令人惊叹。有些冰粒小如碎石，有些大如山岳。"

——琳达·斯皮尔克，"卡西尼号"任务

多年以来，科学家们一直在争论土星环的年龄和起源。有两套相互矛盾的证据支持着两种截然不同的假说。一方认为，像土星环这样的高密度环状系统一定颇为古老，它们由土星形成时残留的物质构成。另一方提出，证据显示土星环相对年轻，是最近才出现在这颗古老的行星上的。

明亮的土星环不但美丽动人，而且也给人以惊喜。太阳系并非纤尘不染之所。实际上，太阳系中充满了尘埃和污垢，因此我们认为，如果冰晶长期存在，就会不可避免地变脏。我们也知道，如果冰晶变脏，那么它们在反射阳光时就远没有那么明亮。因此，就土星环而言，我们认为，如果土星环在土星的一生中都如影随形，那么其中的粒子、冰块的反射能力就会越来越差。如果它们是在土星诞生之初就形成的，那么几乎可以肯定我们现在应该已经看不见土星环了，或者土星环应该显得特别黯淡。然而，土星环反射的光十分明亮，就像崭新的一样。

上图： 在土星 A 环、B 环、C 环
和 F 环映衬下的土卫一。

"'卡西尼号'的观测告诉我们，我们还有另一条证据链，尤其是土星环中非水和冰的其他成分，这些应当是污染物。不论一两亿年前土星环是如何形成的，其中都有原始冰，那么它就一定会受到污染，因为有大量物质从太阳系中的其他地方抵达这里。但是我们现在知道，原始冰主要来自这一区域外的柯伊伯带，而且一直都有尘埃撞击，偶尔还有更大的物体。我们可以通过宇宙尘埃分析器知道这些物质抵达时的速率。机器必须过滤掉来自土星E环的物质，如果有星际物质的话，也要将其过滤掉。他们认为剩下的物质就一定来自柯伊伯带，而且他们也知道这些物质抵达时的速率。这相当于给了你一座时钟，如果你把时钟调回到土星环形成之时，你就能得到答案：大约2亿年。"

这场争议从18世纪起就以各种形式进行着，但一切都随着"卡西尼号"的到来而改变了。在它围绕土星飞行的13年中，"卡西尼号"不但以前所未有的方式观测了土星环，而且为我们提供了关于土星环的密度和构成的直接证据。这些信息正在帮助科学家们永久地解开土星环的谜团。

"卡西尼号"在历史上首次用装在探测器外部的宇宙尘埃分析器成功地从土星环和周边尘埃中直接采样。这个高科技仪器基本上就是一只价值数百万美元的桶，但这只桶可以探测到尺寸仅为1毫米的一百万分之一（比病毒还要小）的粒子，并确定粒子的大小、速度、移动方向以及化学成分。"卡西尼号"通过观测从土星系统中落到土星环上的尘埃，帮助科学家们拨动时钟的指针，提供了有说服力的直接证据，证明如果土星环中的冰粒是土星系统的"老成员"的话，它们就应当比现在沾上了更多的尘埃。这也证明了一个长期存在的假说：土星环如此明亮，是因为它们非常年轻。实际上，"卡西尼号"的宇宙尘埃分析器获得的证据显示，土星环比我们想象的还要年轻得多。最新研究估计，土星环的年龄大约在1000万年到1亿年之间，比土星本身要年轻近45亿年。那么，土星环是从哪儿来的呢？"卡西尼号"再次为我们提供了一条线索。

在"卡西尼号"任务的最后阶段，它在环绕土星的一系列轨道上穿越。这些轨道对探测器来说风险极高，科学家们在"卡西尼号"任务早期是绝对不敢尝试的。"卡西尼号"任务团队指挥"卡西尼号"逼近土星，反复飞越土星和土星内环之间的缝隙。2017年9月，"卡西尼号"共进行了22次这样危险的俯冲，测量了土星和土星环的引力大小。这些数据随后被用于计算土星环系统中最大的一条环的质量和密度。土星B环占所有土星环质量的八成，但"卡西尼号"的测量结果显示土星环的总质量低得令人吃惊。虽然这一结果尚不是最终定论，但是强烈地指向这样一个事实：土星环并非源自土星本身形成之时，而是源自一个较近期、更剧烈的事件，与环绕土星公转的一个星体有关。看起来土星环来自土星的一颗卫星。

上图： 装在"卡西尼号"外部的宇宙尘埃分析器是一只价值几百万美元的桶。它收集了不少珍贵数据，真实价值无法估量。

右图： 1865年的版画，描绘了土星环的阴影。这揭示了人们对土星这颗神秘行星的迷恋可以追溯到很久以前。

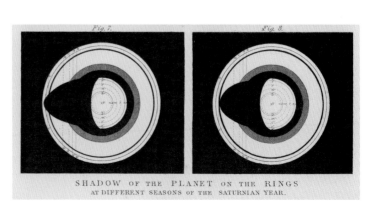

SHADOW OF THE PLANET ON THE RINGS
AT DIFFERENT SEASONS OF THE SATURNIAN YEAR.

冰冷的土星环

　　"冰块就像外太阳系的岩石。外太阳系中行星的卫星基本上是由冰组成的。内太阳系中没有这么多冰，因为这里比较温暖，冰会蒸发，而不会聚集。但在外太阳系的行星和卫星形成之时，那里足够寒冷，冰从云、气体和尘埃中凝结出来，形成了这些行星。因此，在土星卫星以及外太阳系的其他行星表面和内部存在充足的冰。冰是构成这些外太阳系天体的基本原料。水是我们在天体表层所见到的物质，也是密度最低的物质。这些天体中的许多足够温暖，岩石和金属进入星体内层，而冰留在了外层。这就是我们所看到的也是我们所研究的地质学。我们研究这些冰的地质学特征，它们的物理特征与岩石相似，因为外太阳系就是这么冷，冰就是这么硬。"

——鲍勃·帕帕拉尔多，"卡西尼号"任务

　　"如果我能够手拿一个土星环粒子，那么根据我所获得的红外数据可知，它的外层可能看起来就是毛茸茸的，充满孔洞，可能有些像雪；而它的内部会有一个冰冷的内核，被毛茸茸的外壳包裹着。我们现在还知道，土星环粒子经常相互连接构成了长链，这些链条可以维持一段时间，然后链条破裂，粒子又会四散漂泊。"

对页图： 此处拍摄到的密度波是由土卫十的
轨道失谐引起的。

下图和右图： "卡西尼号"拍摄的照片显示
土星环上有精美、复杂的纹路，这是由它们
不同的透光度以及投下的不同阴影造成的。

底图： "卡西尼号"拍摄的特写照片显示，
在土星 B 环边缘有一系列垂直的结构体，它
们高达 2.5 千米。

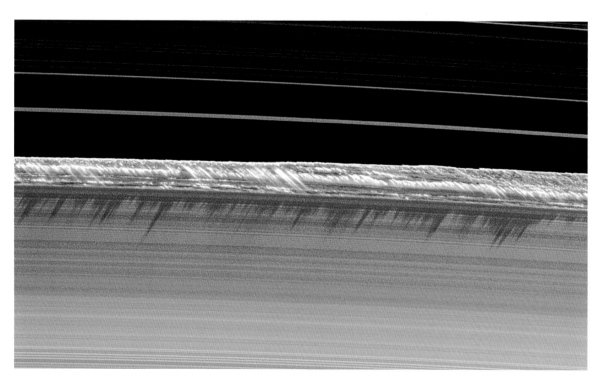

土星的卫星

"土星的卫星是土星形成时的远古残留物，它们的大小、轨道甚至成分都有助于我们理解土星演化的不同阶段。"

——乔纳森·卢宁，天体物理学家

上图: "卡西尼号"在 2010 年拍摄了这幅照片，展示了土卫一的细节。当时，"卡西尼号"距离土卫一仅 9500 千米。

下图: "卡西尼号"在经过距土卫十八最近的点时拍摄的照片展现了不同视角下的土卫十八。

对页图: 土卫四和土星环在土星上的阴影。土卫四的直径约为 1123 千米，公转轨道距土星约 377000 千米。

土星有 62 颗较大的卫星，还有无数颗小卫星。它们有的大如行星，比如土卫六；有的只是一小团形状不规则的岩石，比如土卫五十三。我们还在搜寻更多可加入土星卫星行列的新成员。"卡西尼号"在 F 环内发现了两个具有"土星卫星资格"的潜在候选星体，它们分别是 S/2004 S6 和 S/2004 S3，但它们尚未经验证和确认。

这些卫星的大小、形状和表面特征中隐藏着各种各样的线索，让我们可以一览土星系统的历史，揭示它过去时有发生的暴烈的动荡事件。

土卫一也被称作"死星"卫星，最先由威廉·赫歇尔在 1789 年发现。他的名字用于命名土卫一上的巨型撞击坑，并因此得以不朽。土卫一的直径仅为 396 千米，而赫歇尔撞击坑的直径就有 130 千米。这道深深的伤疤告诉我们曾经发生过一次剧烈的撞击，几乎摧毁了这颗卫星。

土卫八是土星的第三大卫星，其直径为 1500 千米，几乎与行星的大小相当。它的两个半球有着泾渭分明的色调，分别是暗半球和亮半球。土卫八是由乔瓦尼·卡西尼于 1671 年发现的。它还有一个特征，令我们长期以来百思不得其解。一条巨大的赤道山脊占据了这颗卫星的直径的四分之三。这是太阳系中最高的山脊之一，从顶峰到山脚下足有 20 千米。有人认为，或许这颗卫星原先的卫星环崩塌后坠落到卫星表面形成了这条山脊。

土卫七是一颗在土星轨道上蹒跚前进的海绵状卫星。它于 1848 年被发现，是首颗被发现的非球形卫星。今天，土卫七千疮百孔的表面和不规则的形状是如何形成的仍是个谜。有人提出，土卫七实际上是另一颗卫星在很久以前解体后残留的部分。

土卫十八是一颗核桃状的小卫星，是不到 30 年前人们通过分析"旅行者 2 号"拍摄的照片发现的。它以古希腊牧羊神的名字被命名为潘神星。这是因为土卫十八是一颗牧羊犬卫星，在其轨道上来回扫荡。它的轨道位于 A 环上 325 千米宽的恩克环缝中。土卫十八极有辨识度的赤道脊被认为是由它在土星环中扫荡时吸收、积累的物质构成的。

"卡西尼号"到 2017 年为止发回的大量照片和数据让科学家们能够对每颗卫星进行更深入细致的分析。这些卫星都与它们环绕的土星环系统密切相关，这一点已变得越发明显。许多卫星是由和土星环完全一样的物质构成的。土卫一、土卫八和土卫七都是冰卫星，几乎完全由固态水构成，仅含有极少量岩石。通过解读这些卫星表面的证据，我们认为在过去 40 亿年剧烈的相互作用中，土星历史上既有过新的卫星产生，也有旧的卫星消失，这一点几乎可以被确定。所有这些信息都指向这样一个想法：土星漫长的历史上最奇妙的卫星可能已经消失不见了。

我们现在认为，大约 1 亿年前，当恐龙在地球上活动的时候，有一颗现已消失的卫星曾在土星近处绕它公转。它的直径可能为 400 千米，几乎完全由冰构成。这颗星球注定要毁灭，因为它距离土星太近，无法抵抗土星巨大的引力。它的命运在诞生之初就已注定。

1848 年，法国天文学家、数学家爱德华·洛希首次提出，曾有这样一颗现已消失的卫星存在。他以古罗马真理女神的名字将其命名为"真理星"。据说，真理之神曾藏在一口圣井的井底。洛希在探索天体力学上的一种特殊动态时，假定这颗卫星曾经存在，描述了两个天体之间的一种潜在的、剧烈的引力关系。他证明，如果一颗卫星到其母行星的距离近到一定程度，就有可能越过一条临界线。越界之后，引力过于强大，会将卫星撕裂。

这一距离现在被称作"洛希极限"，它取决于许多因素，包括卫星和行星的质量、半径和物理特征。在洛希极限外，卫星可以和行星和谐共存，在行星引力的作用下绕行星公转，同时保持自身结构完整。但如果卫星的轨道降低到一定高度，越过了洛希极限，那么卫星受到的引潮力就会超过维系卫星呈球体形状的引力，于是卫星就会瓦解。

这套关系适用于任何行星卫星系统，包括地月系统。我们在地球上每天可以感受到两次这样的地月关系，那就是在地球各地此消彼长的潮汐。潮汐是由月球对地球两侧的引力差异所导致的。虽然这一差异十分细微，但在引潮力的作用下，它足以令整个海洋随之而动。

上图：土星的海绵状卫星土卫七，它的上面遍布着奇怪的撞击坑。

上图：土星的第三大卫星土卫八，也被称作"阴阳脸"，因为它有显著的明暗半球分野。

"通过理解其他相似而不完全相同的星系如何运作，我们能更好地理解地球是如何运作的。如果你知道地球表面是如何形成或演化的，那么你就应当能将其应用到冰行星上。"

——鲍勃·帕帕拉尔多，
"卡西尼号"任务

上图：古罗马的时间与收获之神萨图恩，他决心维护对自己国度的统治。这或许与土星及其卫星的关系有相似之处。

对页图：地球上平衡的潮起潮落源自和谐的地月关系。

月球在地球上制造潮汐，而地球也对月球产生着潮汐作用。由于地球的质量比月球大得多，地球对月球的潮汐作用也比我们想象的更强劲。地球引力实际上足以改变月表地貌。今天，地球仍在月表上制造潮汐，使其岩石起起落落。但 40 亿年前，这一效果更加明显，因为当时地月距离仅有今天的十七分之一。当时，地球对月球的引力可以使月表岩石上升或下降数米距离。如果月球当时离得再近些，就会越过洛希极限，粉身碎骨。

当爱德华·洛希首次列出计算这条界线的方程时，他意识到卫星的毁灭并不仅仅意味着卫星的毁灭，同时也将有上百万甚至上千万块碎片诞生，这些卫星碎片将继续围绕着行星运转。他还推测，随着时间推移，这些碎片在行星引力的作用下将再次聚集，形成一种非常脆弱的结构——行星环体系。

在最为残忍的古典神话故事中，古罗马的时间与收获之神萨图恩吃掉了他的 5 个新生孩子，防止他们取代自己。现在，"卡西尼号"告诉我们，至少从隐喻上说，古罗马人的猜测与事实相差无几。

我们现在认为，1000 万到 1 亿年前，有一颗冰卫星在土星庞大的大气层之外运转，离洛希极限越来越近。当土星把巨大的引力施加在这颗卫星身上时，卫星开始碎裂。这样的瞬间值得最伟大的神话故事大书特书：多达 3000 亿亿吨冰（相当于珠穆朗玛峰质量的 30000 多倍）在土星轨道上迸裂，分散在土星周围。这些残骸很有可能以极高的速度在土星周围运行，很快就环绕在整个土星周围。在短短几天之内，土星标志性的土星环就诞生了。

今天，土星环已经发展成了我们能够在夜空中看到的复杂结构体。土星巨大的引力帮助土星环维持着它近乎完美的椭圆形状，但不断发生的碰撞使土星环变得越来越平。现在，这些残骸构成了一个圆盘，宽度甚至超过了木星，但平均厚度只有 10 米。卫星大小的冰块在土星环中公转时，会创造出巨大的空洞，一条环就此分成了许多层。在有的地方，卫星会把冰粒吸起，制造出高达 1 千米的古怪"冰峰"，在土星环上投下美丽的阴影。

土星曾是一颗矮小的岩冰行星，经历了翻天覆地的变化，今天已经成为太阳系中最伟大的瑰宝。"卡西尼号"，我们最无畏的探测器，加深了我们对土星历史的了解。

或许"卡西尼号"留给我们的最珍贵的礼物并不是它对我们认识历史的启示，而是它让我们能够一窥未来，因为在土星环之外，"卡西尼号"发现了一个隐藏着的宝藏。关于我们对自身在太阳系甚至在宇宙中的位置的最深刻的疑问，这个天体或许能解答。

土星的卫星

"卡西尼号"任务科学家卡尔·穆雷说道：

"我记得在发射'卡西尼号'的时候，我们认为土星有18颗卫星。当'卡西尼号'抵达土星时，我们认为土星大概有50多颗卫星，而'卡西尼号'随后又发现了好几颗卫星。我想它应该新发现了6颗卫星。其他卫星，或者说土星的60多颗卫星中的大部分，实际上都是外层卫星。巨行星，尤其是土星和木星，似乎都有这一类卫星。毋庸置疑，它们都是被捕获的天体，是来自柯伊伯带的小行星。这些卫星通常处在共面轨道之内，而它们自身通常近乎球形。它们一般占据着中间地带，离土星环既不太近也不太远。

"确实存在着这样一种倾向，尤其见于土星系统。我想天王星和海王星也是一样的。那就是距离行星越远的卫星越大。而当你将目光投向行星环时，又会发现很多小卫星。我觉得可以称它们为不规则卫星。行星环卫星要么拥有自己的通过碰撞形成的行星环，在它们或它们的公转轨道周围分布着许多物质；要么就影响着一条行星环，这些卫星为它们自己清理出了一道缝隙，对缝隙两边的物质施加着影响。

"此外，在某些大卫星的公转轨道上还有一些可爱的小卫星。比如，在土卫三的轨道上，它身前60度处有一个天体，身后60度处又有一个天体。土卫四身前60度处也有一个天体，而'卡西尼号'在它身后60度处发现了另一个天体。这样，我们就能理解为什么有的卫星会出现这种现象，而有的不会。"

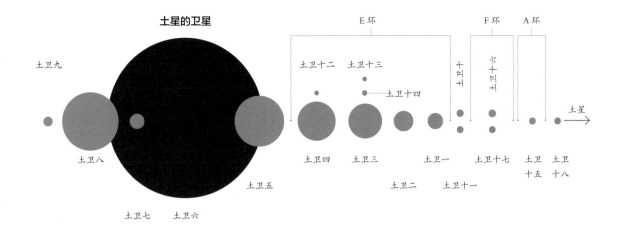

土星的卫星

E环　　　　　F环　A环

土卫九　　　　　　　　　　土卫十二　土卫十三　　　　　　　土卫十　土卫十六　　　　　土星

土卫十四

土卫八　　　　　　　　　　　　　土卫四　土卫三　　土卫一　　土卫十七　土卫　土卫
　　　　　　　　　　　　　　　　　　　　　　　　　　　　　　　　　　　十五　十八

土卫五　　　　土卫二　土卫十一

土卫七　　　土卫六

下图: 土卫六、土卫一和土卫五被一起拍摄。这三颗卫星都呈新月状。

底图: 2009 年 8 月土星接近春分点时,土卫十六在土星 F 环上投下的阴影。

对页图: 土卫三十五是土星众多镶嵌在土星环上的卫星之一。它在基勒环缝中公转时,引力对 A 环中的微小粒子产生了扰动,从而制造出波纹。

下图: 苍白的冰卫星土卫四,背景是土星环。

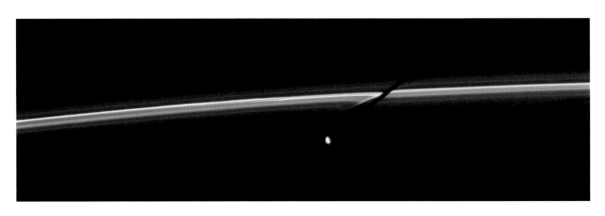

造访土卫六

在土星系统中，土卫六是最引人注意的目标之一。土卫六的体形巨大，是太阳系中的第二大卫星，不但比最小的行星水星大，而且比月球大 50%。它于 1655 年由荷兰天文学家克里斯蒂安·惠更斯发现，几个世纪以来一直被厚厚的云层笼罩着，它的秘密无人知晓。土卫六是太阳系中唯一自己拥有厚重大气层的卫星。从远处看起来，它更像一颗行星，而不是卫星。只有最雄心勃勃的探测任务才能揭开土卫六的面纱，一睹其真容。

2004 年圣诞节，"卡西尼号"在太阳系中跋涉了 7 年之后，释放了它的姐妹探测器"惠更斯号"。"惠更斯号"就此踏上了一段 400 万千米的旅程，目的地就是土卫六。"惠更斯号"的设计非常简约，看起来就像参考了 20 世纪 50 年代卡通片中不明飞行器（UFO）的经典设计。其实，"惠更斯号"一点也不简单。这是一个非常先进的太空飞行器，正要展开人类太空探索历史上最复杂的操作之一。

在"惠更斯号"飞往土卫六的三周时间里，欧洲航天局的科学家们密切地关注着它，心怀希望而又无能为力。他们已经为这一项目投入了毕生心血。但从释放的那一刻起，他们就不再能够直接操控探测器，也无法向它发出指令。根据任务流程，这时"惠更斯号"已完全由它搭载的自主计算机系统控制了。科学家们只能拭目以待，看看"惠更斯号"能否完成他们的远大设想，成为首个在外太阳系着陆也是首个在月球以外的卫星上着陆的探测器，完成太空探测器至今距地球最远的一次着陆。

为了成功着陆，"惠更斯号"必须执行一套精确受控的着陆流程。这一流程设计的宗旨就是将土卫六的大气用作空气刹车，再打开降落伞，把科学仪器送到土卫六表面。不过，"惠更斯号"必须首先从为期 6.7 年的星际冬眠中苏醒。在整个旅程中，"惠更斯号"除了每 6 个月进行一次自检外，几乎一直处于休眠模式。在"惠更斯号"与"卡西尼号"分离时，计时器才被设置成在进入土卫六大气层前 15 分钟唤醒它。"惠更斯号"的计划着陆地点设定在土卫六的南半球（准确地说，是西经 192.3 度，南纬 10.3 度），这个地点也饱含不确定性。"卡西尼号"在 12000 千米高空用摄像机对这一地区进行了勘察，发现它附近的一处地点具有很多类似海岸线的特征。在地外海洋上着陆是"惠更斯号"原本的设计目标之一，因此从理论上说，"惠更斯号"应当能够承受得住坠入土卫六的海洋中。

2005 年 1 月 14 日，这个 318 千克重的探测器进入了土卫六的大气层，在距离表面 1270 千米高处开始执行下降流程。"惠更斯号"的加速传感器监控着它减速的过程，等待着准确时机引爆爆炸螺栓，炸掉探测器的前隔热罩和后盖，释放出引导伞。引导伞又会拉出主降落伞，2.7 米宽的"惠更斯号"的下

环绕土卫六

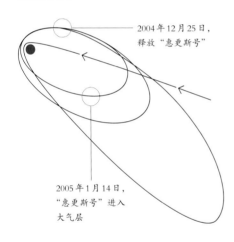

2004 年 12 月 25 日，释放"惠更斯号"

2005 年 1 月 14 日，"惠更斯号"进入大气层

上图：抵达土卫六绝非轻而易举。要让"惠更斯号"成功地在土卫六上着陆，它必须经过一段非常复杂的路线，包括四次飞越行星，利用引力弹弓效应进入正确的位置。

对页图：艺术家想象中的土卫六上的沙尘暴。人们认为，土卫六复杂的大气层中猛烈的甲烷风暴会卷起沙尘。

本页图：此次任务非常复杂，也意味着科学家们必须让探测器针对各种极端温度做好准备。隔热层用多层精心缝制的超强超轻面料覆盖，以保护"卡西尼号"免受风霜雨露和微流星体的碰撞侵袭，确保它能安全抵达目的地。

降速度将达到 2000 千米 / 小时，从而得以安全地飘落到土卫六表面。这些步骤都必须完美地执行。与此同时，十多亿千米之外，一群人紧张地坐在寂静的控制室里，等待着第一个遥感信号传回，确认"惠更斯号"已经安全着陆。每一秒钟都至关重要，因为"惠更斯号"的电池的寿命不超过 3 小时，而下落过程预计需要近 150 分钟。

> "迷雾散去之后，我们在'卡西尼号'下落过程中拍摄的很多图片都让我们好好见识了这个令人惊叹的、与地球非常相似的星球。有沟渠，有高地，有低地，有湖泊，有海洋，有火山，还有沙丘。沙丘就在低海拔地区，赤道附近 30 度以内的地带。"
>
> ——凯莉·安德森，
> "卡西尼号"任务

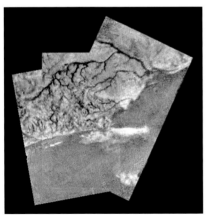

上图："惠更斯号"于 2005 年 1 月 14 日在土卫六表面着陆。短短几小时后，它就开始发回数据，包括高耸的山岭地带和河道的细节图片，说明这里曾是一个由水塑造的世界。

这就意味着它只有半小时多一点的活动时间。这项任务花费了几百万美元，用了几十年时间制订和执行计划，其成功完全取决于这个短短的探索窗口期。

尽管"惠更斯号"非常复杂，但是它无法直接和地球进行详细的通信，所有详细的遥测信号都要通过"卡西尼号"的通信系统中继才能传回地球。这就意味着在"惠更斯号"下落的 2 小时 27 分钟时间内，我们对它的状态几乎一无所知。不过，到了协调世界时 11 时 38 分，美国西弗吉尼亚州的罗伯特·C.伯德绿岸射电望远镜接收到了"惠更斯号"内部的 10 瓦发射器发射的微弱的载波信号，确认"惠更斯号"已安全抵达土卫六表面。这个了不起的探测器已经开始在土星周围的一颗地外卫星上活动了。

近 5 小时之后，在土卫六上空飞行的"卡西尼号"开始将"惠更斯号"传来的珍贵数据送回地球。当晚 19 时 45 分，第一幅有特殊意义的照片就发布了。照片上显示的是"惠更斯号"在距土卫六表面大约 16 千米处快速下落时的视野。

这是前所未有的太空探索壮举：在距离地球 10 亿千米以外的一颗卫星上，一个小小的探测器用降落伞缓缓下落，并拍摄了一幅照片。大家立刻就能看出，土卫六绝非一块平淡无奇的岩石，横贯照片的河道影像显示这个星球曾由液体塑造而成；地面上沟渠遍布，汇集到一个类似于湖底或海床的地方。很快，又有更多的照片发回。几分钟后，土卫六表面的第一幅照片抵达地球。这是人类对太阳系外围的星体表面投去的第一眼。这幅照片完全值得仔细研究，因为在科学中，通常你了解得越多，事情就越精彩。

我们在这幅特别的照片上看到的地貌与地球上的冲积平原和河床别无二致。我们可以比较有把握地下此论断，因为我们可以看到照片上的石头都被磨光了，说明它们都经过了流体的打磨。但是，其实并没有什么岩石。经过"惠更斯号"确认，这些"石头"其实都是大块的冰，由土卫六表面的低温塑造而成。这些"冰岩"所在的表面，用参与"惠更斯号"任务的一位科学家的话说，就像"顶部结冰的雪"，"如果你小心地迈步，那么你就可以像在坚实的表面上一样行走，但是只要你踏得稍重一些，就会深陷其中"。既然土卫六上的温度这么低，低到岩石其实都是用水做的，到底是什么液体在冰岩上流动，雕琢出了河床和冲积平原呢？

我们在地球上进行光谱学研究，早已知道土卫六的大气中富含甲烷。很多科学家怀疑，这到底是否意味着土卫六表面存在液态甲烷？但是直到"惠更斯号"真正着陆、仪器开始直接探测土卫六的大气时，我们才开始意识到这个星球多么陌生。"惠更斯号"在土卫六表面活动的时间出人意料地长达 70 分钟。在此期间，它在大气中探测到了大量甲烷。"惠更斯号"还确认了土卫六的表面温度达到了零下 180 摄氏度。另外，土卫六的大气压强约为地球的 1.4 倍。这些测量结果共同确认了甲烷在土卫六

上并不是可燃气体，而可能以液体形态大量存在于土卫六表面。

土卫六看起来是一个潮湿的星球，但是它富含的不是水，而是液态甲烷。这些液体将冰状岩石冲下山涧，落到开阔的冲积平原上。但是与我们最初猜想的不同，"惠更斯号"并没有坠入海中。它在一处干涸的河床上着陆，坚持了几小时之后，电池就耗尽了。直到关机之前，它也没有在土卫六表面直接探测到液态甲烷。两年后，当"惠更斯号"在土卫六表面长眠不起时，活跃的"卡西尼号"则从土卫六南极上空飞过，发回了一幅照片。在太阳系中，这是一处独一无二的景致。

这是我们首次在其他星体表面看到液体，土卫六的南极是一个充满甲烷、乙烷和丙烷的湖泊。它虽然以北部五大湖之一的安大略湖的名字命名，但它与地球上的湖泊大相径庭。这是一片 15000 平方千米的碳氢化合物，湖面有强风吹过，而且强风显然正侵蚀着湖岸。

安大略湖只是一个开始。多亏"卡西尼号"的多年观测和拍摄，我们如今已经发现了 40 多个液态甲烷湖泊，包括丽姬娅海。这是一大片液态碳氢化合物，海岸线长达 200 多千米。我们还曾观测到丽姬娅海底有神秘的泡泡升起。克拉肯海是我们至今在土卫六表面发现的最大水体，其面积达到 40 万平方千米（比苏必利尔湖大 5 倍），深度可达 160 米。我们在这片

"那些天体多么巨大，而地球这个我们所有伟大设想、探索和战争在其上上演的舞台与它们相比是多么微不足道。这是一个非常适合那些王公们思考的问题。他们牺牲那么多人的性命，不过是为了满足他们自己在这个小不点上的一角称王称霸的野心。"

——克里斯蒂安·惠更斯

对页上图：在"惠更斯号"发回的照片中，土卫六表面遍布着大小如鹅卵石、看起来像石块或冰块的物体。

对页下图：丽姬娅海是在土卫六上发现的众多液态甲烷湖泊中的一个。这些照片似乎显示有波浪存在。

海中观测到了波浪、岛屿和水流，还不断有甲烷雨引发的山洪冲进这片海中。我们可以肯定，这些甲烷雨落在克拉肯海周边的高地上，为流入海中的大河小溪提供补给。

土卫六看起来就像地球古怪而寒冷的双胞胎。它是卫星而非行星，位于数亿千米之外；其上的湖泊由液态甲烷组成，山川则由坚如磐石的冰块构成。最为引人入胜、让人着迷的一点则是土卫六复杂的碳基化学系统——能够孕育生命的化学系统。我们发现了像氰化氢这样的分子，它们是氨基酸的组成部分；还有像氰化乙烯基的分子，化学家和生物学家们推测这种分子可以形成某种细胞膜。实际上，生命所需的所有原料在土卫六上都是现成的，但这并不意味着土卫六上存在生命。实际上，鲜有科学家认为今天的土卫六上会出现生命，毕竟那里的表面温度低达零下180摄氏度。但是如果有一点点热量，故事就可能完全不同。

再过几十亿年，行将作古的太阳把光芒从内太阳系放射出来，首次给太阳系外围带去温暖时，土卫六将会开始升温。土卫六表面的冰山将会萎缩、融化，其中凝固的水将取代甲烷。而甲烷此时应当已经挥发，进入太空了。沧海桑田，造化弄人。在太阳生命的最后时刻，或许太阳系中最后的水即将诞生。戴维·格林斯潘认为，这是我们不能排除的一种可能。

"今天的土卫六表面有各种富含液体的有机物，但是它太冷太干，所以从生物层面上说，或许那里并没有什么真的动静。但是我们可以想象，在遥远的未来，太阳升温到一定程度，内太阳系无法居住之时，土卫六可能会变得十分宜居。随着太阳升温，甲烷的温室效应也会越发强劲。到某个时间点，土卫六的冰壳将会开始融化，那么它的表面就会出现大量大型水体，其中包含着复杂的有机物。这就是生命有可能起源的那种环境。所以，即使土卫六上今天没有生命，我们也要继续探索。我们绝对有理由相信，未来它能够成为生命体的宜居之所。"

我们很容易以为宜居是星球的长期属性，或者说根本特征。地球宜居是因为它处在太阳周围的宜居带内，离太阳既不太近也不太远，但决定一个星球是否宜居的因素要比这复杂得多。恒星星系是动态变化的。长期来看，行星可能变换轨道，母恒星也可能会发生演化，曾经的天堂可能成为地狱。

我们现在明白，地球是一颗非常幸运的行星。在不断变化的太阳系中，地球在复杂生命演化所需的40亿年间基本上维持着稳定的气候，成为生命的绿洲。这可以说是难上加难。我们不知道星空中有多少像地球这样的地方（太阳系的原材料不但组成了生命体，而且这些生命体还能够向往其他的世界），但是我们必须考虑到这种地方存在的可能性寥寥无几。这就更凸显了地球和我们人类的幸运。

土卫二

冰冷的土卫二位于土星环的外侧边缘，距离温暖的太阳近10亿千米。土卫二很小，其大小与冰岛相当，却是太阳系中反射率最高的天体——照射在土卫二表面的光线有90%都会被反射回去。这是因为这颗冰雪覆盖的卫星上遍布着与地球冰川裂缝类似的裂隙，不同之处在于土卫二上的裂隙要大得多，有的长达100多千米。虽然土卫二的表面非常壮观，但是在它的冰层之下的发现一定能挤进21世纪太空探索最大的惊喜之列，而这个秘密曾在我们的眼皮底下隐藏了几十年。

1980年，"旅行者1号"首次拍摄了土卫二的照片。这张照片其实是在无意间拍下的，因为土卫二出现在土星的照片中纯属意外，而且直到35年之后才有人注意到它。当人们提高了这张照片的清晰度后，土卫二一侧开始显现出不寻常的特征，虽然它看起来仍然只是模糊的一团。24年后，"卡西尼号"拍摄到了同样的景观，不过要清晰得多。"卡西尼号"接近土卫二时，异象终于显露真容：水蒸气和冰的巨大喷流从土卫二表面喷涌而出，每秒钟有多达200千克的物质高速离开土卫二表面，进入土星环外层，为其添砖加瓦。

这些发现激励着"卡西尼号"任务团队冒着风险迈出大胆的一步。科学家们从近10亿千米之外操纵探测器接近喷流，距离之近堪称危险。"卡西尼号"用宇宙尘埃分析器真正"触及"了喷流，收集了一份样本。

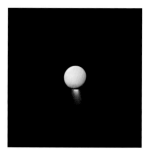

上图：罕见的土卫二喷流，由"卡西尼号"拍摄。它的光线被土星反射，从而使这一刻被记录下来。

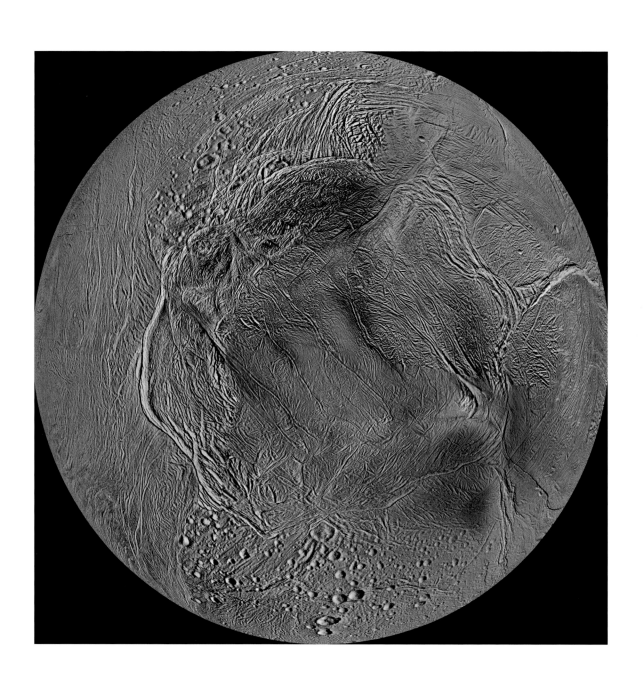

对页图：对地球上寒冷的偏远地带进行探索，或许能帮助我们分析在冰冻的土卫二上是否有生命存在。

上图：图中标出了土卫二喷出的气体和冰颗粒中潜在的甲烷来源。

对页图：科学家们已对土卫二南极地带断裂处的喷发情况进行了建模。

下图：土卫二上的热液喷口从行星内部喷出甲烷和其他可能产生生命的分子。

"卡西尼号"任务首席科学家米歇尔·多尔蒂解释道："我们在土卫二上进行了一次极近距离飞掠，当时'卡西尼号'距土卫二表面只有 25 千米，这可能比任何太空飞行器到任何一个行星体的距离更近。'卡西尼号'任务团队说，他们不会再尝试了，因为喷流的密度很大，虽然他们并没有失去对探测器的控制，但是他们感觉已经快要失控了，因为磁力仪总是从探测器的一侧伸出，几乎让'卡西尼号'翻转过来。"不过，多亏了这次以及其他多次类似的飞掠，科学家们才终于有了惊人的发现。喷流从冰层深处直冲上来，经过冰面之下的咸水海洋，再通过被称为"虎纹"的裂隙喷涌而出。

这样一片海洋怎么会在太阳系如此偏远的角落存在呢？答案同样是：土星具有极其强大的力量，可以决定其掌控范围内的卫星的命运。与可能被摧毁并幻化为环的"真理星"不同，对土卫二来说，土星在其结构中播撒的是生命的种子，而非毁灭的火苗。

土卫二上的喷口

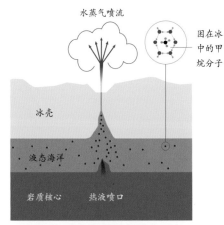

水蒸气喷流

因在冰中的甲烷分子

冰壳

液态海洋

岩质核心　热液喷口

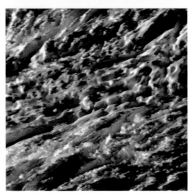

上图：苍白的土卫四和土卫二（小）的构成物质类似，但土卫二的高反射率使它在空中看起来更亮一些。

左图："卡西尼号"在距土卫二最近的地方拍摄了这张土卫二表面照片。

对页图：太平洋中胡安·德富卡海岭中的黑烟热液喷口。地球上的生命可能就源自这样的喷口，在土卫二上也有这种可能。

土卫二绕土星公转。土星巨大的引力将土卫二拉住，维持住它在轨道上的位置。但是土卫二每公转两圈，另一颗更大的卫星土卫四就会与土卫二对齐，将它向外拉一些。两股相反的引潮力来回拉扯土卫二，使其内核升温，将其冰冻的内部融化。引力曾摧毁过土星的一颗卫星，而这时又为另一颗注入生命的力量。但是"卡西尼号"关于喷流化学成分的发现才真正地改变了一切。当它分析这些液柱的时候，发现了复杂的有机物和二氧化硅颗粒。这直接证明在冰层之下的咸水海洋深处有着和地球上一模一样的热液喷口。我们相信，近40亿年前，地球生命正是源自这样的喷口。

在太阳系冰冷的外围，"卡西尼号"帮助我们一窥土卫二冰层下的世界，发现了一个温暖、多水的绿洲，一个真的有可能存在生命的世界。尽管太空中存在生命的可能性非常激动人心，但即使土卫二上真的有生命，很可能也只是最简单、最原始的生物。考虑到土星过去非常残暴、多变，土卫二的这个世界可

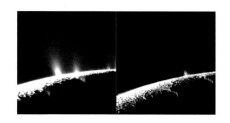

上图：土卫二上的喷流。

能出现的时间相对较短。我们不知道土卫二活跃了多长时间，但是如果只有几千万年或几亿年的话，那么可能还不足以让生命发展起来。尽管有这样或那样的问题，但是探明土星系统有潜力成为生命的家园这本身已经是了不起的发现了，也会激励我们继续探索。

而对"卡西尼号"来说，土卫二冰层下的美丽新世界是一项喜忧参半的发现。"卡西尼号"抵达土星轨道13年后，它的燃料渐渐耗尽。美国国家航空航天局的团队意识到，他们不能冒险让"卡西尼号"在土卫二上坠毁，因为这可能会污染潜在的宜居环境。卡尔·穆雷这样解释道："我们当时知道土卫二有潜在的宜居环境，所以我们不能让'卡西尼号'在它的上面坠毁或者靠得太近，因为探测器上可能会有'搭便车'的微生物，我们不能让土卫二遭到污染。我们刻意选择了一种结束任务的方式，用尽它的燃料，然后把它送往土星本体。"

我们飞越太空，近距离观察这颗美丽的行星，而最后我们获得的知识与自身密切相关。在探索和科学研究中，真正的宝藏往往隐藏在意想不到的阴影里。在"卡西尼号"任务中，宝藏隐藏在土星环的阴影里。在那里，我们找到了一个小小的、有潜力容纳生命的世界，这让我们多少安心一些，第一次知道我们或许并不孤单。

这样的发现有意义吗？有的。我认为，在目前的历史节点，我们需要一些宽慰，或者说是提醒，提醒我们在我们的世界之外存有美景、智识，或许还有生命和大义。我坚信，我们一定会回到土星及其卫星上进一步探索，逗留更长的时间，或许有一天还会亲自造访。我们不知道会发现什么，但是可以肯定这个故事才刚刚开始。"卡西尼号"任务科学家琳达·斯皮尔克说道：

"从土星本身到土星环的具体结构，'卡西尼号'的发现深刻地改变了我们对土星系统的认识。我们现在知道土卫六的表面是什么样子，也用雷达穿过迷雾进行了测绘。这颗卫星表面的湖海中都是液态甲烷。

"当然，最重大的发现是土卫二南极的间歇喷泉，我们飞掠了这些喷泉，对喷出的气体和颗粒进行了采样和测量，发现其中不但有来自液态海洋的水，还有很多有机物。其中包含了氮，也有甲烷，那么就有了关键的原料：碳、氢、氧、氮。它们是生命的基石。

"在一颗直径仅为500千米的卫星上发现液态海洋实在令人非常好奇，而它又只是太阳系中众多有海洋的星体之一。或许生命就在离我们不远处。"

上图：在"卡西尼号"拍摄的这幅自然色照片中，巨型卫星土卫六出现在巨行星土星身前。

对页图：土卫二位于土星的背景之中。这幅照片是由"卡西尼号"在谢幕的最后几天中拍摄的。

第 5 章

天王星、海王星和冥王星

踏入黑暗之地

安德鲁·科恩

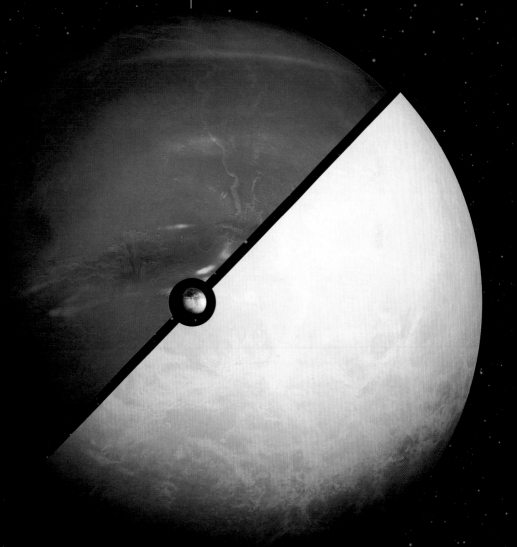

若要光明耀眼，黑暗则需并存。

——弗朗西斯·培根

这是历史性时刻，后人在叙述这段
历史时会如此评论："此刻人类离开
了摇篮。"

——艾伦·斯特恩

太阳系的边缘之旅

黑暗的太空中分布着太阳系内最遥远的行星，从地球上难以窥探它们所处的位置。

在60多年的时间里，人类派出的探测器使者拜访了太阳系中的每一颗行星。最初的目标是邻近地球的金星、火星和水星，这些岩质行星上布满了年代久远的地质痕迹，每一颗行星的演化过程都截然不同。我们曾多次探测这些行星，任务时间越来越长，相应的探索活动也越来越深入，甚至可以让探测器在这些星球表面降落。我们随即开始了新的远航，越过这些岩质行星，越过太阳系的冰线，来到气态巨行星的领地。当我们开始探测木星和土星时，这些气态巨行星和它们的卫星所组成的拼图开始逐渐清晰、完整起来。

这只是开始。在土星轨道之外，在遥远的黑暗之中，有一颗遥远的太阳系行星——天王星，一颗在地球上几乎遥不可见的行星。它好似一块悬于冰冷宇宙深处的浅蓝色大理石，然后是和天王星相似的海王星，再之后的冥王星现在已经不再被归类为行星。直到最近，除了我们为它命名之外，冥王星几乎一直是一颗神秘不可知的行星。这些行星与地球的距离不是数百万千米，而是数十亿千米，这也是为何每次发射行星探测器，从黑暗深空中捕捉到这些星球的清晰影像后，新获取的珍贵数据就能开启新的窗口，让我们了解来自太阳系边缘的无尽奥秘。

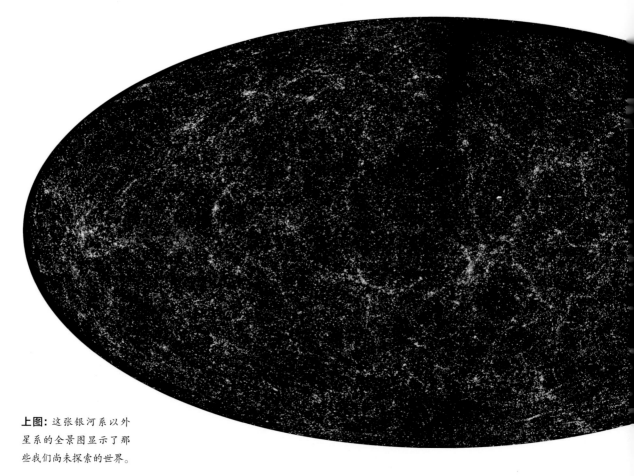

上图：这张银河系以外星系的全景图显示了那些我们尚未探索的世界。

上图：感谢埃德蒙·哈雷，他发明的测量方法为后来的科学研究奠定了基础，使得我们能够计算出整个太阳系的尺度。

太阳系的大小对普通人来说难以想象，各个天体之间的距离已经很难以人类的感官和经验去理解了。例如，从伦敦到纽约的距离为 5500 千米，而伦敦到悉尼则是 17000 千米，但是伦敦到月球的距离为 384000 千米，这大致是人类有史以来最长的单程旅行，长度相当于绕地球赤道九圈半。随着我们向更遥远的星球进发，用来显示距离的数字急剧变大，以至于不得不创造出一个完全不同的距离单位，以便为广袤的宇宙提供更合适的度量单位。这个长度单位基于地球到太阳之间的平均距离，即 149598000 千米，也被称为 1 天文单位（1au）。

现在，我们已经可以相对轻松地测量出日地之间的平均距离，但是这在历史上绝非易事。在近两千年的时间里，许多伟大的天才试图估算出地球到太阳的距离，但是直到 17 世纪，我们才首次精确地测量出这个距离。约瑟夫·开普勒构建了测量的理论基础，而埃德蒙·哈雷提出了测量的具体方法，即可以通过观测行星凌日来精确测量太阳与地球之间的距离。

下图：2011 年 6 月 25 日，海王星回到了 165 年前它被人类发现时的同一位置。为了纪念这一历史时刻，哈勃空间望远镜拍摄了海王星的这张"周年照"。

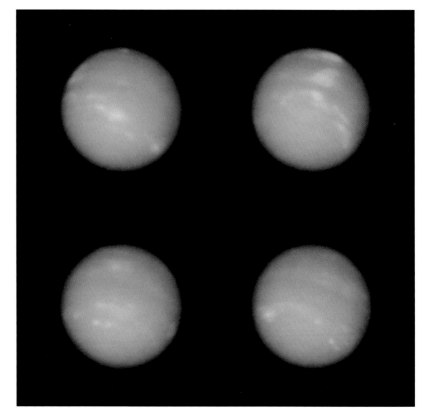

哈雷在 1716 年首次提出在金星凌日时，即金星从地球与太阳之间经过的那一刻，从地球上的不同位置进行测量，就可以获得必要的数据来测量太阳到地球的距离。但对于哈雷来说很不幸，他在一个并不合适的时间找到了正确方法。金星凌日现象极为罕见，大约每隔 120 年才会出现间隔 8 年的两次。因此，在这场有史以来最伟大的科学接力赛中，哈雷留下了详细的指示，帮助后世的天文学家执行他的计划。在他去世 20 年之后，1761 年的金星凌日提供了检验哈雷的理论的第一次机会。在英法七年战争的中期，协作与竞争的完美结合使这两个国家的观察员来到世界各地。他们来到西伯利亚、马达加斯加、纽芬兰和好望角等不同的观测点，祈求出现晴朗的天空观测凌日现象。根据这次在全球多地开展的科学观测的成果以及 8 年后的另一次金星凌日观测结果，法国天文学家杰罗姆·拉朗德第一次精确地计算出地球与太阳之间的距离。这是一个美妙而准确的数字——1.53 亿千米。

今天，我们不再需要依靠罕见的天文事件进行距离测量。我们有了更加直接的测量方法，这些方法使我们能够更详细地绘制地球围绕太阳运行的轨迹。在地球沿椭圆轨道绕太阳运行的一年中，地球到太阳的距离会有很大的变化。这意味着在每年一月初，当地球到达离太阳最近的位置（称为近日点）时，两者间的距离约为 1.47 亿千米。6 个月后的七月初，地球到达了距离太阳最远的位置（远日点），两者之间的距离增加了 500 万千米，大约为 1.52 亿千米。

从上个世纪以来，天文单位的准确大小一直是人们激烈争论的话题。随着探测器穿越太阳系，我们能够使用雷达和遥测技术直接测量内行星之间的距离，获得精确的测量结果。2012 年，代表天文学界的国际天文学联合会通过了一项决议案，将 1 天文单位（au）定义为 149597870700 米，稍微简单一些就是大约 1.5 亿千米。

火星是四颗类地行星中最远的一颗，位于在 1.5 天文单位处，到太阳的距离是地球的一倍半。从 2.2 天文单位处开始，分布着小行星带，它是由岩石和未能形成行星的天体组成的环带。这条环带延伸了 1 天文单位才结束。在距太阳 3.2 天文单位的太阳系冰线处，类地行星的领地在此结束。接着继续穿越 2 天文单位的宇宙空间，就会到达第一颗巨行星木星。然而，在距离太阳 5.2 天文单位处，我们横穿太阳系的旅程才刚刚开始。以前的距离几乎翻倍后，我们会到达下一个星球——带有光环的土星，它距离太阳 9.6 天文单位，即 14.34 亿千米。人类已探索的领域就在这里结束，土星可以说是在真正意义上被探索过的最后一颗行星。

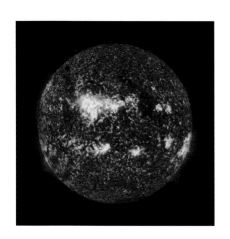

距离地球两个天文单位的小行星带是一片由未能形成行星的碎岩所构成的环绕带。

上图：最罕见的可预测太阳天象之一——金星凌日。这张照片摄于 2012 年，下一次金星凌日要到 2117 年才出现。

对页图："旅行者 2 号"是唯一飞掠四颗外行星（包括木星、土星、天王星和海王星）的探测器。

右图：太阳系的巨大范围，从中心处炽热的太阳延伸到最外围神秘寒冷的柯伊伯带。

太阳系的比例

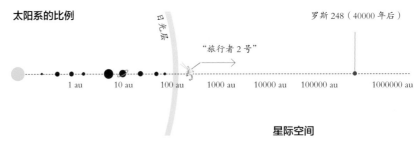

日光层

"旅行者2号"

罗斯248（40000年后）

1 au   10 au   100 au   1000 au   10000 au   100000 au   1000000 au

星际空间

水星、金星、火星、木星、土星，我们不仅曾派出探测器前往这些星球，而且其中还有携带光学相机的环绕轨道探测器。对于其中的大部分星球，我们不仅曾细致地观察过，而且派出的探测器还曾在这些行星乃至它们的卫星的表面着陆。但是只要越过土星，天体距离的天平就会急剧倾斜，彼此之间的距离变得如此之大，以至于计算探测过程时已经不再适合使用天或者月，而是要以年或者十年为单位。

天王星是第一颗冰巨行星，它到太阳的距离是土星的两倍，公转轨道的平均距离为 19.2 天文单位，大约为 28.71 亿千米。天王星之后是太阳系中最遥远的行星海王星，它位于天王星轨道 11 天文单位之外，绕太阳运行的距离约为 45 亿千米。海王星的后面是冥王星，它的特殊椭圆轨道有时会位于海王星的公转轨道以内，它与太阳的平均距离为 59 亿千米。从地球前往这些遥远星球是如此困难，以至于在人类 60 多年的行星探索史中，我们只探测过它们一次，而且那一次也只是近距离短暂经过。探测器以极高的速度飞掠而过，对每个星球的探测时间大约只有数小时。但是，在这短暂的几小时内发回的宝贵数据使我们能够一窥这些位于太阳系外缘的神秘天体，并了解它们的非凡故事。

发射后 41 年零 4 个月 19 天

外行星探测可能是所有探测任务中成果最辉煌的一类。在撰写本书原著的 2019 年 1 月，"旅行者 2 号"探测器已连续运行了 41 年零 4 个月 19 天。它以 15.341 千米 / 秒的速度在太空中高速前进，目前距太阳约 119 天文单位，即大约 170 亿千米。它直到最近才被正式确定已经进入星际空间，也就是离开了太阳系的领地，穿越了定义太阳系边界的日光层。这个探测器的重量还不及一辆家用轿车，它是继"旅行者 1 号"和"先驱者 10 号"之后的第三个离开太阳系的人造物体。当它飞入星际深处之后，预计还能够继续与地球保持六七年的信号联系，其微弱的信号能持续至 2025 年，然后在发射 48 年之后进入最终的沉默，朝向仙女座北部名为罗斯 248 的恒星继续前进。

对页图：仙女星系（M31）是银河系的体量最大的邻居，它距离我们约 250 万光年。

伟大的旅程

A ONCE IN A LIFETIME GETAWAY

THE GRAND TOUR

JUPITER / SATURN / URANUS / NEPTUNE EVERY 175 YEARS NOW BOARDING
EXPERIENCE THE CHARM OF GRAVITY ASSISTS

> "在合适的时间从地球上发射时，探测器先利用木星的引力以特殊方式在太阳系中飞行，即利用引力弹弓效应飞向土星附近，然后借助土星的引力飞向天王星和海王星。这一过程称为'巡回演出'，而刚才描述的路径就是'旅行者2号'的飞行路线。"

——戴维·格林斯潘，
天体生物学家

一切始于 1977 年 8 月 20 日，携带"旅行者 2 号"的泰坦三号火箭从卡纳维拉尔角空军基地的 41 号发射场起飞。9 月 5 日，"旅行者 1 号"紧随其兄弟的脚步发射，但它选择了一条快车道。"旅行者 1 号"将加速前行，会比"旅行者 2 号"提前四个月到达木星，后者选择了一条更长、更圆的轨道。

1979 年 7 月 9 日，"旅行者 2 号"从距木星大气层 57.6 万千米的地方掠过，收集了这颗巨行星的大气特征及其卫星的大量数据，其中包括对被称为"大红斑"的旋涡风暴的第一次详细分析，并对木卫一上的火山进行了 10 小时的观测分析，从而使科学家可以将观测结果与几个月前"旅行者 1 号"拍摄的同区域图像进行比较，研究这颗卫星的表面活动。

"旅行者 2 号"利用木星作为引力弹弓，离开了木星系统，继续进行为期两年的飞向土星的远航。1981 年 8 月 26 日，"旅行者 2 号"成为第三个造访土星的探测器，它提供了有关土星、土星环和土星卫星的大量图片和数据。但下一段旅程才是真正具有开创性的全新任务，这一任务之所以能够成为可能，是因为它对应着太阳系内的一种罕见的天体排列方式。

早在 1964 年，位于加利福尼亚州帕萨迪纳市的喷气推进实验室的航空航天工程师加里·弗兰多注意到，在 20 世纪 70 年代末和 80 年代初，太阳系的四颗外行星将出现一种不同寻常的排布。弗兰多意识到，借助这种每 175 年才会出现一次的特殊天体排列方式，将有可能使一个探测器通过长时间的飞行和引力弹弓效应一次性探索所有的外行星。这不仅可以让探测器飞经木星和土星，而且为第一次探测天王星和海王星提供了绝佳的机会。

在接下来的 15 年里，美国国家航空航天局开始策划一项任务，即后来俗称的"巡回演出"。由于采用这条路线的成本和可行性受到了外界的质疑，任务中的各种计划曾经被搁置。直到 1972 年，用名为"水手"的双子探测器探测木星和土星的项目才获得批准，预计耗资 3.6 亿美元。这两个探测器最终被更名为"旅行者号"，只有一个探测器完成了全部的"巡回演出"。"旅行者 1 号"将从木星前往土星，然后前往土卫六，探索这颗卫星及其神秘的大气层。"旅行者 2 号"取得了更辉煌的成就，成为了第一个近距离飞掠天王星和海王星的探测器。

"旅行者 2 号"在 1981 年 8 月下旬飞掠了土星系统，开始了一段进入黑暗之中的旅程。这是一片全新的、从未有其他探测器涉足的宇宙空间。在接下来的三年半中，这个探测器将孤独地朝向它在未来与太阳系中的第三大行星相遇的地方飞去。到那时，我们才能够在远处一窥这颗行星。

对页图： 1977 年 8 月 20 日，"旅行者 2 号"发射升空，开始了这一伟大的发现之旅。

淡蓝色大理石

"主席先生，根据欧洲最杰出的天文学家们的观察研究，我有幸在 1781 年 3 月发现的新天体是太阳系的主要行星之一。"

——威廉·赫歇尔爵士，
1783 年

天王星是太阳系中的第七颗行星，它距离地球大约 29 亿千米。在夜空中，它是一个闪烁着淡蓝色光芒的小星点，几乎可以用肉眼看到它。古代的观天者曾认为它是一颗恒星，因为它的公转速度极其缓慢，本身也十分黯淡，以至于难以被人察觉到是一颗行星。直到望远镜发明后，人们才最终一睹这个遥远天体的真实面貌。不过，天王星的发现并非一蹴而就，这是一项逐步推进的科学发现。

1781 年 3 月的一个寒冷夜晚，确切地说是 13 日（星期二）晚上 10 点至 11 点，故事发生在威廉·赫歇尔的后花园中。这位 43 岁的天文学家通过一台口径为 160 毫米的望远镜凝视天空，搜寻亮度较低的恒星。这时，他留意到一个昏暗的天体。在接下来的数天中，他察觉到这个天体似乎正在缓慢移动。因此，他认为这一定是一颗彗星。4 月，赫歇尔向皇家学会报告了他的发现。尽管他在报告中暗示这个天体的特征"与行星类似"，但他当时仍然确信这是一颗彗星，而非行星。1781 年 4 月下旬，皇家天文学家内维尔·马斯基林（他因为首次科学测量地球的质量而闻名）写信给赫歇尔，试图和他讨论自己关于

对页上图：天王星是人们用望远镜发现的第一颗行星，准确地说是用威廉·赫歇尔的反射式望远镜发现的。

上图：科学想象图，呈现了"旅行者2号"接近天王星的短暂时刻，这一过程大约持续了6小时。

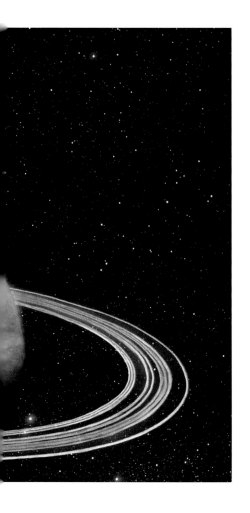

这个新天体的性质的困惑。他写道："我不知道该如何称呼它。它看上去很像一颗标准的行星，以近乎圆形的轨道绕太阳运行，而彗星的轨道大都是偏心率很大的椭圆。"

最终，许多天文学家对这个天体的轨道进行了精确的计算，并提供了关于其特征的最终证据。在1783年致皇家学会主席约瑟夫·班克斯爵士的信中，赫歇尔最终确认这个天体应该是一颗行星。

"主席先生，根据欧洲最杰出的天文学家们的观察研究，我有幸在1781年3月发现的新天体是太阳系的主要行星之一。"

此刻，第七颗行星诞生于我们太阳系的故事中，但是如何命名这颗新行星（自古以来第一颗需要全新命名的行星）远非那么简单。赫歇尔的发现不仅在学术界内有着深刻的影响，而且引起了英国社会高层乃至国王乔治三世的注意。为了表彰赫歇尔的成就，国王向他提供了每年200英镑的资助，并让他搬到温莎居住，以便让皇室成员也能够使用赫歇尔的望远镜。因此，赫歇尔的心中浮现出一个完美的方案，他希望以此报答王室对他的恩惠。他当时负责为这颗新行星命名，于是他借用国王的名字提出了"乔治星"的方案。但这个名称在英国以外遭到了普遍反对，因此又出现了很多替代方案，包括赫歇尔星、海王星和天王星。令人惊讶的是，在接下来的70年中，"乔治星"这个名字在部分场合继续被沿用。1850年，皇家航海天文历编制局终于妥协，将这颗行星的名称改为天王星并永久确定下来。

136年后，跨越26亿千米的宇宙空间，在萨默塞特镇花园中发现的那颗行星将缓慢地出现在"旅行者2号"的取景器中。经过八年半的漫长旅程，"旅行者2号"以17千米/秒的速度接近这颗行星。这是我们与这颗神秘行星的第一次也是唯一一次亲密接触，整个过程将在6小时左右的短暂时间内完成。

当时我们对天王星所知甚少，因为1985年11月探测器才开始对天王星进行观测。这颗行星的体量仅次于木星和土星，是太阳系中的第三大行星，它需要84年的时间才能沿其轨道绕太阳公转一圈，但估计其自转一圈所用的时间（也就是天王星上的一天）在16小时到24小时之间。它的成分与由水、氨和甲烷组成的土星和木星相比有着明显的不同，但是关于这种相对稳定的淡蓝色大气是如何形成的，仍是一个谜。我们还知道天王星至少有5颗卫星，这些卫星的发现都源于地基望远镜观察到的微小轨道痕迹，但是这些卫星的形状和特征仍然未知。几年之前，我们才发现天王星还存在一组微弱而狭窄的光环结构。

"除了一次未知的巨大碰撞之外，目前还没有其他可靠的理论能够解释天王星的自转轴为什么会倾斜。这种将原因归咎于碰撞的判断看上去简直像是在作弊。但是外来天体碰撞往往是关于行星的奇怪特征的最终解释。某种撞击导致天王星的自转轨道倾斜。根据计算，碰撞天体的总质量应该为地球质量的两三倍甚至 5 倍左右。"

——史蒂夫·德施，
天体生物学家

天王星剖视图

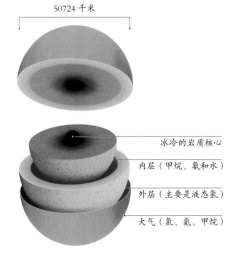

50724 千米

冰冷的岩质核心
内层（甲烷、氨和水）
外层（主要是液态氢）
大气（氢、氦、甲烷）

天王星的光环是由什么构成的？相对于明亮的土星环，为何天王星的光环呈现暗淡的深色？它的内部应该有一些不同于土星环的其他物质，这是另一个需要探究的谜题。但也许最神秘的是，整个天王星系统具有一些与太阳系中的所有其他行星都不同的现象，它的自转、卫星的轨道以及光环都倾倒着，绕着水平方向而不是垂直方向运转。天体生物学家戴维·格林斯潘说："在太阳系内，天王星系统确实有很多极其特殊的方面。但是，天王星外观上最明显的特点是它几乎完全躺着，因此天王星的北极有时会指向太阳，并且会维持其轨道的倾斜角度。这时卫星的轨道也保持倾斜，所以天王星和它的卫星系统形成了这种像靶环那样的同心圆，围绕着太阳以古怪的角度旋转。"

1986 年 1 月 24 日，美国太平洋标准时间 9 点 59 分，探测器抵达距离天王星云层上方只有 81500 千米的最近点。而在地球上，无线电数据接收站不停地扫描天空，巨大的天线指向远处的探测器，因为这时最初的微弱的无线电信号快要发回地球了。尽管项目已经进行了数十年，探测器也工作了数年时间，并且在此之前已经有了一系列非凡的发现，但是人们还是低估了天王星任务获得的第一手数据。

"旅行者 2 号"发回的第一批图像呈现了这样的天王星：它如此美丽，但缺少明显的特征。这是一个悬挂在太阳系冰冻区域之中的淡蓝色球体，被厚厚的云层所覆盖，它的表面与让我们惊叹的木星和土星颜色鲜明的动态大气形成了巨大反差。在"旅行者 2 号"拍摄的整个天王星大气层图像中，只能找到 10 处具有气体云层的特征，它们被与行星旋转方向相同的风所吹动。尽管是第一次获得这些图像，但是"旅行者号"发回的这些传输速度很慢而又真实无误的信息将改变我们从各个方面对这个星球的理解和认知。

"旅行者 2 号"能够测量行星内部的自转，探测结果显示天王星上的一天大致是 17 小时 14 分钟。

除此之外，"旅行者 2 号"还发现天王星是一个极端寒冷的星球，平均温度为零下 213 摄氏度。实际上，我们现在已经知道天王星是太阳系中最寒冷的行星，伴随着这种极端寒冷而来的是近乎静止的大气，星球内部热量的匮乏在某种程度上可以解释其大气层的稳定。为何天王星内部的热量相对于其他巨行星来说这么少？我们对其背后的原因仍然缺乏了解。

当"旅行者 2 号"飞掠而过时，它也测量了天王星大气的组成和结构。正如事前预料，尽管氦的含量要比许多科学家预期的低，但其大气中最丰富的成分仍是氢（83%）和氦（15%）。在高层大气中探测到了含量相对较高的甲烷（2.5%），这也解释了我们能从如此遥远的地方看到海蓝宝石的颜色。但是，想要进一步了解天王星的内部结构并非易事。

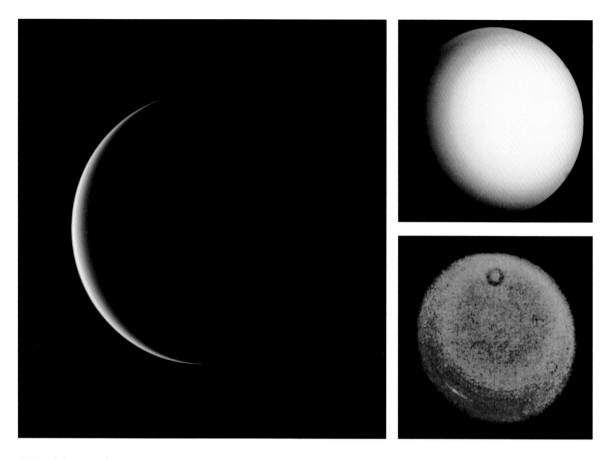

上图、右上图和右中图: 太阳系中的第七颗行星天王星,"旅行者 2 号"于 1986 年 1 月 25 日在其历史性探测任务中拍摄。这也是唯一来自空间探测器的天王星图像,其他的天王星图像都来自天文望远镜。

下图: 叠加在天王星大气层上的经纬网格,沿着与行星自转方向相同的方向分布。

右下图: 两幅不同的天王星图像,其中左边以真实的色彩出现,右边为使用滤镜拍摄的图像,显示了其大气中的云带。

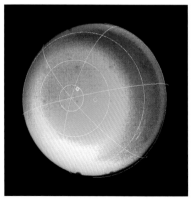

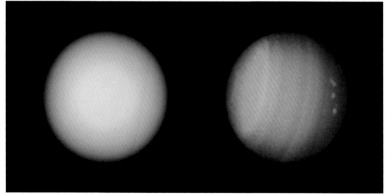

戴维·格林斯潘关于天王星上的钻石雨的猜测：

"在太阳系的各种奇异星球中，天王星算得上最古怪的那个。它符合我们对所谓冰巨星的定义，这意味着它不像木星和土星那样主要由气体组成，也不像地球和其他类地行星那样由岩石组成。它介于两者之间，因此具有巨大的气体包裹层，却有一个由岩石和冰块组成的核心。"

"它的体量十分巨大，其直径大约是地球直径的 4 倍，质量大约是地球的 14.5 倍。它从表面上看起来是如此简单，但我们知道它的内部发生了很多事情。它的内部有各种不同的物质云，我们认为是水和甲烷。它的内部可能正下着钻石雨。它那简单、平淡的外观隐藏了极其复杂的内部结构，里面发生着各种有趣的化学和物理变化。"

天王星的质量是地球的 14.5 倍，我们认为包裹在岩核周围的冰主要由水、氨和甲烷组成，它们以"冰"的形式存在。但是，这些包裹层的每一层的确切质量以及每种成分的数量超出了"旅行者号"的探测能力，因此即使到今天，我们仍然只能猜测它的组成成分。

"旅行者 2 号"发回的数据让我们对行星内部的理解有了重大变化。由于确定天王星（以及随后的海王星）的成分与像木星和土星这样的气态巨行星明显不同，因此科学家们在 20 世纪 90 年代依据探测器收集的数据定义了一种新的行星类别——冰巨星。天王星就是太阳系中的两颗冰巨星之一，这是一种与气态巨行星很不相同的行星种类。像木星和土星这样的气态巨行星是在温度较高、更靠近太阳的区域中形成的。

上图： 科学家进行了高压环境模拟实验，得出的结论是天王星内部可能会下钻石雨。

上图： 1986 年"旅行者 2 号"拍摄的天王星，蓝绿色来自大气中的甲烷气体。

对页图： 太阳系外部的两颗冰巨星——海王星和天王星，它们与地球上寒冷的冰川不同，实际上被一种呈旋涡状的"冰冷"流体所覆盖。

除了一些基本信息外，我们对冰巨星的形成过程所知甚少。我们目前了解的是，大约在 45 亿年前，每颗行星都形成于最初的原行星盘，而形成天王星的原行星盘处于太空中的一块含水、甲烷和氨较多的地区。这些挥发性化合物（每一种成分的凝固点都超过零下 173 摄氏度）的温度足够低，从而形成了构成天王星的"冰"。除此之外，我们对于天王星和海王星的形成机理的了解不多。以前的模型使我们可以追溯太阳系的最早起源，并且揭示气态巨行星和内行星的形成过程，然而对于冰巨星来说，我们对于它们的形成机制还缺乏深入的了解，关于具体的细节还有大量的学术争议。

天王星的光环与卫星

黑暗中仍然有许多未解之谜，"旅行者号"在揭开天王星的形成过程后，也取得了另一项引人注目的发现。随着它接近行星的淡蓝色大气层，它开始探索太阳系中的这个最鲜为人知的星球以及环绕着它的光环。与土星明亮闪耀的光环不同，天王星的光环是如此暗淡，以至于几乎无法从地球上看到。实际上，距离"旅行者号"到达天王星不到十年前，我们才在偶然间发现了天王星的光环。1977 年，柯伊伯机载天文台团队注意到有一颗恒星在视野中短暂消失了。他们得出的结论是，恒星正被一种环形系统所遮挡。一开始，他们证实了有五层光环的结构，但进一步的观测证实光环结构有九层。

"旅行者 2 号"对九层光环结构进行成像拍摄，并传回了这些精致结构的惊人图像。在这一过程中，它还发现了另外两条更暗淡的新光环。除了向我们提供天王星光环的首张视图外，"旅行者 2 号"的发现进一步增加了光环的神秘感，它发现组成光环的物质的反射率非常低，与反射率很强的土星光环中的冰晶完全不同。也正因如此，这些光环难以在地球上进行探测。天王星的光环呈灰色，由非常暗淡的物质构成。因此，虽然对它们进行光谱分析并非完全不可能，但极其困难。尽管探测器到光环的距离非常近，但仍然无法对光环的成分进行具体测量。在人类探测器唯一一次近距离与天王星相遇之后 30 多年的今天，我们仍然不清楚这些光环的成分和来源。目前最可靠的猜测是它们由冰和一些其他深色物质构成，甚至可能是一种会随着时间而变黑的有机物。最有可能的情况是，与土星环一样，天王星也被卫星碎片所包围，这颗卫星曾围绕天王星运转，然后解体破碎成数亿万块碎片组成了光环。

这些光环的结构非常精致，又在不停地变化运动，似乎完全无视自然规律，因为粒子之间会持续碰撞，光环会随着时间散开。人们最初认为这一过程应该由环内的某些粒子被行星的巨大质量吸引而引发，但这并没有

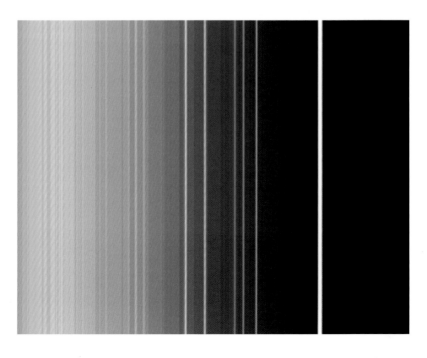

上图和右图： "旅行者 2 号"在历史性飞掠中拍摄了这幅照片和伪彩色视图，其中显示了天王星的 9 层光环。最突出的是 ε 环，还有另外三条更暗、更窄的光环，即 δ 环、γ 环和 η 环。

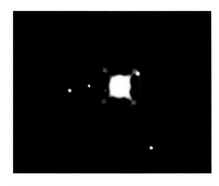

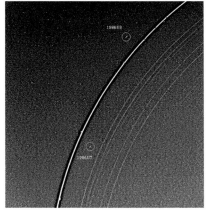

发生，似乎某种力量维持住了光环的整体形态。在"旅行者 2 号"拍摄的图像中，我们发现了一个令人惊讶的答案。

ε 环是光环系统中最亮、最密集的部分，其宽度从最窄处的 20 千米到最宽处的近 100 千米不等。这种脆弱的结构以一种难以想象的纤薄厚度存在，虽然科学家还未能精确地测量其厚度，但认为它的厚度可能只有 150 多米。光环这精巧的结构能够在这个巨大的星球周围的复杂环境中存在，源于两颗小卫星天卫六和天卫七的作用。这两颗卫星也是人们通过"旅行者 2 号"拍摄的图像发现的。半径仅为 21 千米的天卫六位于 ε 环的外侧，而稍小的天卫七（天王星最内层的卫星）则位于 ε 环的内侧。这两颗卫星共同对它们所包围的光环结构的稳定性产生了重要的影响。这些所谓的牧羊犬卫星指引着光环内的物质在光环边缘移动，有助于保持清晰的光环轮廓。这些发现都源于"旅行者 2 号"发回的高清图像。

为了了解牧羊犬卫星的作用，我们需要研究其背后的物理学原理。简单的轨道力学表明，近距离围绕行星运行的卫星或光环中的粒子的运动要比轨道更远的卫星或光环中的粒子的运动慢，这意味着天卫七的运动速度必须比光环中的粒子和天卫六慢，两者在速度上存在明显的差异。如果 ε 环中的一个粒子由于某种原因而发生了移动，也许是发生碰撞，从而失去了部分能量并开始下落，那么天卫七就会通过其引力影响使其加速，让该粒子重新返回 。如果在 ε 环的外侧边缘上有一个粒子获得更多的能量并向外移动，则天卫六会使其减速，使其再次落入 ε 环中。通过这种机制，这些牧羊犬卫星使得天王星的光环保持清晰的轮廓。尽管在短暂飞过天王星系统的过程中，"旅行者号"仅发现了两颗这样的卫星，但我们可以根据其他环的结构推测，在黑暗中还隐藏着其他卫星，它们正默默地让那些光环中的岩石和尘埃保持着稳定的秩序。

这两颗卫星只是天王星卫星系统的一部分。截至今天，我们在天王星周围发现了 27 颗卫星，所有这些卫星均以莎士比亚和亚历山大·波普的作品中的人物命名。这一传统始于 1852 年，天王星的发现者威廉·赫歇尔之子约翰·赫歇尔以《仲夏夜之梦》中的妖精之王奥伯龙与他的王后泰坦妮亚的名字为这两颗卫星命名。

这 27 颗卫星分为三类，13 个内卫星（其中包括最里面的天卫六和天卫七）都是在光环系统中缠绕在一起的暗弱天体，甚至可能与光环属于同一起源。再往后是 9 颗不规则的卫星，它们的直径从 120 千米到 200 千米不等。我们几乎可以肯定它们是被捕获的天体，它们已经被天王星的引力所控制。

在这些纷繁的光环粒子和内部卫星之外，还有天王星的 5 颗主要卫星，它们是在"旅行者 2 号"近距离探测之前我们所知道

"我们发现了天王星的光环，但我们还不知道它们的特征和形状。它们很暗、很薄，在天王星周围运行，在那里与附近的天王星卫星相互作用，并被引力拉成薄环。"

——弗兰·巴格纳尔，
"新视野号"任务科学家

顶图和上图："旅行者 2 号"发现了两颗与天王星环相关的卫星——天卫七（1986U8）和天卫六（1986U7）。

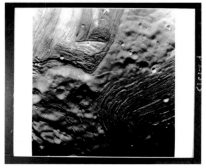

上图和顶图: 处于冰冻状态的天卫五是天王星的 5 颗球形卫星中最小的一颗。这个地势崎岖的冰冷天体也是科学家研究的太阳系中最小的天体之一。

下图: 天王星的 5 颗主要卫星，从左至右（按照到天王星的距离递增）依次为天卫五、天卫一、天卫二、天卫三和天卫四。

对页图: 天王星大气层中的 5 处高空云层，以橙色显示在右侧边缘，它们的面积几乎与地球上的大洲一样大。

的天王星卫星。其中，最小的一颗卫星是冰冷的天卫五。这是一个直径为 470 千米、外形怪异的星体，也是已知太阳系中所有自身引力达到流体静力平衡状态的天体中最小的一个。天卫五上有太阳系中最崎岖的奇景，在其冰冷的表面上有一处极端的地质特征，被命名为维罗纳断崖，它的高度约为 20 千米。据估计，由于天卫五的引力较小，从这处悬崖顶部坠落到底部需要 12 分钟。

天王星的另外四颗大卫星看上去不太引人注目。目前，我们认为这四颗卫星都是由冰幔及其包围的岩核组成，但是这些卫星远非简单冻结的冰块，它们都显示出在遥远的过去的某个阶段曾有活跃的地质活动迹象。太阳系中这些遥远、黑暗的星球表面曾出现过火山。其中，天卫一的表面明亮，似乎才诞生不久，表面断层线之间存在大量近期曾流动过的冰状物质。天卫三上覆盖着巨大的地质断层和峡谷，这表明在其历史上的某个时候，这是一个曾有剧烈地质活动的星球。而具有深色外观、看起来具有更古老的地质特征的天卫二和天卫四似乎比较平静，或者它们近期的地质活动不明显。

"旅行者 2 号"给了我们首次探测天王星光环与卫星的机会，但是随着探测范围的扩大，我们得以详细了解整个天王星系统如何以一种最奇特的方式运作。

通过从远处观察，我们很早就发现天王星有倾倒自转现象。但是当整个天王星系统近在眼前时，一切现象清晰地表明这颗行星在过去发生了非常剧烈的变化，从而与其他行星有着如此巨大的差别。天王星以 97.77 度的轴向倾斜度倒向一侧旋转，从而导致它的两极中的一极在任何时候都朝向太阳。它的光环和卫星也都沿着这个平面分布，因此整个天王星系统像一个巨大的靶环绕着太阳运转。我们不确定天王星为什么会向侧面倾斜，但很可能是在遥远的过去，它受到了另一颗体量和质量与地球相似的行星的撞击，这次剧烈撞击让天王星的姿态发生了倾倒。在现代计算机模拟中，这样的影响有可能导致天王星系统的其余部分跟随天王星发生倾倒，最终使得天王星及其卫星和光环都以奇怪的方式围绕着太阳运转。

天王星的起源至今仍是一个未解之谜，它偏心定向自转的确切原因仍然是太阳系中的一大谜团。"旅行者 2 号"给我们留下了无数问题和答案。1986 年 2 月 25 日，伴随着推进器再次点火，"旅行者 2 号"的天王星探测任务正式结束，我们远离了这个星球及其隐藏的大量秘密。30 多年后的今天，我们仍然没有关于天王星的新探测计划。

我们与天王星的第一次也是唯一一次亲密接触可能只持续了几小时，但探测器发回了数千幅珍贵的图像和大量数据。我们已经比以往任何时候都走得更远。当"旅行者号"将天王星留在身后时，它还要继续孤独地飞行 16 亿千米，然后才能遇到另一颗行星。

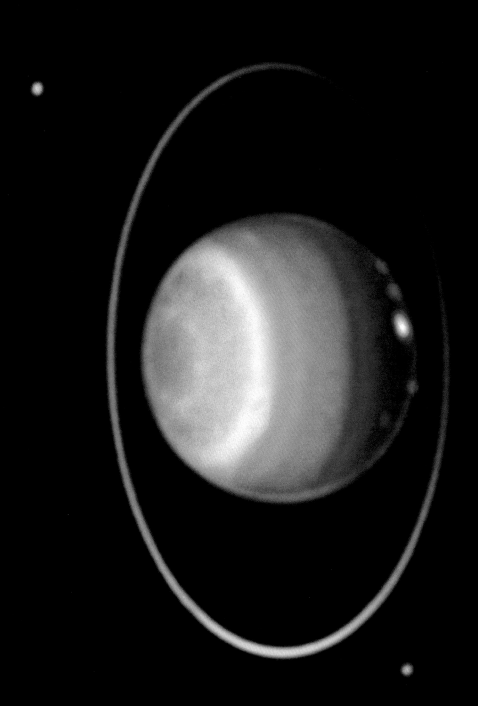

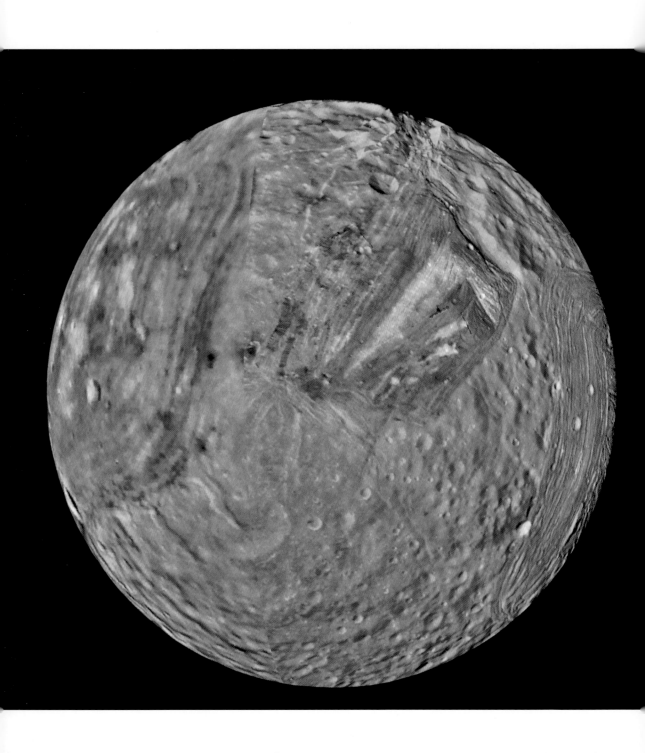

上图：这幅带有马赛克的天卫五图像仍然清楚地显示了这颗卫星表面的复杂地貌，包括峭壁、团块、撞击坑和凹地。

"天卫五是一个被重新融合在一起的破碎星球。我们在它的表面看到了巨大的裂缝、悬崖、撞击坑和裂谷，这是一片真正的地质大杂烩。"

——弗兰·巴格纳尔，"新视野号"任务科学家

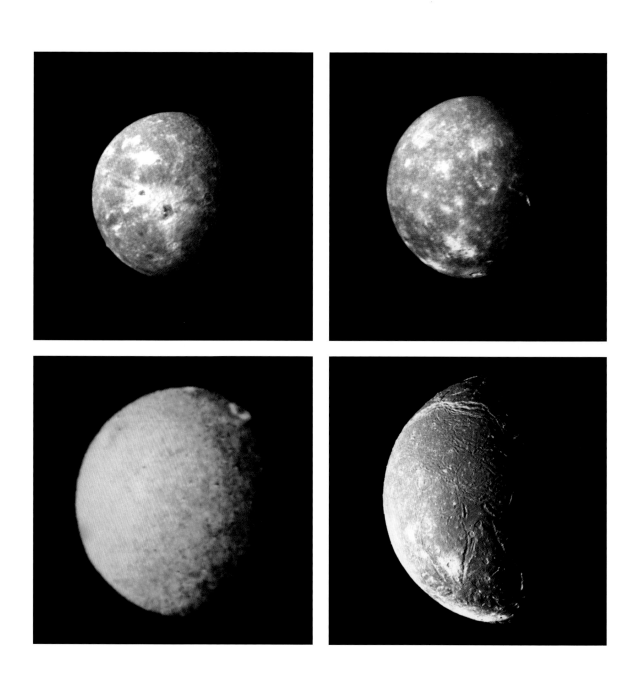

左上图: 1787 年天文学家已经发现了天王星的第二大卫星天卫四,但直到"旅行者 2 号"飞掠时,我们才对其有所了解。

右上图: "旅行者 2 号"揭示了天王星最大的卫星天卫三的地貌,它有活跃的地质活动,表面上有一系列断层谷。

左下图: 天卫二(天王星最暗弱的一颗卫星)的这幅彩色图像显示了其表面的大量撞击坑。

右下图: 1851 年威廉·拉塞尔发现了天卫一,它是天王星所有主要卫星中最亮的,并且可能是最年轻的。

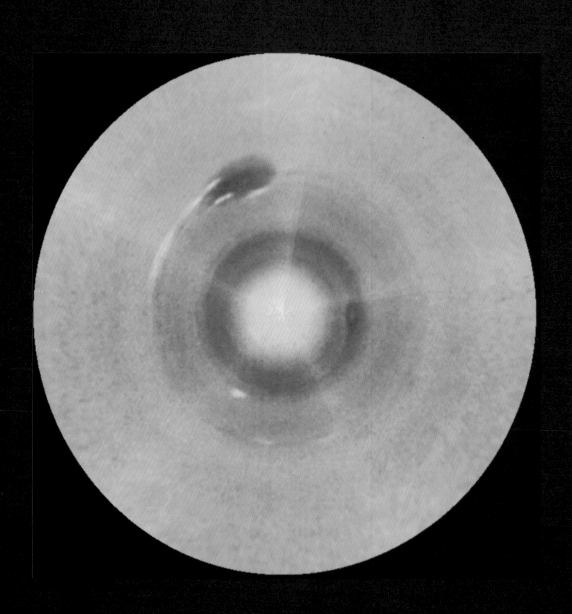

探索冰冷的区域

离开天王星后，"旅行者2号"又花费了三年多的时间，最终才接近海王星并为其拍摄第一幅图像。这是它在太阳系中的盛大旅程的最后一站。

从距离5700万千米开始，这颗遥远的行星在1989年6月上旬开始逐渐显现。它的邻居天王星近乎无特征的天体印象仍然停留在我们的头脑中。这颗行星从黑暗中浮现，开始是一个很小的球体，被稠密的蓝色大气所包围。显而易见的是，这是两颗冰巨星中更有活力的一颗。探测器返回的数据耗时246分钟到达地球，远方传回的早期图像显示蓝色薄雾的上方飘浮着大量高空云。这不是一个沉寂、冻结的世界，而是一个更极端的星球。

在"旅行者2号"到达海王星系统之前，海王星是所有行星中我们最不了解的一颗。在地球上肉眼已经完全看不见它，即使通过功能最强大的望远镜，它看上去也仅仅是一个蓝绿色的模糊小球。它按体积计算是太阳系中的第四大行星，而按质量计算则是第三大行星。我们那时对它的大气或结构组成一无所知，只能隐约观察到两颗卫星，即海卫一和海卫二。这是一个一直隐匿在黑暗中的遥远星球，在140多年间一直守护着自己的秘密。

这是太阳系中最后一颗被人类发现的行星，它也是唯一一颗在被观测之前就已经预测到的行星。几个世纪以来，我们一直盯着它，但不知道在看什么。几乎可以肯定，在1612年末和1613年初的一系列观测中，伽利略是第一位直接观察到海王星的人。他用当时新发明的望远镜绘制的数据使他相信这是一颗恒星，而不是行星。在接下来的200年中，许多天文学家曾经将目光固定在这颗昏暗的"恒星"上，却没有意识到它的蓝色光芒背后的秘密，但是第一条关于这个天体真正本质的线索并没有出现在望远镜的目镜中，而是来自一组天文表。

1821年，法国天文学家亚历克西·布瓦尔发表了《天文表》。这套星表列出了根据牛顿运动定律和万有引力定律所计算的三颗外行星——木星、土星和天王星的轨道数据。在接下来的几年中，长时间的观测验证了布瓦尔的计算工作，确认了木星和土星的实际运动精确地符合了他的计算结果。这也是对他的艰辛计算的奖励。然而，天王星的轨道拒绝如此顺从。这颗当时最远的行星的运动大大偏离了布瓦尔的预测，这使布瓦尔提出了一个猜想：要么是牛顿错了，要么有一颗尚未被发现的行星潜伏在黑暗中，未知行星的引力使天王星的轨道发生了改

对页图：木星的南极。在这种颜色组合中，多个同心圆结构对流时呈现的纬线更加清晰，也会被旋动的暴风所打断。

上图：当天王星的运行与布瓦尔预言的轨道数据冲突时，他敢于暗示牛顿的理论也可能是错误的。

下图："旅行者2号"拍摄的海王星大黑斑，类似于木星的大红斑，也是一个大型风暴系统。

上图：勒维耶是第一个意识到自己正在凝视太阳系中最遥远的行星——海王星的人。

下图："旅行者 2 号"拍摄了海王星大黑斑，留下了极其宝贵的资料，因为数年后这个标志性的风暴系统就从人们的视野中消失了。

变。找到这颗行星成为了每一位天文学家的终极梦想，此后很多人致力于此。而在有关未知行星位置的预测研究上，英法两国还展开了激烈的竞争。

在英吉利海峡的一侧，英国康沃尔的天文学家和数学家约翰·柯西·亚当斯着迷于布瓦尔关于未知行星的猜想，并坚信他能用纸和笔确定这颗隐藏着的行星的大小、位置与轨道。1845 年 9 月，亚当斯至少已经部分完成了他的计算，但是他的工作几乎不为外人所知。而此刻法国数学家奥本·勒维耶正在对天王星的轨道以及令人难以捉摸的第八颗行星进行计算。

1846 年夏天，勒维耶最终完成了计算，并于 8 月 31 日向科学院宣布，他已计算出未知行星的位置。两天之后，亚当斯也完成了他的工作，并秘密将自己的预测发送给皇家格林尼治天文台以供核实。这一定是科学史上差距最短的比赛。勒维耶邀请柏林天文台搜寻这颗行星。1846 年 9 月 24 日夜里 00：15，约翰·伽勒在助手海因里希·德亚瑞司特的帮助下，通过一台折射式望远镜找到了这颗行星，从而成为首位有意识地观测太阳系第八行星的人。他在不到 1 小时的时间内就发现了一颗耗时数十年才能定位的行星，它距离勒维耶计算的位置不到

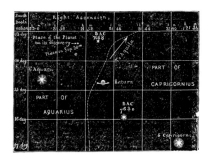

"几年后，这个斑点消失了，但是一个新的斑点很快就出现了，所以在海王星上没有像木星大红斑那样的巨大的永久斑点，它更容易形成巨大的黑暗风暴。"

——戴维·格林斯潘，
天体生物学家

上图：1846 年发现海王星时，这颗行星正运行至天空中宝瓶座所在的区域。

1 度。直到今天，关于海王星的发现权仍然存在争议，但在天文学中赢者通吃，因此在历史学家的记录中，勒维耶成为了海王星的发现者，也成为了那个"用笔尖"发现行星的人。

我们又花费了 143 年的时间才能正式拜访勒维耶所发现的星球，去见证了一个充满活力并在剧烈活动的动荡星球。随着"旅行者 2 号"离海王星越来越近，它开始发回一组珍贵的图像。这些图像至今仍是该行星系统的唯一一组近距离图像。首次飞掠海王星的第三大卫星海卫二时，"旅行者 2 号"捕捉到了这颗卫星在其围绕行星的巨大偏心轨道上运转的唯一图像，但海王星本身的图像越来越令人震惊。探测器拍摄了整个行星的表面，发现甲烷云层被高空风暴以 2000 千米／小时的速度驱动着。这要比地球上测得的最高风速还要快 5 倍，也是太阳系中发现的最高风速。

我们从"旅行者 2 号"的探测中看到的不仅仅是狂风。我们可以看到了像地球上的飓风一样的巨大风暴在海王星表面移动，其中最大的一个风暴的体量相当于整个地球。它类似于木星的大红斑，后来被称为大黑斑。"旅行者 2 号"在 1989 年 8 月 25 日到达距离海王星最近的位置时，给掠过北极的巨大风暴系统拍摄了多张照片。此时"旅行者 2 号"距离北极的云顶仅

下图：环绕海王星的云纹，宽度为 50~200 千米。

> "海王星是如此美丽，它是太阳系中的另一个蓝色星球。从颜色上看，我不禁认为它有点像地球，但是它的蓝色缘于其大气中的甲烷吸收了阳光中的红光。"
>
> ——弗兰·巴格纳尔，
> "新视野号"任务科学家

4400 千米。在此之前，没有人预测到在距离太阳如此遥远的地方会有这种惊人的风暴。4 年后，哈勃空间望远镜正式启用，它朝着海王星方向进行观测时，发现这个大黑斑已经消失了。与我们目睹了数个世纪的木星大风暴有所不同，海王星上的天气似乎瞬息万变，这种最大的风暴会在几年之内反复出现和消失。

我们在海王星上看到的恶劣天气仍然是一个令人着迷的现象。与天王星相比，海王星到太阳的距离要远 50%，它接收的太阳辐射只有天王星的 40%。这两颗行星的表面同样寒冷。事实上，海王星的外层大气是太阳系中最冷的地方之一，其云层中的温度是零下 220 摄氏度。

这两颗行星位于太阳系中最遥远、寒冷的地方，我们能够以此解释天王星的表面为何如此平静。但是，海王星位于离太阳更远的地方，它的表面云层为什么如此活跃呢？我们认为，这是因为有一个神秘、强大的热源，它位于海王星的核心。

所有行星（包括天王星和海王星）的核心都锁定了部分余热，其中大部分是因不断的碰撞而残留的热能，以及某些放射性元素衰变释放的热量。然而，天王星的热量迅速散失了，如今它辐射出来的能量仅为从太阳那里所接收的能量的 1.1 倍。它的核心辐射的热量太少，无法通过大气层驱动任何天气系统。海王星的内部似乎要热得多，"旅行者 2 号"发现这颗离我们最遥远的行星辐射的能量是它从太阳那里接收的能量的 2.61 倍。

这些出人意料的温度有助于解释为什么海王星的大气层中存在猛烈的风暴。当热量从行星中心散布到太空中时，它搅动了整个大气层，产生了极其猛烈的风暴。这一过程一旦开始，就几乎无法停止。和天王星一样，海王星也是一颗冰巨星，它包括岩核以及由冻结的水、氨和甲烷组成的地幔，周围环绕着冰冷的大气。由于海王星没有固体表面，因此没有山脉和陆地可以阻挡大气中的气体流动。这意味着风暴可以环绕整个行星，从而不停地加快速度，直到远远超过音速。

这些为我们提供了建立海王星极端天气模型的依据。"旅行者 2 号"无法完全揭开海王星和天王星如此不同的原因，我们仍然不知道这些行星的形成过程。为何海王星产生了更多的残留热量，使它比天王星更活跃？

海王星的活跃大气运动并不是"旅行者 2 号"给我们带来的唯一惊喜。它拍摄的这些生动图像显示了太阳系中有两颗蓝色行星。海王星也是一个明亮的蓝色星球，但是它的表面没有液态水。我们知道，海王星呈蓝色的原因不可能与地球相同。这种颜色必须由海王星大气中的其他物质产生，"旅行者 2 号"提供了答案，其上搭载的光谱仪首次测量了海王星大气的成分（由 80% 的氢、18.5% 的氨和 1.5% 的甲烷组成）。甲烷是其中含量最少的成分，但甲烷是海王星呈蓝色的关键。

海王星的剖视图

49244 千米

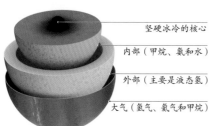

坚硬冰冷的核心

内部（甲烷、氨和水）

外部（主要是液态氢）

大气（氢气、氦气和甲烷）

下图和右图: 海王星大黑斑和在其周围旋转的气旋。

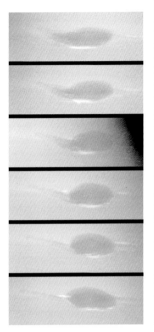

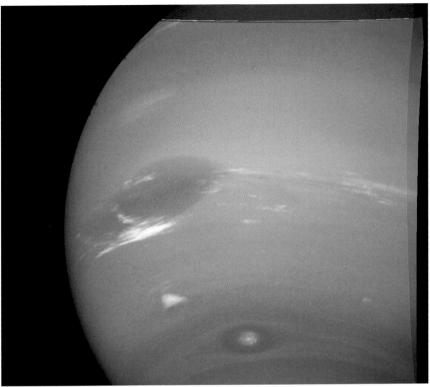

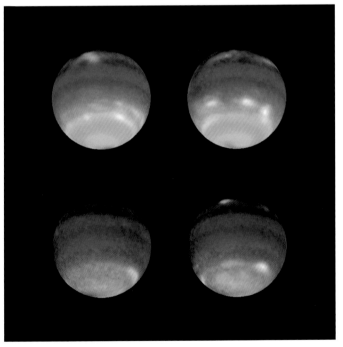

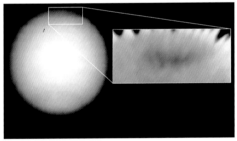

上图: 通过哈勃空间望远镜看到的大黑斑,以及高压区的特写镜头。

左图: 海王星自转的延时图像,这使科学家们可以近距离观察这颗行星的天气系统的变化。

下图：星光包含彩虹中的所有色光，但是光的吸收和反射方式取决于大气中的元素。

此图比较了我们的太阳（顶部）与银河系中其他恒星和彗星的吸收光谱。

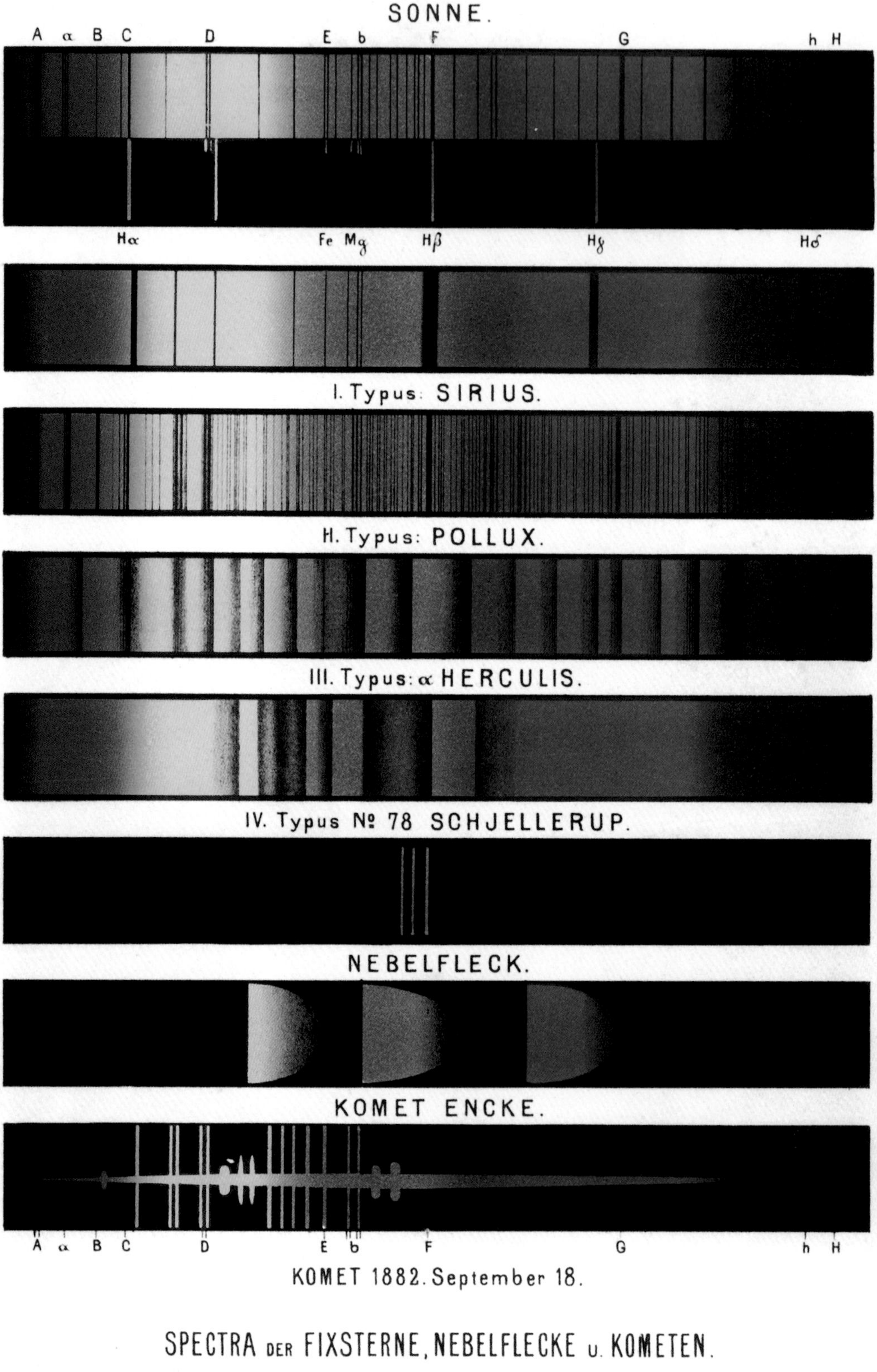

SPECTRA der FIXSTERNE, NEBELFLECKE u. KOMETEN.

"我们对天王星和海王星的颜色有了一些基本了解。这些冰巨星除了大气中的氢和氦之外，其上层大气层中还含有一定量的甲烷，这使得它们呈蓝色。"

——戴维·格林斯潘，
天体生物学家

阳光包含彩虹的所有颜色，但是当它接触行星表面时，会因为接触的分子而发生不同的变化。就地球而言，围绕着它的水汽吸收了阳光中的红光，因此，当阳光照射上层大气时，只有蓝光被反射。我们星球上所有植物的叶绿素都会吸收蓝光和红光，因此只有绿光被反射。在海王星上，不是水汽让它的颜色变蓝，而是大气中的甲烷吸收了阳光中的红光，而将蓝光反射回宇宙中。但是，事情并非那么简单。天王星也是一个蓝色星球，但是与它的兄弟海王星相比，它的色彩略显苍白，偏绿色。然而，天王星的大气层中也有甲烷，实际上它的甲烷含量更高。因此，按照这个解释，天王星反而应该呈现更深的蓝色。为什么会是现在这样？奇妙的是，我们仍然不知道其中的原因。"旅行者2号"曾在海王星的大气层中寻找其他可能导致它呈深蓝色的成分，但没有发现任何可以用于解释这一颜色差异的成分。到目前为止，这两颗行星为什么出现许多差异仍然是一个谜。

下图： 这个大型淡水湖是甲烷水合物的天然来源，我们可以借此深入了解海王星上由甲烷形成的景观。

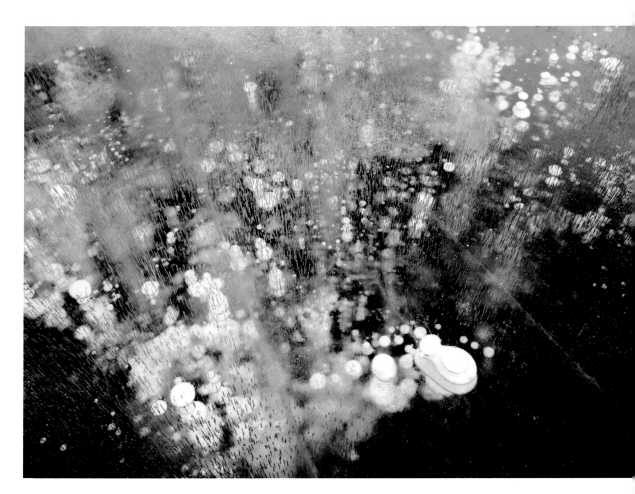

海王星的卫星

经历了 12 年以上的飞行，"旅行者 2 号"完成了对太阳系的探索。这个迷你探险家从地球上发射后，经历了 70 亿千米的非凡旅程，探索了几乎整个太阳系外部区域——木星、土星、天王星和海王星。但是，它在开始下一段漫长而又寂寞的黑暗星际旅行前，还有一个需要完成的任务。

"旅行者 2 号"对海王星的探测取得了大量发现，包括探测到微弱的海王星光环系统并确认了 6 颗新卫星，但是在最后的几小时内，它飞越了海王星的北极区域，喷气推进实验室的科学家发出命令让它进行最后一次大角度回旋，目标是近距离飞掠海王星巨大的卫星——海卫一。

在几乎触及海王星的大气顶端之后仅 5 小时，"旅行者 2 号"从距离海王星的卫星 40000 千米的距离飞掠而过，并发回了这个遥远的陌生星球的第一张近距离照片。

1846 年 10 月 10 日，英国天文学家威廉·拉塞尔发现了海卫一，此时距离发现海王星仅 17 天。当文学家们关注这颗新行星时，拉塞尔使用他自制的望远镜注意到了这颗卫星。尽管多年之后，海卫一才被正式命名为特里同（希腊神话中的海神），它仍是从那时起 100 多年来唯一被发现的海王星卫星。1949 年，杰拉德·柯伊伯（后面还会专门提到他）发现了海卫二。

当"旅行者 2 号"发回海卫一的第一幅图像时，我们对海卫一的了解立刻丰富起来，这个星球比我们想象的更加活跃。在距离地球最远的区域，太阳系的第七大卫星并非一个冰冷死

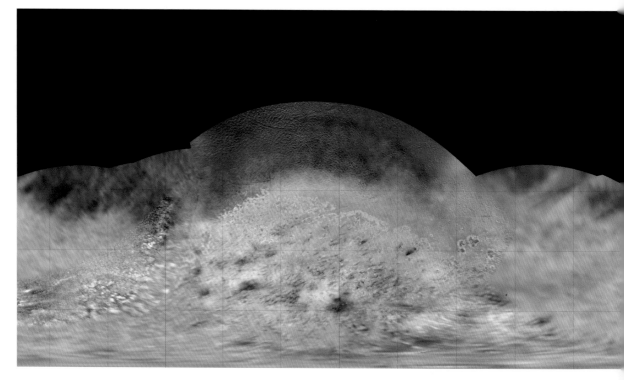

> "'旅行者2号'所拜访的最后一个天体是海卫一，这次拜访对于'旅行者2号'的探索旅程来说是一个华丽的终章。"
>
> ——戴维·格林斯潘，
> 天体生物学家

上图："旅行者2号"所拍摄的海卫一全域彩色拼接成像图，给科学家带来了这颗奇异卫星的表面图像。

右图：海卫一南半球的极投影，显示出极冠和赤道边缘。

对页顶图：海卫一是海王星的13颗卫星中最大的一颗，是太阳系中唯一具有逆行轨道的大型卫星，它沿着与海王星自转相反的方向公转。

对页底图："旅行者2号"的探测数据使科学家能够绘制出海卫一的全域彩色地图。

寂的星球，那里的地质运动活跃，地质特征也与我们想象的不同。由于海卫一北半球的大部分区域都处于黑暗之中，因此我们只能获得其表面40%的区域的图像。"旅行者2号"发现了海卫一的表面由稀疏的撞击坑、网状分布的奇特山脊和山谷以及西半球的一个被戏称为"甜瓜纹"的地区组成。这种特殊地形的外观与甜瓜表面的纹路惊人地相似。

所有这些证据都表明，海卫一有个"年轻的"表面，它没有月球那么古老，也不像月球那样曾经遭受大量撞击。尽管"旅行者2号"的探测结果表明这里是太阳系内最寒冷的地方之一，但这个零下235摄氏度的冰冷星球似乎被活跃的火山活动重新改变了地形地貌。这种火山并不是我们所熟悉的地球上的火山活动。海卫一的地下没有岩浆，那是一个冰冻世界，其表面覆盖有氮冰、水冰和固体二氧化碳的混合物。这里存在的任何火山都是冰火山，从地表下方喷出的水冰、氨和甲烷组成低温"冰岩浆"并在极低的温度下立即凝固。

当"旅行者2号"注视着海卫一的表面时，它拍摄了南极地区的一系列图像，这些图像似乎提供了支持这种地质活动理论的证据。在平坦的火山平原和裂谷之间隐现着一系列特殊的地貌特征——地表上散布着至少50条暗羽流，这些特征立刻引起了人们的关注。因为"旅行者2号"飞行的速度太快，同时到海卫一的距离过于遥远，所以我们无法获得这些引发我们好奇的羽流的特写镜头，但我们确信它们是存在间歇泉的证据，并且深色条纹

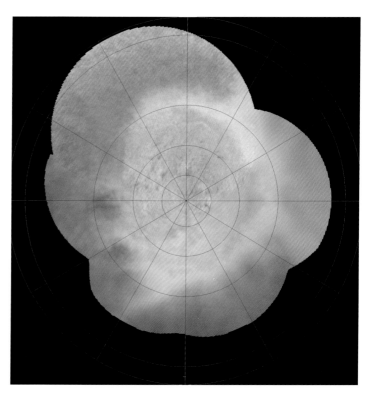

在"旅行者2号"飞掠期间，海卫一上至少有四个活跃的间歇泉，这些间歇泉将冰粒和尘埃云向上喷射到8千米高空，进入海卫一的大气层中。

是尘埃在海卫一上堆积而形成的。间歇泉将这些沉积物散布至海卫一的表面。行星科学家诺亚·哈蒙德表示："看到海卫一上活跃的间歇泉喷射出的物质高达8千米，这是一个很大的惊喜。我们认为这些间歇泉可能是由于氮冰被太阳蒸发而形成的。'旅行者2号'观测到的两个间歇泉都处于喷发状态，它们集中在海卫一上温度最高的区域，那里的阳光辐射最强。阳光穿透氮冰，开始将氮冰加热成气体，这些气体在地表内部逐渐聚积起来，直到有足够的压力冲破冰层并将尘埃一起带入大气之中。"

对图像的进一步分析表明，在"旅行者2号"飞掠期间，海卫一上至少有四处活跃的间歇泉，这些间歇泉喷射出的冰和尘埃云向上直达8千米的高空，进入了海卫一稀薄的大气层中，然后在下风向100千米处落回地面。也许更令人惊讶的是，我们已经能够为这一现象背后的原理机制提出一个假设，帮助我们理解为什么这种奇异的地质活动会发生在最不可能的地方。这背后的主要原因似乎与它们在海卫一表面的位置有关。

根据"旅行者2号"发回的影像数据，间歇泉似乎在海卫一表面阳光照射最强烈的区域比较密集。在距离太阳45亿千米之外，阳光已经十分微弱，它在卫星表面产生的热辐射也很

下图："旅行者2号"传回的图像，显示了海卫一表面的冰喷泉正在喷发。

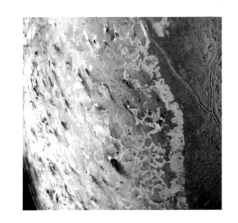

下图：海卫一南极附近的科学想象图，深色物质是喷发物被风驱动后落在地面上形成的。

微弱，但是正是这种能量和卫星表面的特殊化学物质共同对卫星产生了巨大的影响。

海卫一表面发生的现象似乎是阳光照射在海卫一薄薄的氮冰上，穿透表面，加热了表面以下 1 米处暗色的甲烷颗粒。甲烷在海卫一上产生了类似于地下温室气体的作用，将热量保存在地表以下，表层冷冻的氮将海卫一散发的热量聚积在内部。虽然科学家估计这一现象产生的温度差只有 4 摄氏度，但表面与较温暖的内部之间的温差仍足以融化冰冻的氮冰并释放气体。氮冰之下的气体一直在聚积压力，直到最终爆发冲破氮冰层，形成海卫一表面的间歇泉，并通过喷射将这些暗色的冰粒带到 8 千米高空。

尽管来自太阳的微弱光线足以解释海卫一上的间歇泉喷射现象，但这种微弱的能量来源无法驱动在整个海卫一地表都能看到的、塑造山谷和裂隙的剧烈地质运动。海卫一的过去一定有某些特殊经历，使它的内部热源足以彻底改变地形。海卫一轨道的奇异之处也引出了关于它的内部存在古老热源的潜在线索。

海卫一与太阳系中的其他所有大型卫星不同，它的运转方向与行星的运转方向相反。它处于被海王星的潮汐锁定的状态，有一面一直对着海王星。海卫一沿顺时针方向围绕海王星运行，而海王星则绕其自转轴以逆时针方向旋转，每 16.11 小时自转一圈。行星和卫星之间的这种不和谐表明，海卫一和海王星不可能同时形成。在同一时刻由相同的气体和尘埃塌缩形成的行星和卫星系统往往会朝着与初始尘埃云的旋转方向相同的方向旋转和绕行，就像太阳系中的绝大多数卫星一样。因此，最可能的解释是，海卫一成为海王星卫星的时间很晚，它是一位外来的访客。与"旅行者 2 号"不同，它已经无法离开海王星了。与天王星的情况相似，我们不太确定海卫一的过往历史，但是从其轨道和表面特征看，所有证据都表明很早以前海卫一并不是一颗卫星。为了了解它来自何方，我们需要越过海王星，进一步探索太阳系的黑暗区域。

直到最近，我们才确认太阳系内部有一个特殊的区域。这一区域现在被称为柯伊伯带，它是一个由成千上万个天体组成的盘状区域，从海王星的轨道延伸到距离太阳至少 50 天文单位的地方。它的结构类似于小行星带，但其体量要大得多。科学家很早就推测太阳系中可能存在这样的区域，但是直到 1992 年发现了名为阿尔比恩的 15760 号小行星之后，我们才有了相关证据。柯伊伯带是我们认知太阳系的转折点。"新视野号"任务负责人艾伦·斯特恩说："柯伊伯带的发现极具革命性，因为距离太阳太远，那里的温度几乎接近绝对零度，因此一切历史演化痕迹都会被保存下来。在那里可以对太阳系的早期历史进行考古发掘，它就好似一个科学仙境，所有这些发现都集中在那里。它可以让我们重新绘制太阳系地图，并再一次定义地球的位置。在太阳系里，到底谁比较特殊？并不是冥王星，而是地球和木星，它们才是太

上图：进一步探索广阔而神秘的
柯伊伯带，可能会解开太阳系
起源的秘密。

阳系里特殊的天体。柯伊伯带是整个太阳系的博物馆，那里的一切都被完整保存下来。这个发现令人难以置信。在探索太空的几十年中，这个发现深刻地改变了我们对于整个太阳系的认知。"

除了冥王星及其卫星卡戎之外，阿尔比恩是第一个被确认的位于海王星轨道之外的天体，由此引发了一系列深入探索和新发现。目前在柯伊伯带中确认的天体数量约为 2400 个，我们认为在柯伊伯带中至少有 10 万个直径（或个头）大于 100 千米的天体。我们将在本章后面介绍在这一区域中的新发现。柯伊伯带类似于火星和木星之间的小行星带，分散的碎片区域由太阳系形成之初的残余物质组成，但是火星和木星之间的小行星带的组成成分主要是岩石碎片，而柯伊伯带则是由冰体组成的，其主要成分是甲烷、水和氨。正是这些成分让我们能够了解海卫一和它奇特的过去。我们现在相信，也许海卫一是在柯伊伯带中形成和演化的，它在围绕太阳旋转的数以百万计的冰块（由水、氨和甲烷组成）中诞生的，后来某种天体碰撞事件扰乱了它的轨道，让它飞向太阳系内部。海卫一脱离柯伊伯带后，又被海王星的引力所俘获，被永远困在海王星的领地之中。

海卫一以接近正圆的轨道绕海王星运行，类似于月球绕地球运行。我们几乎可以肯定，当这颗卫星刚刚被海王星捕获时，它的轨道应该较为混乱。当近距离掠过海王星时，它沿着一条宽阔的椭圆轨道运行，在每一次公转中都会更靠近海王星一些。这意味着当海卫一绕海王星运行时所受到的引力的大小会不断变化，就像木星对木卫一的引力一样。引力拉伸和挤压海卫一，由此产生的潮汐摩擦会使它的内部升温，当时的地质活动一定比现在观测到的间歇泉喷发要剧烈得多。通过这种潮汐加热过程，海卫一内部的冰层逐渐融化并挥发，并通过地壳的裂缝和断层释放，形成我们今天所看到的粗糙表面。随着时间推移，海卫一的轨道变化为更规则的圆形，潮汐摩擦力减小，产生的热量减少，因此一颗绕着海王星运转的冰冷卫星形成了，早期岁月的伤痕分布在它的表面。今天，那些剧烈的地质活动已经平静下来，只有由微弱的阳光所驱动的间歇泉在喷发，最终在地表留下深色的条纹。

当"旅行者 2 号"以 60000 千米 / 小时以上的速度飞掠海卫一和海王星时，这一系列非凡的行星探索任务圆满完成。"旅行者 2 号"的探索范围将扩展到太阳系最远处，并延伸进入未知的星际空间，但它作为行星探测器的时期已经结束。一艘由上千人共同设计和建造的微型宇宙飞船在黑暗中发出一道亮光，揭示了 40 多亿年来隐藏在黑暗之中的宇宙奥秘。我们的研究不会折返，但是当这个探测器远离这两颗行星之后，海王星和天王星重新回到近距离探测的范围之外时，我们只能通过强大的望远镜对其进行远距离观察。此时，另一颗更加遥远的天体正在远方等待着人类对它的第一次拜访。

搜索 X 行星

19 30 年 1 月 23 日晚，在位于亚利桑那州旗杆镇的洛厄尔天文台里，一名 23 岁的初级研究员正在用一台 330 毫米口径的天文望远镜拍摄夜空。这台望远镜是专为天体摄影而设计的。克莱德·汤博在拍摄这幅照片时已经在天文台工作了一年多，这是他前几个月拍摄的数百幅照片之一。汤博是一位热心的业余天文学家，他把自己在家里用望远镜观测时手绘的一系列木星和火星图片提供给天文台的工作人员后就得到了这份工作。每天晚上，汤博都会在洛厄尔天文台做同样的工作，用星象仪拍摄一小片天空，几天后再次对同一区域进行拍摄。这项任务有点费神，但这项研究的意义相当深远，因为汤博在这些几乎相同的天文图像中搜寻的是一颗未知的新行星——神秘的 X 行星。

到 1930 年，关于神秘莫测的太阳系第九颗行星的搜寻工作已持续进行了 30 多年。自 20 世纪初以来，对天王星和海王星轨道的精确观测表明，太阳系外层的黑暗区域中还隐藏着其他天体，那是在海王星轨道以外的更遥远的天体。但是，想要在天空中找到这样遥远、暗弱的行星，就像在干草堆中寻找一枚缝衣针一样。

在这个时期，领导搜寻 X 行星工作的是洛厄尔天文台的创始人珀西瓦尔·洛厄尔。从 1906 年开始，洛厄尔开始了对未知的第九颗行星的搜寻。虽然经过了多年努力，但他最终也没能等到发现第九颗行星的那一天，也永远不会知道自己其实距离发现 X 行星有多么接近。在他去世前一年的 1916 年，他所拍摄的两幅天文照片其实已经捕捉到了 X 行星，但这一线索被错误地遗漏了——两幅照片被归档存放起来。有关 X 行星的搜寻工作还需要再继续等待 14 年才有结果。

用相隔数晚拍摄的同一天区的照片进行对比的逻辑很简单，即通过检查两幅照片中的位置发生了变化的天体，能够区别出背景中遥远的恒星和任何轨道距离地球较近的天体。为此，汤博在洛厄尔天文台拍摄了数百幅成对的照片，并使用频闪分析仪进行对比研究。这种仪器有助于分辨图像之间的细微差别。直到 1930 年 1 月 29 日晚，汤博才最终锁定了目标。

对比相隔一周时间拍摄的两幅照片时，汤博发现一个模糊的天体似乎移动了不到 2.5 厘米，但这 2.5 厘米的位移意义深刻。这是一个比背景中遥远的恒星更接近地球的天体，一个观测视角会随着地球自身位置的变化而移动的天体。在一周时间里，这个天体确实在遥远的恒星背景中移动了一定的距离。汤博发现了 X 行星，这颗行星后来被命名为冥王星。这个名字源于一位来自英国牛津、热衷古希腊神话的 11 岁女孩威妮夏·伯尼。

汤博的发现成为了世界各地的头条新闻，他也得以步入顶级天文学家的殿堂，与威廉·赫歇尔和奥本·勒维耶一并成为

上图： 早期拍摄的冥王星图像，摄于 1930 年 3 月。

顶图： 克莱德·汤博于 1930 年发现了这个天体，他的努力最终揭示了 X 行星的秘密。

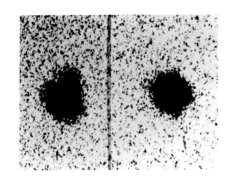

历史上仅有的三位太阳系行星的发现者，至少当时全世界的人们都如此认为。汤博没能等来他的 91 岁生日，他于 1997 年去世，没有意识到未来几年的学界争论将会改变他发现的天体的类型。

汤博的一生都将与他在底片对比板上发现的斑点紧密地联系在一起，这个小小的斑点代表了一颗遥远的行星。数十年间，它在我们的想象中要比现实观测中更加生动。即使利用最先进的望远镜进行观测，20 世纪科学技术所能提供的质量最高的图像也只是少量模糊的像素。太空中的哈勃空间望远镜可以屏蔽大气对观测的影响，获得更精细的图像，但是它也未能提供太多关于冥王星的图像信息，只呈现了黑暗中的一团令人沮丧的模糊球体，星球的表面特征都不可见。进入了 21 世纪后，冥王星仍旧遥不可及，这似乎是一个无法被理解和探索的星球，但通过一项新的探测任务，这个持续多年的探索盲区即将消失。

"20 世纪 90 年代关于冥王星的探测发现，可能是人类进入太空时代后关于太阳系探测的最重要的成果，它彻底重绘了太阳系地图。"

——戴维·格林斯潘，
天体生物学家

左上图：1978 年 6 月，这两幅图片被天文学家詹姆斯·克里斯蒂用来识别冥王星的卫星卡戎。

下图：哈勃空间望远镜拍摄的冥王星表面照片。

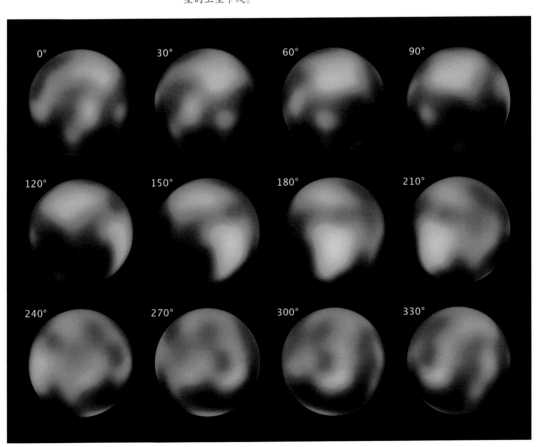

探索新的地平线

> "'新视野号'必须完美运作。在长达九年半的时间内，它将独自飞行数十亿千米，途中没有任何补给和替补。探索冥王星是一项一次性任务，没有掉头返航重新来过的可能。"

——艾伦·斯特恩，
"新视野号"任务科学家

对页图和上图："新视野号"探测器向冥王星和柯伊伯带进发，开始了对遥远空间的首次探测。

20 06年1月，"新视野号"探测器搭载在"大力神5号"火箭上，从佛罗里达州卡纳维拉尔角空军基地发射升空，开始了穿越太阳系向冥王星进发的史诗般征程。在克莱德·汤博去世9年之后，人们在这个比一架大型钢琴大不了多少的行星际探测器的有效载荷中腾出了部分空间，放置了汤博的30克骨灰。这是对76年前开启冥王星之旅的先驱者的致敬。对于"新视野号"任务的首席调查员艾伦·斯特恩来说，这件事实现了早年他对汤博的承诺。他说："1997年1月汤博去世，这时距离'新视野号'立项还有一段时间，我们还在申请项目预算。在此之前，汤博曾问过未来是否会有关于冥王星的空间探测项目，如果有，他希望能将自己的骨灰放在探测器上一起出发。我在20世纪90年代就听说过这件事。2005年夏天，我联系了汤博的家人，想了解他们是否希望实现汤博最后的愿望，因为这个想法当时仍然可以实现。最后，我们在工程上实现了他的这个愿望，对此非常自豪。这不仅是为了汤博和他的家人，也是为了地球上的人们。因为这使得这颗行星的发现者与'新视野号'团队之间建立起了一种非常特殊的情感联系。"

"新视野号"以16.26千米/秒的速度离开地球，它是人类所发射的速度最快的探测器。在短短一年多的时间内，它就到达了木星，在这颗气态巨行星的引力牵引下继续快速前进。为了节省能量，当所有非必要的系统完全关闭后，这个小型探测器将在黑暗中开展史诗般的8年远航。经过20年规划、设计、建造和长久的期待，"新视野号"团队此刻只能盼望探测器顺利抵达，因为它已进入了太阳系中尚未探索的区域。尽管航行本身没有遇到特别的阻碍，但这次任务的性质和定义即将遇到一个最令人意想不到的转折。

从1992年发现15760号小行星阿尔比恩开始，我们就发现冥王星其实并不孤单。它所在的空间区域中还有一系列环绕太阳运行的天体。当我们开始窥探柯伊伯带深处时，发现这个区域并非只有一些天体的碎片，而是有很多类似于冥王星的天体存在。

2002年6月帕洛玛天文台发现的50000号小行星创神星的大小是冥王星的一半。

2003年11月发现的90377号小行星塞德娜是一颗体积比较大的小行星，它绕太阳公转的周期大致是11400年。

2004年12月发现的136198号小行星妊神星是一个巨大的卵状天体，它甚至还有两颗迷你卫星。

2005年发现的136472号小行星鸟神星属于矮行星，它的大小为冥王星的三分之二。

2005年1月，人们发现了136199号小行星阋神星。这个天体的大小几乎与冥王星相当，甚至还要大一些。数百个类

下图： 这幅图为科学家们开了绿灯，为"新视野号"前往冥王星（右侧）铺就了一条清晰的路径。

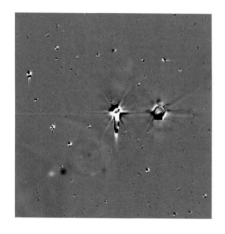

矮行星系列

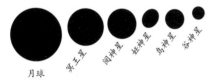

月球　冥王星　阋神星　妊神星　鸟神星　谷神星

下图： 2003 年 11 月发现的遥远、暗淡的小天体，后来被确认为小行星塞德纳。

似的新发现的天体迫使国际天文学联合会（全球所有天文机构的学术联合会）重新考虑行星的定义是否需要改变。2006 年 10 月，国际天文学联合会发布了三条新的行星定义标准。如果太阳系中的某个天体要被划入行星范畴，它就必须同时满足以下三条标准。

1. 该天体的运行轨道环绕太阳。
2. 该天体有足够的质量来维持接近球体的形状。
3. 该天体能清除自身轨道上的其他天体。

冥王星完全符合第一条标准，每 248 年绕太阳公转一圈。即使距离遥远，望远镜观测也能证明冥王星几乎是完美的球形，因此它也符合第二条标准。但是当涉及第三条标准时，冥王星出现了问题，它的体量还不够大，无法清除自身轨道上的其他天体和碎屑。因此，它无法被纳入行星范畴。2006 年 9 月，冥王星被正式归类为矮行星。

这是一个绕太阳公转的球体，但不是行星。第三条标准是最终将选定的 8 颗行星（水星、金星、地球、火星、木星、土星、天王星和海王星）与其他绕太阳公转的天体区分开来的依据。如果我们认为冥王星也是行星，那么塞德纳、阋神星、鸟神星以及其他数十个甚至数百个较小的天体也应归入行星之列，它们也在距太阳数十亿千米的柯伊伯带上绕着太阳公转。

因此，到目前为止，我们认同太阳系中有 8 颗行星，但我们对许多其他天体（其中包括数百颗卫星和矮行星）依然缺乏了解，它们在那里等待被发现和探索。至于冥王星，尽管世界各地都有学者不认可这一新标准，全力进行申辩，但当"新视野号"进入它的征程中的最后一站时，原本的行星探索任务已经变成首次探测柯伊伯带中的矮行星。

幸好太阳系对于国际天文学联合会对行星的古怪定义完全不会在意。虽然冥王星被学术界降级了，但这个等待着被探索的星球完全没有让我们失望。

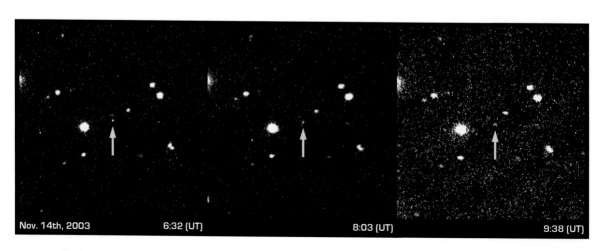

Nov. 14th, 2003　　6:32 (UT)　　8:03 (UT)　　9:38 (UT)

在空旷、冰冷、黑暗的太空中孤独地飞行了近 10 年后，"新视野号"从休眠状态中苏醒。哈勃空间望远镜在这几年拍摄冥王星时所获得的模糊像素图片终于被"新视野号"对这个遥远星球的近距离探测所取代。2015 年 7 月，"新视野号"将它近距飞掠冥王星时拍摄的图像发回地球。我们发现冥王星并不是一个普通的冰冻岩质星球，而是一个极具吸引力的世界。无论我们是否定义它是行星，其上的景观都非常壮美！这些图像揭示了零下 230 摄氏度下的冰冷地形的复杂性，其中包含了一个活跃星球的所有特征。我们过去所获取的那些模糊图像变为高

上图: 第二大矮行星阋神星（其大小仅次于冥王星）及其卫星阋卫一。

上图: 矮行星创神星及其卫星创卫一，创神星的大小约为冥王星的一半。

左图和上图：卡戎是冥王星的5颗卫星中最大的一颗。下图显示了星空背景中被冥王星反射的阳光所照亮的卡戎。

"'新视野号'重新绘制了太阳系地图，让我们能够确定自身的坐标。它告诉我们，气态巨行星和类地行星只是太阳系家族中的少数派，这种更小的矮行星才是太阳系中星球的主体。"

——艾伦·斯特恩，
天体生物学家

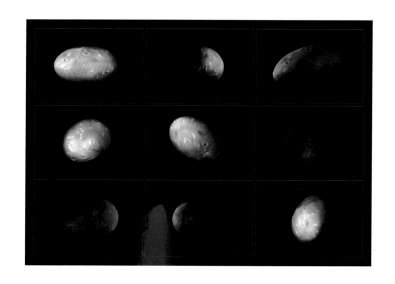

上图：冥王星的卫星冥卫二，它绕着冥王星与卡戎共同组成的系统转动，其轨道非常难以预测。

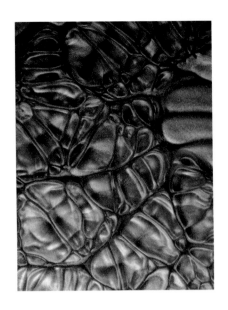

解析度的清晰图像，它们揭示了这颗行星表面广阔区域的地貌和地质结构。"新视野号"任务科学家艾伦·斯特恩说道：

> "'新视野号'在发射后不久就开始对冥王星进行拍摄，它最初发回的图像中只有一个点。后来，这个点的亮度随着'新视野号'的前进逐渐增大。经过9年的飞行之后，这个点还只有两个像素宽。当'新视野号'距离到达冥王星只有几十周的时间时，它拍摄的模糊图像大致和哈勃空间望远镜类似。但当它开始进入任务的最后阶段时，图像的质量明显提升。一夜之间，'新视野号'拍摄的图像类似于我们在地球上用肉眼看月球，特别是展示了冥王星上那些类似于月球的明暗区域。我们发现这是一个表面异常复杂的星球，到处分布着山脉、峡谷和冰川。它拥有厚达15万米的大气层、极地冰盖以及5颗壮观的卫星。我们还发现它的内部可能有液态海洋的证据。在那一天之后的几周时间内，我们不断被冥王星的真实景象所震撼。我不得不说太阳系把最好的东西留在了最后。"

这是一幅由冰冻的氮所构成的景观，山峦起伏，地形复杂，有类似于蛇皮的纹理。这些图像要比"新视野号"拍摄的其他图像更加特别。冥王星的赤道区域有一个上万平方千米的巨大平原，这个平原由冷冻的氮、甲烷和一氧化碳所构成。这一区域被命名为汤博区，它还有一个更为人熟知的名字——冥王星之心。

上图： 显示了一个实验中的对流状态模式。在冥王星的平原上，人们也观察到了类似的对流模式，这表明冥王星存在地质活动。

下图： "新视野号"发回了冥王星表面最清晰的图像，显示了它表面的撞击坑、山脉和冰川地貌。

下图: 冥王星上的斯普尼克平原的面积巨大，表面缺少撞击坑，是一片似乎仍持续受地质活动影响的区域。

冥王星之心的西侧称为斯普尼克平原，它的东部边缘有一系列由冰构成的山脉，这些山脉的高度可达数千米。但吸引眼球的不仅仅是高山和浪漫的心形造型，斯普尼克平原还有一些其他特征，一个奇怪的细节使它与这颗矮行星的其余部分明显不同。我们在冥王星表面看到了大量类似于月球表面的撞击坑，它们已经存在了数十亿年。而斯普尼克平原的表面非常光滑，看上去没有什么瑕疵，也没有发现任何撞击坑，似乎从未被外界触及。当我们仔细观察该区域时，会看到它的表面有奇怪的图像。当我们研究"新视野号"发回的详细数据时，在平原表面看到了一组奇怪的图形，它们由一系列纵横交错的六边形和五边形组成。这种奇异的图形暗示在这片冰冻氮层之下正发生着一些有趣的现象。"新视野号"的发现提供了冥王星内部"心脏"跳动的线索。

虽然我们在斯普尼克平原上看到的地表图案极其遥远，但是我们对这类图形模式并不陌生。从太阳表面到一壶烧开的沸水，自然界中曾出现过大量类似的图形。它们的成因是对流，热源加热使物质上升，物质离开热源后冷却下降，就会产生类似的形状。因此，冥王星上这片区域的表面之下应该存在着某种热源，该热源产生了循环对流，使氮冰融化上升，冷却后再次下降，不断地覆盖这片区域，消除了任何外界物质冲击留下的痕迹，而保留了对流的特征图形。

我们尚不知道这些热量的来源，它们塑造了这个遥远的世界。现在许多科学家相信，在冰层之下曾经有液态的水体存在，

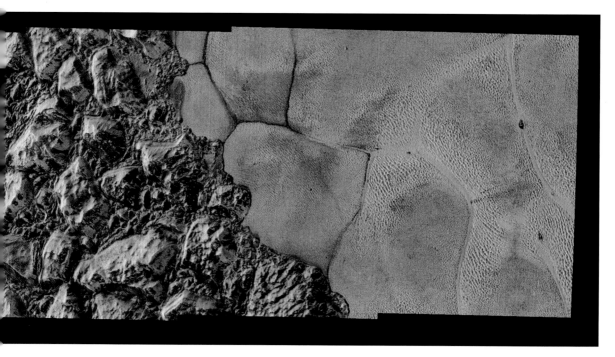

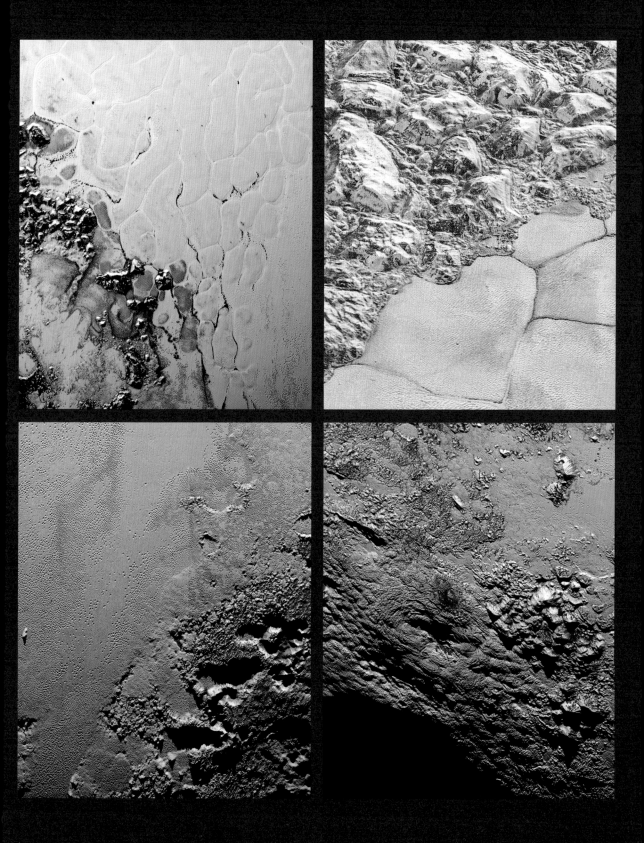

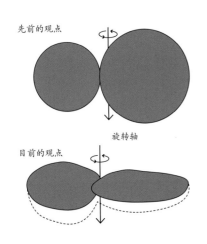

上图：新的数据表明，小行星"天涯海角"并不是一个理想的球体，呈现出更加扁平的形状。

先前的观点

旋转轴

目前的观点

甚至现在可能还存在流动的海洋。这片可能存在的海洋可以解释冥王星地表的奇怪图案，因为地下海洋和表面冰冻的氮之间存在很小的温差，可以产生热量对流，从而形成我们所看到的这种表面撞击坑稀少、具有特殊纹理的平原。

设想一下，在离太阳数十亿千米的冰冻行星上，在太阳系边缘可能还存在一片海洋。这孤寂、遥远的海洋中会有些什么？当"新视野号"将冥王星抛在身后，继续孤独地驶入黑暗中时，美国国家航空航天局将相机转向这颗矮行星，拍摄下它的主要由氮气构成的朦胧大气，这是距离地球 48 亿千米之外的海洋上方的蓝色天空。

"新视野号"追随"旅行者 2 号"的足迹，继续向宇宙深处前进，进入太阳系最遥远偏僻的区域。2019 年 1 月，在离开那个像是拥有一颗跳动的心脏的星球三年半之后，"新视野号"又探测了一个新天体。这是 2014MU69 天体的第一幅近距离照片，这个天体的昵称为"天涯海角"，也就是所谓的"雪人"。通过探索这些外部区域，太阳系的黑暗区域被瞬间照亮，我们发现了一个远远超出我们的想象的新世界，这开启了太阳系故事中一个全新的、尚未完成的篇章。

这个故事始于约 50 亿年前宇宙中的一颗普通恒星形成之时，这颗恒星在它的影响范围内，通过引力塑造了 8 颗行星和无数其他天体。第一个形成的天体是木星，然后太阳又逐渐塑造了其他行星。其中的火星由于无法在最终减速成形前达到足够大的体量，所以它无法像最近的行星地球那样进行演化，失去了孕育生命的潜力。金星随后出现，也许它最初可能有适宜生命生存的环境，但随后它被剧烈的温室效应所窒息。而水星离太阳太近，它无力掌握自身的命运。

我们只有一个地球，那是一个在蓝色海洋表面上覆盖着一层大气的星球。早期的偶然机会使得地球上诞生了生命，也长久地维持了生命的演化过程。40 亿年来，我们的星球用漫长的时间让那些最好奇的物种不断演化，直至他们开始仰望星空，探索这个宇宙。

这是我们的故事，现在所知的故事不仅有起点和中间的篇章，而且会有一个终点。这个终点是文明将能够在太阳系的星球岛屿之间迁移，也许在太阳寿命的晚期，未来的人类文明会在土星系内建设一个新的家园。

这个故事不是纯粹源于想象，而是基于探索和发现，就像历史上的那些经典传奇一样。随着后人的传承，传奇将被再次提炼和升华。这个故事是否会在未来的某一天被终结？我不知道。人类最终是在地球上灭绝还是在无尽的宇宙中前进，去探索远方的世界？这个故事的后续和人类的命运密切相关。

右图： 2019 年 1 月，"新视野号"拍摄的小行星"天涯海角"的照片，首席研究员艾伦·斯特恩将这张照片称为"雪人"，这张照片也是迄今为止这颗小行星最清晰的图像。

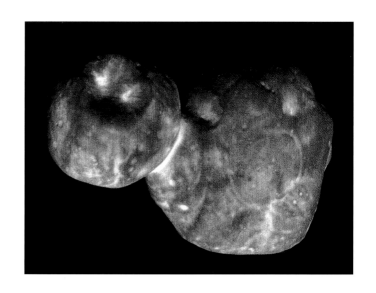

下图： 关于小行星"天涯海角"与"新视野号"的早期想象图。现在可以确定图片里绘制的小行星的球形外观不准确。

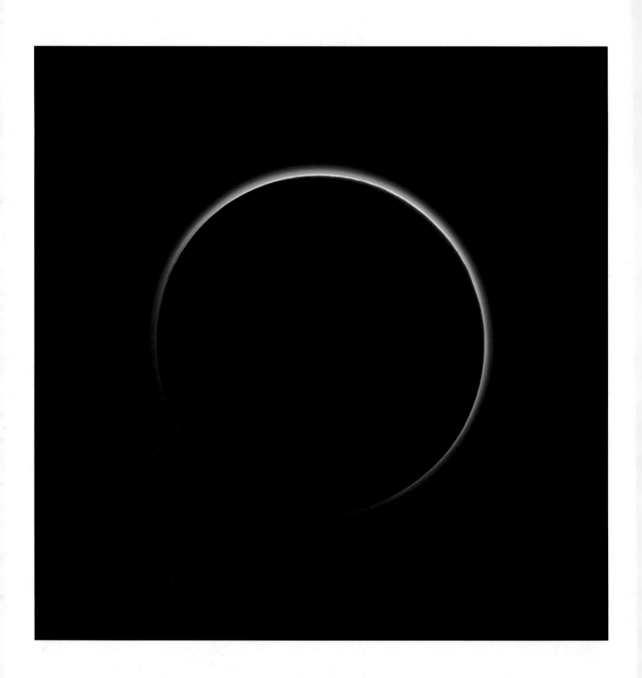

上图: 这张标志性的照片是"新视野号"最
终离开冥王星时转头拍摄的，显示了这颗矮
行星大气层的柔和色彩。

有人会问，我们为什么要去探索？在耗费时间、精力和资源去寻找另一个宜居星球前，难道不应当优先解决地球上正在发生的问题吗？

　　然而，我认为把注意力完全集中在地球这颗宇宙尘埃上会犯下一个严重的错误。这意味着我们已经决定蜷缩躲在太阳系的角落，思考一下我们正在做什么。

　　这将意味着我们已经决定为争夺宝贵资源而相互斗争，将自身限制在一层薄薄的大气之内，把活动范围局限在一个小小的岩质星球的二维表面上，而不是头顶已由星光标记出的宇宙三维空间。

　　我们需要转移所关注的重心。我们正生活在一个充满奇迹的太阳系中，这里有着风暴肆虐的行星和冰月，它们激发着我们的想象力，同时也升华了我们的灵魂。拥有无限资源、极致美景和无限开发潜力的太阳系就在我们的眼前。如果我们不愿出发，那么我们哪儿也去不了。如果我们放弃前往远方的努力，那么未来也不属于我们。

致　谢

非常荣幸能与世界第一流的团队在"行星"这个项目中合作共事。本书以及配套的电视纪录片是由我所见过的最杰出的团队完成的，在此向各位表示由衷的感谢。

多年来，我与吉迪恩·布拉德肖有着愉快的合作。他以其非凡的创造力和果敢的领导力带领整个团队前进，而且往往能够在我们束手无策时找到正确的解决方案。

与他一起工作的是一个世界级的影视制作团队，斯蒂芬·考特牵头策划了该系列电视纪录片。他的工作不仅反映在剧本上，而且体现在拍摄和剪辑过程中。我们很幸运让马丁·约翰逊和尼克·史黛丝组建了《行星》纪录片的导演团队，他们最终完成了一部精美绝伦的作品，这部纪录片既是科学纪录片的杰出典范，也是主题明确且彼此呼应的系列电视片。这并不是一项容易完成的任务。

他们同时得到了一个才华横溢的团队的支持，以最具创造性的方式应对了无数的挑战。

非常感谢佐伊·赫仑、凯迪·萨维奇、金伯利·巴塞罗缪、维多利亚·韦弗、波普伊·皮诺可、格雷姆·道森、路易丝·索尔科、格德·墨菲、保罗·克罗斯比、汤姆·海沃德、朱利叶斯·布莱顿、安迪·帕登、克里斯·尤尔、格雷灵、奥利·米考科、索菲·查普曼、艾玛·查普曼、托比·姬莉、凯特·摩尔、约翰·吉莱斯皮、马吉·奥克利、克里斯·罗帕斯、米格尔·阿诺特、莎拉·霍尔顿、维姬·埃德加以及玛丽·奥唐纳。

我们还要感谢尼古拉·库克、尼克·索普维斯和乔希·格林，感谢他们出色的初始开发工作，使我们能够制作《行星》系列电视纪录片。

同时，我们还要特别感谢劳拉·戴维。从始至终，他对整个项目的成功完成来说至关重要。艾薇·伊芙在各种危机来临时，通过各种技巧和努力让整个项目沿着轨道继续推进。

这里我要特别感谢劳拉后期视效工作室——罗伯·哈维和他的团队为该系列电视纪录片制作了非凡的视觉效果，他们在项目推进的每一步都与我们密切合作。

我们还要感谢来自开放大学的斯蒂芬·路易丝教授和戴维·罗瑟丽教授的顾问咨询，他们的支持和建议对这个复杂的项目来说非常重要。

最后，我们要感谢威廉·柯林斯出版公司的这个出色的团队。你们制作了最精美的书籍，我们很幸运能与这样的精英一起工作。感谢佐伊、海伦娜和黑兹尔。当然，还要感谢迈尔斯·阿奇博尔德，虽然你正接受根管治疗且症状没有减弱的迹象，但在承受痛苦之时，你从未停止尝试微笑面对。

图片来源

t= 项图；m= 中图；b= 底图；L= 左图；R= 右图

All reasonable efforts have been made to trace the copyright owners of the images in this book. In the event that there are any mistakes or omissions, updates will be incorporated for future editions.

1 Shutterstock; 2 JEFF DAI / SCIENCE PHOTO LIBRARY; 5 Shutterstock;
7 Shutterstock; 8 BABAK TAFRESHI / SCIENCE PHOTO LIBRARY; 10 t Science History Images / Alamy Stock Photo, b Pluto / Alamy Stock Photo; 11 SPUTNIK / SCIENCE PHOTO LIBRARY; 12 PLANETARY VISIONS
LTD / SCIENCE PHOTO LIBRARY; 13 NASA / SCIENCE PHOTO LIBRARY; 14
NASA/JPL-Caltech/Univ. of Arizona; 15 NASA Earth Observatory images by Joshua Stevens; 16 NASA / SCIENCE PHOTO LIBRARY; 19 Shutterstock; 20 Fsgregs Wikimedia commons; 21 DETLEV VAN RAVENSWAAY / SCIENCE PHOTO LIBRARY; 22 NASA/GSFC/SDO; 23 t
MSFC, b NASA, ESA, and K. Noll (STScI); 24 NASA/JPL-Caltech; 25 NASA/JPL-Caltech; 26 t Shutterstock, b NASA/Johns Hopkins University Applied Physics Laboratory/Carnegie Institution of Washington; 27 NASA / SCIENCE PHOTO LIBRARY; 28 tl NASA/JPL, tr NASA, COLOURED BY MEHAU KULYK / SCIENCE PHOTO LIBRARY; b
NASA Wikimedia Commons; 29 t HarperCollins, b NASA/Johns Hopkins University Applied Physics Laboratory/Carnegie Institution of Washington; 30 t and bl HarperCollins, br NASA/Johns Hopkins University Applied Physics Laboratory/Carnegie Institution of Washington; 31 t NASA/Johns Hopkins University Applied Physics Laboratory/Carnegie Institution of Washington, b NASA/JPL; 32 NASA/Johns Hopkins University Applied Physics Laboratory/Carnegie Institution of Washington; 33 NASA/Johns Hopkins University Applied Physics Laboratory/Carnegie Institution of Washington; 34 NASA/ Johns Hopkins University Applied Physics Laboratory/Carnegie Institution of Washington; 35 NASA/Goddard Space Flight Center Science Visualization Studio/Johns Hopkins University Applied Physics Laboratory/Carnegie Institution of Washington; 36 NASA/Johns Hopkins University Applied Physics Laboratory/Carnegie Institution of Washington; 37 NASA/Johns Hopkins University Applied Physics Laboratory/Carnegie Institution of Washington; 38 WALTER PACHOLKA, ASTROPICS / SCIENCE PHOTO LIBRARY; 39 SCOTT CAMAZINE / SCIENCE PHOTO LIBRARY; 40 t NASA/Johns Hopkins University Applied Physics Laboratory/Carnegie Institution of Washington, bl MARK GARLICK / SCIENCE PHOTO LIBRARY, br NASA/
Johns Hopkins University Applied Physics Laboratory/Carnegie Institution of Washington; 41 t NASA/Johns Hopkins University Applied Physics Laboratory/Carnegie Institution of Washington, m redrawn from NASA/Johns Hopkins University Applied Physics Laboratory/Carnegie Institution of Washington, b NASA/Johns Hopkins University Applied Physics Laboratory/Carnegie Institution of Washington; 42 US GEOLOGICAL SURVEY / SCIENCE PHOTO LIBRARY;
43 NASA / SCIENCE PHOTO LIBRARY; 44 l NASA/ARC, r MARK GARLICK
/ SCIENCE PHOTO LIBRARY; 45 Science History Images / Alamy Stock Photo; 46 t Shutterstock, b SPUTNIK / SCIENCE PHOTO LIBRARY; 47 tl SPUTNIK / SCIENCE PHOTO LIBRARY, tr Sovfoto/UIG via Getty Images,
b (all) SPUTNIK / SCIENCE PHOTO LIBRARY; 48 NASA/JPL; 50 t United
States Naval Observatory, b LIBRARY OF CONGRESS / SCIENCE PHOTO
LIBRARY; 51 t United States Naval Observatory, b NASA / GODDARD SPACE FLIGHT CENTER / SDO / SCIENCE PHOTO LIBRARY; 52 NASA/JPL/
USGS; 53 NASA; 54 frans lemmens / Alamy Stock Photo; 55 t NASA/ JPL-Caltech, Illustrations by Jessie Kawata; b HarperCollins; 56 NASA; 57 NASA; 58 Igor Shpilenok / naturepl; 59 Igor Shpilenok / naturepl; 60 t DSS2 / MAST / STScI / NASA, b NASA, ESA and G. Bacon (STScI); 61 Science History Images / Alamy Stock Photo; 62 NASA/JPL-Caltech/SETI Institute; 63 t NASA/JPL/University of Arizona/University of Idaho, b NASA/JPL/DLR; 65 Shutterstock; 66 NASA and the Hubble Heritage Team (STScI/AURA); 67 NASA Image Collection / Alamy Stock Photo; 68 tl NASA/JPL, tr NASA/JPL-Caltech/ Univ. of Arizona, b NASA/JPL-Caltech/Dan Goods; 69 NG Images / Alamy Stock Photo; 70 NASA/JPL-Caltech; 73 NASA/JPL-Caltech/Univ. of Arizona, tr; 74 B&M Noskowski / Getty Images; 75 HarperCollins, drawn from information supplied in 'The Climate of Early Mars', Robin D Wordsworth, Annual Review of Earth and Planetary Sciences 2016. 44: 1–31; 76 JPL/NASA; 77 NASA/JPL-Caltech; 78 t NASA/JPL-Caltech/ Univ. of Arizona, b Bill Ingalls / NASA / Handout / Getty Images; 79 t Redrawn from NASA/JPL-Caltech, b NASA/JPL-Caltech/Cornell Univ./ Arizona State; 80 NASA/JPL-Caltech/ESA/DLR/FU Berlin/MSSS; 81 tl NASA/JPL, Pioneer Aerospace, tr NASA/JPL-Caltech, bl and br NASA/ JPL-Caltech; 82 NASA/JPL-Caltech; 84 NASA/JPL-Caltech/MSSS; 85 t NASA/JPL-Caltech/MSSS; 86 NASA/JPL-Caltech/MSSS; 87 NASA/ JPL-Caltech; 88 t HarperCollins, m and b NASA/JPL-Caltech/MSSS; 89 Danita Delimont / Getty Images; 90 NASA; 92 t NASA / Johnson Space Center, bl NASA / Marshall Space Flight Center, br NASA / JSC; 93 Redrawn from Lunar Sourcebook: A User's Guide to the Moon by Grant H. Heiken, David T. Vaniman, Bevan M. French, image courtesty NASA; 94 NASA/JPL-Caltech/Univ. of Arizona; 95 NASA/ JPL-Caltech/Univ. of Arizona; 96 USDA / FSA; 97 t NASA/JPL/Malin Space Science Systems; 98 HarperCollins; 99 t NASA, b Ammit / Alamy Stock Photo; 100 NASA/JPL-Caltech/University of Arizona; 101 NASA/JPL; 102 NASA/JPL-Caltech/Univ. of Arizona; 103 t NASA/ JPL-Caltech/Arizona State University, b NASA/JPL-Caltech/Univ. of Arizona; 104 NASA/Bill Ingalls; 105 NASA / Scott Kelly; 106 l NASA/ Univ. of Colorado, r NASA/JPL-Caltech/Univ. of Arizona; 107 NASA/ ESA/JPL/Arizona State University; 108 NASA / Johnson Space Center; 109 t NASA/SDO; 110 t HarperCollins, b NASA/GSFC; 111 Reprinted from
Elsevier, Vol 115, J. Lilensten, D. Bernard, M. Barthélémy, G. Gronoff, C. SimonWedlund, A. Opitz, 'Prediction of blue, red and green aurorae at Mars', Pages 48–56., Copyright 2015, with permission from Elsevier;

JPL-Caltech/SSI/PSI, b NOAA PMEL VENTS PROGRAM / SCIENCE PHOTO LIBRARY; 228 NASA / JPL-CALTECH / SPACE SCIENCE INSTITUTE / SCIENCE PHOTO LIBRARY; 229 NASA/JPL-Caltech/Space Science Institute; 231 Shutterstock; 232 Two Micron All-Sky Survey; 233 t Christophel Fine Art/UIG via Getty Images, b NASA, ESA, and the Hubble Heritage Team (STScI/AURA); 234 Space Frontiers/Archive Photos/Getty Images; 235 NASA/GSFC; 236 NASA/JPL-Caltech; 237 HarperCollins; 238 NASA Photo / Alamy Stock Photo; 239 NASA/JPL-Caltech, Illustrations by Invisible Creature; 240 JULIAN BAUM / SCIENCE PHOTO LIBRARY; 241 MPI/Getty Images; 242 MARK GARLICK / SCIENCE PHOTO LIBRARY; 243 tl NASA/JPL, tr CORBIS/Corbis via Getty Images, mr Time Life Pictures/Jet Propulsion Laboratory/NASA/The LIFE Images Collection/Getty Images, bl NASA/JPL, br NASA / ESA / STSCI / E.KARKOSCHKA, U.ARIZONA / SCIENCE PHOTO LIBRARY; 244 l DEA / C.BEVILACQUA/De Agostini/Getty Images, r NASA/JPL-Caltech; 245 AUSCAPE / UIG / SCIENCE PHOTO LIBRARY; 246 l NASA/JPL, r NASA / SCIENCE PHOTO LIBRARY; 247 t SCIENCE SOURCE / SCIENCE PHOTO LIBRARY, b NASA / SCIENCE PHOTO LIBRARY; 248 t NASA / SCIENCE PHOTO LIBRARY, m NASA/ARC, b NASA/JPL; 249 NASA / ESA / STSCI / E.KARKOSCHKA, U.ARIZONA / SCIENCE PHOTO LIBRARY; 250 US GEOLOGICAL SURVEY / SCIENCE PHOTO LIBRARY; 251 tl NASA/JPL, tr, bl and br NASA / SCIENCE PHOTO LIBRARY; 252 NASA/ARC; 253 t Universal History Archive/UIG via Getty Images, b NASA/JPL; 254 t ANN RONAN PICTURE LIBRARY / HERITAGE IMAGES / SCIENCE PHOTO LIBRARY, b NASA/ARC; 255 t ROYAL ASTRONOMICAL SOCIETY / SCIENCE PHOTO LIBRARY, b NASA/ARC; 256 MARK GARLICK / SCIENCE PHOTO LIBRARY; 257 tl and tr NASA/JPL, bl and br NASA/JPL/STScI;

258 DETLEV VAN RAVENSWAAY / SCIENCE PHOTO LIBRARY; 259 LOUISE MURRAY / SCIENCE PHOTO LIBRARY; 260 t NASA/JPL, b NASA/JPL-Caltech/Lunar & Planetary Institute; 261 t NASA/JPL, b NASA/JPL/USGS; 262 JOHN R. FOSTER / SCIENCE PHOTO LIBRARY; 263 NASA/JPL; 264 TAKE 27 LTD / SCIENCE PHOTO LIBRARY; 266 t Bettmann / Getty, b SSPL/Getty Images; 267 t U.S. Naval Observatory, b Universal History Archive/UIG via Getty Images; 268 NASA / JHUAPL / SWRI / SCIENCE PHOTO LIBRARY; 269 BRUCE WEAVER/AFP/Getty Images; 270 t HarperCollins, m NASA/Johns Hopkins University Applied Physics Laboratory/Southwest Research Institute, b NASA/Caltech; 271 l MARK GARLICK / SCIENCE PHOTO LIBRARY, r JOHN R. FOSTER / SCIENCE PHOTO LIBRARY; 272 NASA / JHUAPL / SWRI / SCIENCE PHOTO LIBRARY; 273 t NASA/Johns Hopkins University Applied Physics Laboratory/Southwest Research Institute, bl NASA/Johns Hopkins University Applied Physics Laboratory/Southwest Research Institute, br NASA, ESA, M. SHOWALTER (SETI INST.), G. BACON (STSCI) / SCIENCE PHOTO LIBRARY; 274 t SCOTT CAMAZINE / SCIENCE PHOTO LIBRARY, b NASA/Johns Hopkins University Applied Physics Laboratory/Southwest Research Institute; 275 t NASA/Johns Hopkins University Applied Physics Laboratory/Southwest Research Institute; 276 NASA/JHUAPL/SwRI; 277 tl, tr, bl NASA/Johns Hopkins University Applied Physics Laboratory/Southwest Research Institute, br NASA/JHUAPL/SwRI; 278 t NASA, ESA, SWRI, JHU / APL, AND THE NEW HORIZONS KBO SEARCH TEAM / SCIENCE PHOTO LIBRARY, m NASA / JOHNS HOPKINS UNIVERSITY APPLIED PHYSICS LABORATORY / SOUTHWEST RESEARCH INSTITUTE / SCIENCE PHOTO LIBRARY, b HarperCollins, redrawn from NASA/Johns Hopkins University Applied Physics Laboratory/Southwest Research Institute; 279 t NASA/Johns Hopkins Applied Physics Laboratory/Southwest Research Institute, National Optical Astronomy Observatory, b WALTER MYERS / SCIENCE PHOTO LIBRARY; 280 NASA / JHUAPL / SWRI / SCIENCE PHOTO LIBRARY